污染源视角下流域生态环境协同治理及责任追究机制研究

柴茂　著

U0353343

湘潭大学出版社
XIANGTAN UNIVERSITY PRESS

图书在版编目（CIP）数据

污染源视角下流域生态环境协同治理及责任追究机制
研究 / 柴茂著 . -- 湘潭 ： 湘潭大学出版社， 2024. 8.
ISBN 978-7-5687-1466-2

Ⅰ. X321.2

中国国家版本馆 CIP 数据核字第 2024K22T23 号

污染源视角下流域生态环境协同治理及责任追究机制研究

WURANYUAN SHIJIAO XIA LIUYU SHENGTAI HUANJING XIETONG ZHILI JI ZEREN ZHUIJIU JIZHI YANJIU

柴茂 著

责任编辑： 贺 佳 肖 迪
封面设计： 张丽莉
出版发行： 湘潭大学出版社
社　　址： 湖南省湘潭大学工程训练大楼
电　　话： 0731-58298960 0731-58298966（传真）
邮　　编： 411105
网　　址： http://press.xtu.edu.cn/
印　　刷： 长沙超峰印刷有限公司
经　　销： 湖南省新华书店
开　　本： 787 mm×1092 mm 1/16
印　　张： 13.75
字　　数： 318 千字
版　　次： 2024 年 8 月第 1 版
印　　次： 2024 年 8 月第 1 次印刷
书　　号： ISBN 978-7-5687-1466-2
定　　价： 68.00 元

序　言

　　流域是人类文明的摇篮和中心，是人与自然共生的主体自然空间，在整个生态系统链中具有独特的生态价值功能，加强流域生态环境保护与治理是生态文明建设的重要内容。近年来，随着工业经济发展，产生了大量面向流域生态系统排放和释放污染物或有害能量的污染源，流域生态环境正遭受着越来越大的破坏，生态环境问题日益突出，已经严重阻碍了流域经济可持续发展，甚至危及流域人类生命健康安全。解决流域生态环境问题，缓解流域生态危机已是刻不容缓。然而，流域生态环境问题具有整体性、系统性和不确定性等复杂性特点，现实中流域生态环境往往呈现上下游不对称性，污染源释放的不均衡性，以及在流域区域中行政治理职能的非协同性，常常引发治理过程中的"公地悲剧"问题，这对流域生态环境系统规划和协同治理提出了极大挑战。因此，从系统视角探讨流域生态环境协同治理问题，构建责任明确、协调有序、治理有力、监管严格的"前端源头控制、中端协同治理、末端责任追究"流域生态环境治理框架体系，推动流域生态环境高质量发展，具有重要理论价值和现实意义。

　　党的十八大以来，我国生态文明建设进入了新时代，人民对生态环境保护和美丽中国建设的需求较以往任何时期都更为强烈，也对政府生态环境治理能力提出了更高的期盼和要求。习近平总书记指出，建设生态文明是关系人民福祉、关乎民族未来的大计，是实现中国梦的重要内容，强调"绿水青山就是金山银山"，并对生态文明建设和流域生态环境治理提出了具体的部署和要求，为统筹推进生态环境保护和流域生态治理提供了根本遵循。同时《重点流域水生态环境保护规划》《关于全面推行河长制的意见》《中华人民共和国国民经济和社会发展第十四个五年规划和 2035 年远景目标纲要》等文件也对流域生态环境治理作了制度安排。系列重要讲话精神和政策制度出台，充分体现了党和政府对实现生态环境根本好转、推进流域生态环境协同治理及建成美丽中国的决心和意志。

　　当前，我国高度重视以流域为基础的生态文明建设，并强调要突破行政区"一亩三分地"的思维定式，打开一体化的战略视野，做到一体谋划、一体部署、一体实施、一体考核。因此，流域生态环境协同治理已经成为当前生态环境治理实践的重要趋势，也是学术界正在关注和必将持续关注的重要领域。本人主持完成的国家社科基金项目结项成果《污染源视角下流域生态环境协同治理及责任追究机制研究》正是对这一重要领域的深入思考与探索。研究重点分析了污染源视角下流域生态环境的相关理论基础和生态环境协同治理机制运行结构，并对国内外流域污染源生态环境治理实践进行考察与个案分析，从而形成对理论原理和实践动态的客观、科学把握，最后从流域生态环境协同治理机制和责任追究机制两个层面探讨基于污染源的流域生态环境治理体系建设和治理能力提升的政策建议，具有一定的特色和创新性。成果融合了政治学、公共管理学、环境科学等相关学科理论，并结合流域生态环境治理的具体实践和实际需要，推动跨学科流域生态环境协同治理研究创新，一定程度上丰富了我国生态环境治理的相关理论，并有利于为我国各级地方政府、环保部门等在实施流域生态环境治理，控制流域污染源和改善流域生态环境等方面提供有价值的、科学的和可操作性的政策建议。

理念是行动的先导。习近平生态文明思想对我国生态文明建设提出了新理念、新方略和新举措，为新时代生态文明建设提供了行动指南，也为流域生态环境治理指明了方向。但同时，我国流域生态环境治理面临的结构性、根源性、趋势性压力尚未根本缓解，流域生态环境改善不平衡、不协调问题突出，系统协同治理的举措落实力度不够，流域生态环境风险依然存在，与人民对美丽中国的更高期望仍有不小差距。如何进一步深化对污染源普查统计及其对流域生态环境影响的风险评估，深刻把握流域生态环境协同治理的内在动力与逻辑关系，提升流域生态环境协同治理能力，实现流域生态环境治理与区域经济社会高质量发展协同增效，是需要进行更多、更深入的探讨和研究。

目　录

第1章 绪 论

1.1 研究背景与意义

1.1.1 研究背景

流域是指由河流、湖泊等水系所覆盖的区域总称，是人类和自然界生物的主要栖息场所。流域作为特殊的生态区域，在整个生态系统链中具有重要地位和独特价值功能。然而，随着工业经济发展、农业开垦和城市化进程加快，出现了大量向流域生态环境系统排放和释放有害能量或污染物质的场所、设备、装置等污染源，导致了受纳流域内水体污染、土壤破坏、生物多样性锐减以及生态失衡等大规模环境污染和生态系统破坏，甚至出现了"莱茵河污染事件""松花江化工原料污染事件""太湖蓝藻污染事件""日本强推核废水排海事件"等严重区域性和流域性生态环境灾害事件。因此，从源头加强流域生态环境保护与治理显得刻不容缓、意义重大。源头不治，河湖难治；源头不清，河湖难清。2015年国务院印发《水污染防治行动计划》，要求全面控制污染物排放和构建江河湖海流域治理体系与考核问责体系。2016年12月，中共中央办公厅、国务院办公厅印发《关于全面推行河长制的意见》，要求构建责任明确、协调有序、保护有力的河湖保护机制，落实污染物达标排放要求，切实监管入河湖的排污口，严格控制入河湖污染总量。2018年5月，习近平总书记在全国生态环境保护大会上强调："坚决打好污染防治攻坚战，推动我国生态文明建设迈上新台阶。"《中华人民共和国国民经济和社会发展第十四个五年规划和2035年远景目标纲要》提出，要深入开展污染防治行动，坚持源头防治、综合施策，强化多污染物协同控制和区域协同治理；2022年，党的二十大报告再次强调，深入推进环境污染防治，基本消除城市黑臭水体。2023年1月，国务院新闻办发布《新时代的中国绿色发展白皮书》，要求开展领导干部自然资源资产离任审计，对领导干部生态环境损害责任实行终身追究。2023年4月，生态环境部等5部门联合印发《重点流域水生态环境保护规划》提出，到2025年，主要水污染物排放总量持续减少，水生态环境持续改善，在面源污染防治、水生态恢复等方面取得突破。2023年5月，中共中央、国务院印发《国家水网建设规划纲要》中强调："坚持系统观念，立足流域整体，兴利除害结合，系统解决水资源、水生态、水环境、水灾害问题。"这一系列讲话精神和政策制度的相继出台，充分体现了党和国家加强生态环境治理的决心与意志。因此，从前端控制视角研究流域污染源问题，并构建基于污染源视角的流域生态环境协同治理机制与责任追究机制，是当前生态文明建设和责任政府建设的一项重要任务，也是新形势下一个重大而紧迫的时代课题。

1.1.1 研究意义

该研究聚焦污染源视角下的"流域生态环境协同治理机制建设与责任追究机制建设"问题，重点探讨流域污染源生态环境治理理论分析与治理实践总结、污染源视角下流域生态环境治理机制建设以及流域生态环境治理责任追究机制建设等问题，具有一定的学术价值和应用价值。

从学术价值来看，一是研究污染源问题并分析其对流域生态环境的主要影响，有利于在流域生态环境治理中从源头预防和控制污染物排放，切实监管入河入湖污染物排放，落实污染物达标排放要求和控制排污总量，树立源头控制理念；二是研究流域生态环境治理主体、治理结构和运行机制，形成对流域生态环境治理的科学认知和实践把握，有利于构建基于污染源的流域生态环境治理框架体系，提升政府流域生态环境治理能力，落实绿色发展理念；三是研究流域生态环境治理责任清单与生态责任追究机制建设，构建流域生态环境治理责任建设理论框架体系，有利于明确流域生态环境治理责任分工和强化职责落实，完善生态责任追究制度，推进责任政府建设。

从应用价值来看，研究以国内外基于污染源流域生态环境治理的文献考察和治理实践为切入点，探讨流域生态环境治理与责任追究的策略和实践路径，有利于为我国流域系统各级地方政府、环保部门等在实施流域生态环境治理、控制流域污染源和改善流域生态环境等方面提供有价值的、科学的和可操作性的政策建议，进一步提升流域系统地方政府在污染源协同治理方面的能力与水平。

1.2 国内外研究现状

1.2.1 研究现状描述

国内外关于生态文明和生态环境保护方面的研究是伴随着生态环境问题而产生的。西方对环境的研究与关注主要源于"三本书"和"三次会"，包括美国学者蕾切尔·卡逊的著作《寂静的春天》（1962）[①]、罗马俱乐部研究报告《增长的极限》（1972）[②]、世界环境与发展委员会研究报告《我们共同的未来》（1987）[③] 以及 1972 年联合国召开"人类环境会议"、1992 年联合国"环境与发展大会"和 2002 年联合国"可持续发展世界首脑会议"等。我国生态文明和环境治理的相关研究也关注较早并发展迅速，如中国科学院生

---

① 蕾切尔·卡逊著，吕瑞兰，李长生译. 寂静的春天 [M]. 吉林人民出版社，1997.
② 梅多斯著，于树生. 增长的极限 [M]. 商务印书馆，1984.
③ 世界环境与发展委员会著. 我们共同的未来 [M]. 吉林人民出版社，1997.

态环境研究中心创办学术性期刊《环境科学》（1976）、刘宗超的著作《生态文明观与中国可持续发展走向》（1997）[①]、刘湘溶编著的《生态文明论》（1999）[②] 等。随着工业文明推进与社会经济发展，流域生态环境管理面临前所未有的挑战，因此，流域生态治理与环境保护问题也被理论界和实践领域广泛关注。通过文献梳理，国内外关于流域生态环境治理的研究主要集中在以下 4 个方面：

（1）关于流域生态环境健康评价与生态安全研究。美国生态学家 Aldo Leopold（1941）首次提出土地健康（Land health）的定义，并以土地健康对流域生态风险进行了比较研究[③]；Constanza（1999）[④]、Bricker（2016）[⑤] 从系统以及可持续性能力角度构建了流域生态系统健康指数（health index，HI）；Davies、Schofield（1996）[⑥] 和 P. Vugteveen（2011）[⑦] 通过分析河流的水文特征对河流健康和流域生态安全进行了评估。Marttunen 等（2019）借助参与式流程评估水安全及其未来趋势，构建了水安全评估框架以进一步评析水安全标准之间以及水、能源和粮食安全之间的关系[⑧]。Kelly 等（2020）通过文献综述并综合 25 项研究的结果探究卫生检查和水质分析之间的关系发现，卫生检查可以通过指导个别水源的补救行动，允许运营商和外部支持计划确定维修的优先级，确定计划问题以及促进研究四种机制帮助改善水安全[⑨]。Tang Y 等（2020）以巢湖流域为例，对河长制实施前后的水生态安全进行了综合评价，对阻碍其流域生态安全的因素进行了诊断，并对河长制的实施效果与工作绩效的薄弱环节进行了分析[⑩]；Chamani R（2023）利用 CanESM 气候模型，对伊朗埃芬流域健康状况的时空变化进行了研究，并建立了 SPI 干旱评估指数和框架[⑪]；Nalbandan 等（2023）将水足迹指标与流域综合建模相结合，实现了水系统的多方位评价和稳定性评价[⑫]。

国内学者刘国彬（1999）较早提出"流域生态健康诊断"概念[⑬]，此后关于流域生态

① 刘宗超. 生态文明观与中国可持续发展走向［M］. 中国科学技术出版社，1997.

② 刘湘溶. 生态文明论［M］. 湖南教育出版社，1999.

③ Leopold A. Wilderness as a land laboratory［J］. The living wilderness，1941，6：3.

④ Costanza R，Mageau M. What is a healthy ecosystem?［J］. Aquatic ecology，1999，33：105−115.

⑤ Bricker S B，Getchis T L，Chadwick C B，et al. Integration of ecosystem−based models into an existing interactive web−based tool for improved aquaculture decision−making［J］. Aquaculture，2016，453：135−146.

⑥ Davies P E，Schofield N J. Measuring the health of our rivers［J］. Water（Australian Water and Wastewater Association Journal），1996，23：39−43.

⑦ Vugteveen P，Leuven R S E W，Huijbregts M A J，et al. Redefinition and elaboration of river ecosystem health：perspective for river management［J］. Living Rivers：Trends and Challenges in Science and Management，2006，289−308.

⑧ Marttunen M，Mustajoki J，Sojamo S，et al. A framework for assessing water security and the water − energy − food nexus—the case of Finland［J］. Sustainability，2019，11（10）：2900.

⑨ Kelly E R，Cronk R，Kumpel E，et al. How we assess water safety：A critical review of sanitary inspection and water quality analysis［J］. Science of the Total Environment，2020，718：137237.

⑩ Tang Y，Zhao X，Jiao J. Ecological security assessment of Chaohu Lake Basin of China in the context of River Chief System reform［J］. Environmental Science and Pollution Research，2020，27：2773−2785.

⑪ Chamani R，Vafakhah M，Sadeghi S H. Changes in reliability − resilience − vulnerability−based watershed health under climate change scenarios in the Efin Watershed，Iran［J］. Natural Hazards，2023，116（2）：2457−2476.

⑫ Nalbandan R B，Delavar M，Abbasi H，et al. Model−based water footprint accounting framework to evaluate new water management policies［J］. Journal of Cleaner Production，2023，382：135220.

⑬ 刘国彬，胡春胜，WALKER J 等. 生态环境健康诊断指南［M］. Canberra：CSIRO Land and Water，1999.

健康系统、生态抵抗力及生态恢复力健康系统研究逐渐增多（张峰等，2014[①]；范俊涛等，2017[②]；徐宗学等，2021[③]），并采用生态系统完整性、生态稳定性以及自恢复功能的程度构建生态健康评价体系（田盼等，2021[④]；古小超等，2023[⑤]）；也有学者构建了基于浮游植物生物量（PB）、生态能质（Ex）等的内涵及其影响机制的湖泊生态健康指标（张艳会等，2014[⑥]；徐红玲、潘继征、徐力刚，2019[⑦]）；同时随着污染加剧，很多学者开始关注流域中上游污染对流域生态健康及生态安全影响评价（左其亭等，2015[⑧]；李卫明，2016[⑨]）；从流域自然灾害、资源消耗、水资源污染和环境破坏等研究流域生态健康与安全问题（王耕，2010[⑩]；房平等，2022[⑪]）；以分类识别、空间管控等方式保障流域生态安全（杨帆，2022[⑫]）；也有学者基于 GIS、PSFR、DPSIR 等模型建立了流域生态安全评估框架和评价指标体系（刘孝富，2015[⑬]；李益敏，2017[⑭]；李若飏，2022[⑮]；李艳翠等，2023[⑯]）。

（2）关于流域污染源特征与对生态环境影响研究。Ecke（2005）分析了流域排污的特征，包括直线性、动态性、开放性和整体性[⑰]；Fujiwara 等（1986）以区域污染补偿为

① 张峰，杨俊，席建超等．基于 DPSIRM 健康距离法的南四湖湖泊生态系统健康评价［J］．资源科学，2014，36（4）：831-839.

② 范俊韬，张依章，张远等．流域土地利用变化的水生态响应研究［J］．环境科学研究，2017，30（7）：981-990.

③ 徐宗学，刘麟菲．渭河流域水生态系统健康评价［J］．Yellow River，2021，43（10）.

④ 田盼，吴基昌，宋林旭等．茅洲河流域河流类别及生态修复模式研究［J］．中国农村水利水电，2021：13-18，24.

⑤ 古小超，王子璐，赵兴华等．河流生态环境健康评价技术体系构建及应用［J］．中国环境监测，2023，39（03）：87-98.

⑥ 张艳会，杨桂山，万荣荣．湖泊水生态系统健康评价指标研究［J］．资源科学，2014，36（06）：1306-1315.

⑦ 徐红玲，潘继征，徐力刚等．太湖流域湖荡湿地生态系统健康评价［J］．湖泊科学，2019，31（05）：1279-1288.

⑧ 左其亭，陈豪，张永勇．淮河中上游水生态健康影响因子及其健康评价［J］．水利学报，2015，46（09）：1019-1027.

⑨ 李卫明，艾志强，刘德富等．基于水电梯级开发的河流生态健康研究［J］．长江流域资源与环境，2016，25（06）：957-964.

⑩ 王耕，高香玲，高红娟等．基于灾害视角的区域生态安全评价机理与方法——以辽河流域为例［J］．生态学报，2010，30（13）：3511-3525.

⑪ 房平，马云，申杰等．延河流域水生态环境存在问题及对策［J］．人民黄河，2022，44（01）：80-82+88.

⑫ 杨帆，谌洁琼，雷婷等．流域型城市生态安全关键性空间识别与管控研究——以岳阳市为例［J］．城市发展研究，2022，29（05）：14-20+42.

⑬ 刘孝富，邵艳莹，崔书红等．基于 PSFR 模型的东江湖流域生态安全评价［J］．长江流域资源与环境，2015，24（S1）：197-205.

⑭ 李益敏，朱军，余艳红．基于 GIS 和几何平均数模型的流域生态安全评估及在各因子中的分异特征——以星云湖流域为例［J］．水土保持研究，2017，24（03）：198-205.

⑮ 李若飏，辛存林，陈宁等．三生空间视角下大夏河流域水生态安全评价与预测［J/OL］．水利水电技术（中英文），2022，53（07）：82-93.

⑯ 李艳翠，袁金国，刘博涵等．滹沱河流域生态环境动态遥感评价［J/OL］．环境科学，2024，45（05）：2757-2767.

⑰ Ecker J G. A geometric programming model for optimal allocation of stream dissolved oxygen［J］．Management Science，1975：658-668.

目标，分析了河流污染源和污染排放量的相互关系①；Tao Sun 等（2013）选择包括国内生产总值、人口、水环境容量和水资源量的四个指标基于熵值法进行水污染物总量分配，体现公平性准则②；同时国外在实践上构建了经验型的 Horton 入渗方程（Horton R. E，1940）③、流域水文模型 STANFORD（Crawford N. H，1996）④、SWAT 模型（Arnold J. G.）⑤ 等。Grbčić L（2020）提出一种基于随机森林分类算法的供水网络污染源识别方法，通过检验发现该方法对于潜在污染源的定位具有较高的准确度，很大程度上减少了供水管网污染检测问题的复杂性⑥。Zou L（2020）对 1978 年至 2017 年的中国农业非点源污染负荷进行了库存分析，并进行省域尺度的社会经济和时空分析⑦。Xu H（2022）以长江和黄河流域为重点，采用 2004—2019 年地级市和长江、黄河干流沿线水质监测段的面板数据，对养殖、畜牧业、水产养殖业、工业和家政活动污染源对整体水质的影响进行了实证研究⑧。Wu Q（2023）设计并提出了一种基于动态多模式优化的智能跟踪算法实现实时追踪水污染源头以确定污染源特征信息⑨。

国内主要关注非点源污染来源（丁晓雯，2012⑩；王立萍等，2022⑪）、非点源污染模型应用（夏军，2012⑫；李丹等，2016⑬；张倩等，2022⑭；）、非点源污染负荷统计与核

① Fujiwara O, Gnanendran S K, Ohgaki S. River quality management under stochastic streamflow [J]. Journal of Environmental Engineering, 1986, 112（2）：185-198.

② Sun T, Zhang H, Wang Y. The application of information entropy in basin level water waste permits allocation in China [J]. Resources, conservation and recycling, 2013, 70：50-54.

③ Horton R E. The role of infiltration in the hydrologic cycle [J]. Eos, Transactions American Geophysical Union, 1933, 14（1）：446-460.

④ Crawford N H, Linsley R K. Digital Simulation in Hydrology Stanford Watershed Model 4 [J]. 1966.

⑤ Arnold J G, Srinivasan R, Muttiah R S, et al. Large area hydrologic modeling and assessment part I：model development 1 [J]. JAWRA Journal of the American Water Resources Association, 1998, 34（1）：73-89.

⑥ Grbčić L, Lučin I, Kranjčević L, et al. Water supply network pollution source identification by random forest algorithm [J]. Journal of Hydroinformatics, 2020, 22（6）：1521-1535.

⑦ Zou L, Liu Y, Wang Y, et al. Assessment and analysis of agricultural non-point source pollution loads in China：1978 - 2017 [J]. Journal of Environmental Management, 2020, 263：110400.

⑧ Xu H, Gao Q, Yuan B. Analysis and identification of pollution sources of comprehensive river water quality：Evidence from two river basins in China [J]. Ecological Indicators, 2022, 135：108561.

⑨ Wu Q, Wu B, Yan X. An intelligent traceability method of water pollution based on dynamic multi-mode optimization [J]. Neural Computing and Applications, 2023, 35（3）：2059-2076.

⑩ 丁晓雯, 沈珍瑶. 涪江流域农业非点源污染空间分布及污染源识别 [J]. 环境科学, 2012, 33（11）：4025-4032.

⑪ 王立萍, 张晓瑾, 李贺等. 基于 SWAT 的泗河流域非点源污染物时空分布特征 [J/OL]. 山东大学学报（工学版）, 2022, 52（03）：134-140.

⑫ 夏军, 翟晓燕, 张永勇. 水环境非点源污染模型研究进展 [J]. 地理科学进展, 2012, 31（07）：941-952.

⑬ 李丹, 冯民权, 白继中. 基于 SWAT 的汾河运城段非点源污染模拟与研究 [J]. 西北农林科技大学学报（自然科学版）, 2016, 44（11）：111-118.

⑭ 张倩, 巢世军, 杨晓丽等. 基于 SWAT 模型的沙塘川流域非点源氮磷污染特征及关键源区识别 [J]. 地球环境学报, 2022, 13（01）：86-99.

算及其对生态环境影响分析等（杨雯等，2018①；刘洋等，2021②；王凯等，2021③；）；学者普遍认为流域水污染问题日益严重，水环境污染源解析的研究与应用对防治水污染和保护生态环境具有重要意义（杨中文等，2020④；李娇等，2020⑤；徐利等，2023⑥）；也有学者研究了流域生态环境承载力与主要污染源的结构模型与影响（常玉苗，2017⑦；刘丹等，2019⑧；陈文婷等，2022⑨）；或者分析工业污染源排污系数及对流域下游生态环境的影响强度及测算等（曾祉祥，2014⑩；宋成镇，2021⑪；白璐等，2021⑫）；亦或者是根据流域主要污染因子分析水质时空变化（刘鸿志，2021⑬；谢慧钰，2022⑭；黄燏等，2023⑮）。

（3）关于水环境管理体制与流域生态治理机制研究。Satterfleld（1946）认为实现流域水资源管理的关键是建立流域管理机构、制定水环境管理标准和政策实现流域生态治理⑯；Alaerts G J（1999）指出流域管理关键问题就是中央和地方建立公共事务协同机

① 杨雯，敖天其，王文章等. 基于输出系数模型的琼江流域（安居段）农村非点源污染负荷评估［J］. 环境工程，2018，36（10）：140-144.

② 刘洋，李丽娟，李九一. 面向区域管理的非点源污染负荷估算——以浙江省嵊州市为例［J］. 环境科学学报，2021，41（10）：3938-3946.

③ 王凯，陈磊，杨念等. 从田块到水体：基于源-流-汇理念的非点源污染全过程核算方法［J］. 环境科学学报，2022，42（01）：269-279.

④ 杨中文，张萌，郝彩莲等. 基于源汇过程模拟的鄱阳湖流域总磷污染源解析［J］. 环境科学研究，2020，33（11）：2493-2506.

⑤ 李娇，宋永会，蒋进元等. 水污染治理技术综合评估方法研究［J］. 北京师范大学学报（自然科学版），2020，56（02）：250-256.

⑥ 徐利，郝桂珍，李思敏. 滦河上游流域水质特征及污染源解析［J］. 科学技术与工程，2023，23（16）：7136-7144.

⑦ 常玉苗. 基于物质流分析的区域水资源环境承载力与结构关联效应评价［J］. 水利水电技术，2017，48（12）：34-40.

⑧ 刘丹，王烜，曾维华等. 基于ARMA模型的水环境承载力超载预警研究［J］. 水资源保护，2019，35（01）：52-55+69.

⑨ 陈文婷，夏青，苏婧等. 基于时差相关分析和模糊神经网络的白洋淀流域水环境承载力评价预警［J/OL］. 环境工程，2022，40（06）：261-271.

⑩ 曾祉祥，张洪，单保庆等. 汉江中下游流域工业污染源解析［J］. 长江流域资源与环境，2014，23（2）：252-259.

⑪ 宋成镇，陈延斌，侯毅鸣等. 中国城市工业集聚与污染排放空间关联性及其影响因素［J］. 济南大学学报（自然科学版），2021，35（05）：452-461.

⑫ 白璐，乔琦，张玥等. 工业污染源产排污核算模型及参数量化方法［J］. 环境科学研究，2021，34（09）：2273-2284.

⑬ 刘鸿志，王光镇，马军等. 黄河流域水质和工业污染源研究［J］. 中国环境监测，2021，37（03）：18-27.

⑭ 谢慧钰，胡梅，嵇晓燕等. 2011~2019年鄱阳湖水质演化特征及主要污染因子解析［J/OL］. 环境科学，2022，43（12）：5585-5597.

⑮ 黄燏，阚思思，罗晗郁等. 长江流域重点断面水质时空变异特征及污染源解析［J］. 环境工程学报，2023，17（8）：2468-2483.

⑯ Satterfield M H. TVA-State-Local Relationships［J］. American Political Science Review，1946，40（5）：935-949.

制①；Schomers S（2013）②、Yamamoto A（2002）③ 则从管理成本、管理模式、管理效率等方面分析了中央流域管理方式和地方流域管理方式。Baltutis（2019）基于多中心治理框架，通过访谈法探讨了在哥伦比亚流域治理中非国家行为者的贡献和作用，发现了多中心性出现相关的四个治理主题：权威性，灵活性，协调活动和信息共享④。Zilio（2022）以阿根廷大斯尔河流域（SGRB）探讨了实施合作战略的可能性，发现在流域实施协作管理时应考虑到流域内外所有利益相关者的参与以及决策流程的简化与协调⑤。Lucie Baudoin（2021）基于生态学视角将协作过程与生态结果相联系，发现不同利益集团的存在与不同的生态结果有关，根据不同的污染源类型发挥的作用也不同⑥。Moorthy（2023）调查了跨境河流管理如何影响河流水的可持续性和可持续的跨境水管理策略，发现解决和管理跨境水纠纷的最重要因素是采用基于合作和利益共享的集体综合性水管理方法⑦。

国内学者主要从构建国家、流域和城市三级治理体制探讨流域生态治理问题（杨旭等，2022⑧；吕志奎等，2020⑨；杨志云，2022⑩）；或者强调流域生态治理关键是协同机制的建设，要求建立府际协同机制、市场协同机制、政府科层协同机制（王勇，2009⑪；

① Alaerts G J. Institutions for river basin management. The role of external support Agencies（international donors）in developing cooperative arrangements［C］//International Workshop on River Basin Management - Best Management Practices. 1999：27-29.

② Schomers S, Matzdorf B. Payments for ecosystem services：A review and comparison of developing and industrialized countries［J］. Ecosystem services, 2013, 6：16-30.

③ Yamamoto A. The governance of water：an institutional approach to water resource management［M］. The Johns Hopkins University, 2002.

④ Baltutis W J, Moore M L. Degrees of change toward polycentric transboundary water governance［J］. Ecology and Society, 2019, 24（2）.

⑤ Zilio M I, Bohn V Y, Cintia Piccolo M, et al. Land cover changes and ecosystem services at the Negro River Basin, Argentina：what is missing for better assessing nature's contribution？［J］. International Journal of River Basin Management, 2022, 20（2）：265-278.

⑥ Lucie Baudoin, Joshua R. Gittins, The ecological outcomes of collaborative governance in large river basins：Who is in the room and does it matter？, Journal of Environmental Management, Volume 281, 2021.

⑦ Moorthy R, Bibi S. Water security and cross-border water management in the kabul river basin［J］. Sustainability, 2023, 15（1）：792.

⑧ 杨旭, 孟凡坤. 黄河流域生态协同治理视域下国家自主性的嵌入与调适［J］. 青海社会科学, 2022（05）：53-62.

⑨ 吕志奎, 蒋洋, 石术. 制度激励与积极性治理体制建构——以河长制为例［J］. 上海行政学院学报, 2020, 21（02）：46-54.

⑩ 杨志云. 新时代环境治理体制改革的面向：实践逻辑与理论争论［J］. 行政管理改革, 2022（04）：95-104.

⑪ 王勇. 论流域政府间横向协调机制——流域水资源消费负外部性治理的视阈［J］. 公共管理学报, 2009, 6（01）：84-93+126-127.

姬鹏程，2009①；张彦波等，2015②；廖建凯等，2021③；司林波等，2022④；王俊杰等，2023⑤）；也有重点从法律制度机制（王灿发，2014⑥；刘佳奇，2020⑦；朱艳丽，2021⑧）、生态补偿机制（王健，2007⑨；郑海霞，2010⑩；王军锋等，2017⑪；高家军，2021⑫）、利益协调机制（余敏江，2011⑬；姚王信等，2018⑭；时润哲等，2020⑮）和治理保障机制（金太军，2012⑯；周鑫，2014⑰；刘若江等，2022⑱）等研究流域生态治理机制建设；也有学者基于流域或区域视角探讨了"多元小集体共同治理"（李健等，2012⑲）、国家与社会"共治"（金安平等，2020⑳）和"生态共同体"协同构建（盛方富等，2021㉑），以推进"绿色流域生态建设"（邓晓雅等，2020㉒；梁静波，2020㉓）、生态

① 姬鹏程，孙长学．完善流域水污染防治体制机制的建议［J］．宏观经济研究，2009（07）：33-37．

② 张彦波，佟林杰，孟卫东．政府协同视角下京津冀区域生态治理问题研究［J］．经济与管理，2015，29（03）：23-26．

③ 廖建凯，杜群．黄河流域协同治理：现实要求、实现路径与立法保障［J］．中国人口·资源与环境，2021，31（10）：39-46．

④ 司林波，张盼．黄河流域生态协同保护的现实困境与治理策略——基于制度性集体行动理论［J］．青海社会科学，2022（01）：29-40．

⑤ 王俊杰，何寿奎，梁功雯．跨界流域生态环境脆弱性及协同治理策略研究［J］．人民长江，2023，54（07）：22-31．

⑥ 王灿发．论生态文明建设法律保障体系的构建［J］．中国法学，2014（03）：34-53．

⑦ 刘佳奇．论空间视角下的流域治理法律机制［J］．法学论坛，2020，35（01）：31-39．

⑧ 朱艳丽．长江流域协调机制创新性落实的法律路径研究［J］．中国软科学，2021（06）：91-102．

⑨ 王健．我国生态补偿机制的现状及管理体制创新［J］．中国行政管理，2007（11）：87-91．

⑩ 郑海霞．关于流域生态补偿机制与模式研究［J］．云南师范大学学报（哲学社会科学版），2010，42（05）：54-60．

⑪ 王军锋，吴雅晴，姜银萍等．基于补偿标准设计的流域生态补偿制度运行机制和补偿模式研究［J］．环境保护，2017，45（07）：38-43．

⑫ 高家军．纵向嵌入式治理："河长制"引领流域生态补偿的实现机制研究［J］．地方治理研究，2021（01）：54-67．

⑬ 余敏江．论生态治理中的中央与地方政府间利益协调［J］．社会科学，2011（9）：23-32．

⑭ 姚王信，曾照云，程敏．淮河流域绿色发展国际对标研究——利益冲突与协调制度视角［J］．西部论坛，2018，28（06）：84-91．

⑮ 时润哲，李长健．空间正义视角下长江经济带水资源生态补偿利益协同机制探索［J］．江西社会科学，2020，40（03）：49-59+254-255．

⑯ 金太军，沈承诚．政府生态治理、地方政府核心行动者与政治锦标赛［J］．南京社会科学，2012（06）：65-70+77．

⑰ 周鑫．当代中国生态治理的制度建设［J］．理论视野，2014（11）：80-82．

⑱ 刘若江，金博，贺姣姣．黄河流域绿色发展战略及其实现机制研究［J］．西安财经大学学报，2022，35（01）：15-27．

⑲ 李健，钟惠波，徐辉．多元小集体共同治理：流域生态治理的经济逻辑［J］．中国人口·资源与环境，2012，22（12）：26-31．

⑳ 金安平，王格非．水治理中的国家与社会"共治"——以明清水利碑刻为观察对象［J］．北京行政学院学报，2022（03）：28-39．

㉑ 盛方富，李志萌．绿色长江经济带生态环保协同合作研究进展与展望［J］．生态经济，2021，37（08）：182-187．

㉒ 邓晓雅，龙爱华，高海峰等．塔里木河流域绿色生态空间与景观格局变化研究［J］．中国水利水电科学研究院学报，2020，18（05）：369-376．

㉓ 梁静波．协同治理视阈下黄河流域绿色发展的困境与破解［J］．青海社会科学，2020（04）：36-41．

安全格局优化（潘越等，2022①）和生态治理体系与能力现代化（李晓西等，2015②）。

（4）关于流域生态环境治理责任考评与责任追究研究。政府生态环境治理责任制已成为国内外学者共识。戴维·皮尔斯和杰瑞米·沃福德（1996）认为"环境的恶化是市场或政府失灵造成的，要想治理环境问题，就要对造成环境的权利和义务实行问责③。"美国生态学家洛夫（2010）将生态批评学引入到生态责任研究领域④；Schomers 和 Matzdorf（2013）主张以生态补偿方式来解决流域生态环境治理中的责任问题⑤。Chen（2020）认为在中国，决策责任显著促进了企业环境责任，而实施责任对企业环境责任有显著的负面影响，监管责任没有显著影响⑥。Peng（2021）对企业环境责任进行实证分析发现企业环境绩效对环境责任产生了积极而重大的影响，环境责任与环境绩效之间存在非线性关系（倒"U"形）⑦。

国内学者主要从政府生态责任建设角度进行探讨，认为生态责任是生态文明建设下政府所担负的保护和治理环境，保证生态平衡与协调发展的责任（刘湘溶，2015⑧；阎喜凤，2020⑨；刘志仁等，2022⑩；盛明科，2022⑪）；倡导树立生态观念、构建制度化生态责任、发展生态产业来构建政府生态责任（詹玉华，2012⑫；周文翠，2016⑬；唐瑭，2018⑭）；有学者认为生态环境问题主要是领导干部任期环境责任不清、环境治理不作为和环境责任追究不力，依此探讨建立生态考评制度与问责制度（马志娟等，2014⑮；盛明

① 潘越，龚健，杨建新等. 基于生态重要性和 MSPA 核心区连通性的生态安全格局构建——以桂江流域为例 [J]. 中国土地科学，2022，36（04）：86-95.

② 李晓西，赵峥，李卫锋. 完善国家生态治理体系和治理能力现代化的四大关系——基于实地调研及微观数据的分析 [J]. 管理世界，2015（05）：1-5.

③ 皮尔斯 D. W，沃福德 J. J. 世界无末日：经济学，环境与可持续发展 [M]. 中国财政经济出版社，1996.

④ 洛夫. 实用生态批评 [M]. 北京大学出版社，2010.

⑤ Schomers S, Matzdorf B. Payments for ecosystem services: A review and comparison of developing and industrialized countries [J]. Ecosystem services, 2013, 6: 16-30.

⑥ Chen X, Zhang J, Zeng H. Is corporate environmental responsibility synergistic with governmental environmental responsibility? Evidence from China [J]. Business Strategy and the Environment, 2020, 29 (8): 3669-3686.

⑦ Peng B, Chen S, Elahi E, et al. Can corporate environmental responsibility improve environmental performance? An inter-temporal analysis of Chinese chemical companies [J]. Environmental Science and Pollution Research, 2021, 28 (10): 12190-12201.

⑧ 刘湘溶，罗常军. 生态环境的治理与责任 [J]. 伦理学研究，2015（03）：98-102.

⑨ 阎喜凤. 绿色发展理念下地方政府的生态责任 [J]. 行政论坛，2020，27（05）：140-145..

⑩ 刘志仁，王嘉奇. 黄河流域政府生态环境保护责任的立法规定与践行研究 [J]. 中国软科学，2022（03）：47-57.

⑪ 盛明科，岳洁. 生态治理体系现代化视域下地方环境治理逻辑的重塑——以环保督察制度创新为例 [J]. 湘潭大学学报（哲学社会科学版），2022，46（03）：99-104.

⑫ 詹玉华. 生态文明建设中的政府责任研究 [J]. 科学社会主义，2012（02）：70-73.

⑬ 周文翠，刘经纬. 生态责任的虚置及其克服 [J]. 学术交流，2016（01）：78-82.

⑭ 唐瑭. 生态文明视阈下政府环境责任主体的细分与重构 [J]. 江西社会科学，2018，38（07）：172-180.

⑮ 马志娟，韦小泉. 生态文明背景下政府环境责任审计与问责路径研究 [J]. 审计研究，2014（06）：16-22.

科等，2015①；盛明科等，2018②；张明，2021③），并从政治责任和法律责任探讨了生态红线责任制度建设（曹明德，2014④；莫张勤，2018⑤），构建生态责任履行与考评机制（江楠，2012⑥；陈建斌等，2016⑦；李昌凤，2020⑧）以及形成以修复责任为中心的环境法责任与以政务处分为中心的相关法责任并存的政府环境责任总体格局（陈海嵩，2023⑨）；也探讨了由于生态环境问题的隐蔽性和长期性，建立生态终身制责任追究机制等（高桂林，2015⑩；黄爱宝，2016⑪；辛庆玲，2019⑫）。

1.2.2 研究现状述评

综上所述，随着生态文明建设的推进与政府生态治理研究的不断深入，国内外学者对流域生态环境治理方面的研究更为重视，并呈现一种较为明显的趋势：从研究视角来看，对流域生态环境治理研究由单学科视角转变为多学科视角，更加注重政治学、管理科学、环境科学、法学等多学科交叉协同和计量分析、模型构建多方法交互运用，突出在研究中学科协同与融合性；从研究重点来看，对流域生态环境治理的研究逐渐改变了传统的学术性和理论性研究，而更加注重实践性和政策指导性研究，对流域生态治理中的"为什么""怎么样"学术问题关注较少，重点研究"由谁来做""怎么做"等治理实践方面的问题；从研究内容来看，对流域生态环境治理研究突出问题导向、因地制宜，并强调从源头进行污染排放控制，积极探索生态环境治理的共建与协同，以及流域生态环境治理的责任清单制度与环境责任考评研究备受理论和实践关注。

因此，该研究拟以流域多点污染源问题为切入点，以预防保护和综合治理流域生态环境为核心内容，重点探讨流域生态环境协同治理机制和生态责任考评问责机制建设，构建责任明确、协调有序、监管严格、治理有力的"前端源头控制、中端协同治理、末端责任追究"流域生态环境治理体系，为维护流域生态健康、实现流域功能发展提供理论支持与政策建议。

---

① 盛明科，朱玉梅. 生态文明建设导向下创新政绩考评体系的建议［J］. 中国行政管理，2015（07）：156.

② 盛明科，李代明. 生态政绩考评失灵与环保督察——规制地方政府间"共谋"关系的制度改革逻辑［J］. 吉首大学学报（社会科学版），2018，39（04）：48-56.

③ 张明，宋妍. 环保政绩：从软性约束到实质问责考核［J］. 中国人口·资源与环境，2021，31（02）：34-43.

④ 曹明德. 生态红线责任制度探析——以政治责任和法律责任为视角［J］. 新疆师范大学学报（哲学社会科学版），2014，35（06）：71-78..

⑤ 莫张勤. 生态保护红线法律责任的实践样态与未来走向［J］. 中国人口·资源与环境，2018，28（11）：112-119.

⑥ 江楠. 生态文明视阈中的政府生态责任探析［J］. 领导科学，2012（29）：40-41.

⑦ 陈建斌，柴茂. 湖泊流域生态治理政府责任机制建设探究［J］. 湘潭大学学报（哲学社会科学版），2016，40（03）：19-23.

⑧ 李昌凤. 完善我国生态文明建设目标评价考核制度的路径研究［J］. 学习论坛，2020（03）：89-96.

⑨ 陈海嵩. 证成与规范：地方政府生态修复责任论纲［J］. 求索，2023（04）：146-153..

⑩ 高桂林，陈云俊. 论生态环境损害责任终身追究制的法制构建［J］. 广西社会科学，2015（05）：93-97.

⑪ 黄爱宝. 政府生态责任终身追究制的释读与构建［J］. 江苏行政学院学报，2016（01）：108-113.

⑫ 辛庆玲. 生态文明背景下政府环境责任审计与问责的路径探析［J］. 青海社会科学，2019（02）：73-79.

1.3 研究思路与方法

1.3.1 研究思路

该研究主要沿着以下思路和技术路线进行："相关文献梳理——理论原理分析——实践动态跟踪——对策建议研究"。在梳理国内外流域生态环境治理的相关文献基础上，重点分析污染源视角下流域生态环境相关理论和生态环境协同治理机制运行结构，并对国内外流域污染源生态环境治理实践进行考察与个案分析，从而形成对理论原理和实践动态的客观、科学把握，最后从流域生态环境协同治理机制和责任追究机制两个层面探讨基于污染源的流域生态环境治理体系建设和治理能力提升的政策建议。具体如图 1.1 所示。

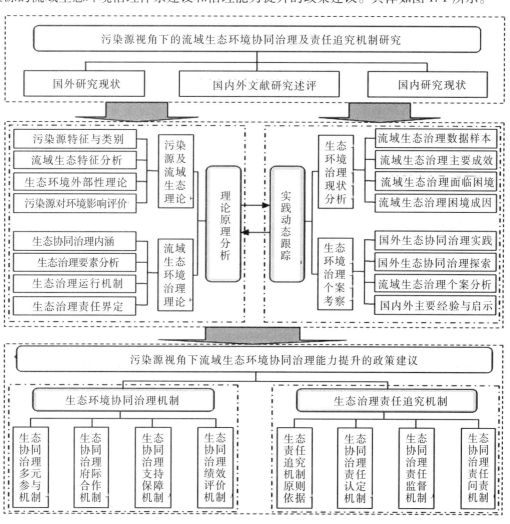

图 1.1　文章研究思路与技术路线图

1.3.2 研究方法

该研究主要采取以下研究方法：

（1）调查研究法。

文献调查法。通过对国内外关于流域生态治理相关文献进行全面梳理、调查分析。

抽样调查法。抽样地方政府流域生态环境治理情况进行深入调查分析，收集相关资料信息。

（2）案例分析法。

个案分析法。重点选取日本"琵琶湖"、北美"五大湖"、德国"莱茵河"等五个典型国外流域生态环境治理案例进行个案分析与经验考察。

统计分析法。通过对流域污染源普查结果的样本抽样统计、数据分析和模型验证，以深入分析流域生态治理中的具体成效与存在问题。

（3）理论研究法。

比较分析法。在研究中运用比较分析法对国内外基于污染源的流域生态环境治理典型流域、主要实践和基本经验进行比较分析，以期在比较中得到启示与借鉴。

系统研究法。流域作为一个完整的系统生态体系，在研究治理过程中从不同学科背景和视角对流域生态环境治理价值理念、体制机制、保障体系等进行系统分析。

1.4 研究内容与创新点

1.4.1 研究内容

该研究主要以污染源视角下流域生态环境治理体系建设与治理能力提升为研究对象，重点拟从流域污染源生态环境治理理论分析与治理实践总结、污染源视角下流域生态环境协同治理机制建设及流域生态环境治理责任追究机制建设三个维度来开展研究。具体拟通过对流域污染源问题及其对流域生态环境影响评价分析，并以国内外流域污染源生态环境治理实践为基础，构建流域污染源生态环境协同治理机制及其责任追究机制，研究如何提升政府对于流域污染源生态环境的治理能力与治理绩效。具体研究内容和框架分五个部分：

第一，污染源问题及其对流域生态环境影响分析与评价。①污染源内涵特征与类别。污染源是指造成环境污染的污染物发生源，包括向环境排放有害物质或对环境产生有害影响的场所、设备、装置或人体，主要有天然污染源、工业污染源、生活污染源等，可分为点污染源、线污染源和面污染源；②流域生态环境特征分析。流域生态是以河流为中心的区域性复合生态系统，既包括水生态系统，也包括陆地生态系统，具有生态单元的多样性、生态系统脆弱性、生态区域开放性、生态管理复杂性等特征，有着特殊的生态功能价值；③流域生态环境外部性分析。生态环境作为生产资源具有公共物品属性，在使用上具有非竞争性和非排他性，因此会产生环境成本与效益外部性问题，以及流域环境"污染博弈"困局，主要表现为对环境资源的无偿使用或低价使用，以及无补偿的损坏或低补偿的损坏，并造成流域内环境"挤占""搭便车"或"免费获取"行为；④污染源对流域生态环境影响分析与评价。污染源对流域生态环境影响是客观存在的，既有对河湖水资源显性污染，也有对地下水和土壤功能隐性破坏，可尝试构建基于污染源的流域生态环境影响分析框架与结构模型，对污染物的来源、特性、结构和形态进行定性和定量分析，以判断影响来源、强度以及是否构成环境风险等。

第二，污染源视角下流域生态环境协同治理结构与责任界定。①流域生态环境治理的内涵与本质。流域生态治理就是流域地方政府等决策机构运用包括公共机构、法律制度、政府权力对环境保护和生态治理履行生态环境职能的过程，包括由谁来决策、如何决策和决策执行等内容，核心目标是实现环境治理和生态恢复；②流域生态环境协同治理要素结构分析。一是治理主体，主要是中央与各级地方政府职能部门，并包括企业、社会组织、公民等参与，相互保持竞争与协作状态；二是治理内容，包括污染源普查与统计、污染物检测与防治、生态风险监测与预警、流域生态保护与恢复等；三是治理手段，包括政府行政权力、市场经济引导、法律制度规制等；四是治理评价，包括评价指标体系、评价数据分析和评价结果运用等；③流域生态环境协同治理运行机制分析。流域生态环境协同治理是在治理中各个要素、环节和程序等共同构成一个完整的、相对稳定的流程结构，包括目标生成机制、职能履行机制、府际合作机制、资源保障机制和绩效评价机制等，且各环节构成相互联系与影响的循环体系；④流域生态环境治理职能分工与责任界定。研究流域内多点污染源的区域分布及其排污量与污染程度，并根据"污染博弈"分析和地方政府行政管辖权与管辖范围对生态环境治理职能规制和责任界定，包括环境治理责任主体构成、职能内容与任务要求、生态责任范畴与期限、责任监督与认定等具体责任构件。

第三，污染源视角下流域生态环境治理的成效与问题分析。①国内外流域污染源生态环境治理调研与考察。国外重点选取日本"琵琶湖"流域、北美"五大湖"流域、欧洲"莱茵河"流域等作为研究对象，国内主要跟踪鄱阳湖流域、湘江流域和珠江流域等流域污染源生态环境治理实践的调研考察；②流域生态环境治理的案例分析——以洞庭湖流域污染源治理为个案考察。重点以洞庭湖流域污染源治理为实证对象进行实地调研，统计和分析流域内污染源的普查、分布以及排污点和排污量等基本情况，并分析其对洞庭湖生态环境的可能影响，在此基础上，总结湖区地方政府在洞庭湖污染源治理中的具体实践、经验成效和存在不足等；③国内外流域生态环境治理主要实践与成效。主要包括强化政府生态职能与生态责任、完善生态治理制度规范、构建府际合作与区域共治的协同治理模式以及建立流域生态合作补偿与赔偿制度等；④国内外流域生态环境治理主要问题与成因。主要存在流域生态环境治理"多头管理"和"相互推诿"、治理主体和治理手段单一、治理能力与治理技术相对落后等治理困境，究其原因，主要包括唯"GDP"的政绩观念、治理体制与治理机制运行不顺畅、治理职能界定不明和生态责任追究不严等；⑤国内外流域污染源生态环境治理的经验启示。国内外经验表明，要科学有效实现流域污染源生态环境治理，必须着力从源头监测与控制流域污染源排放、明确流域地方政府生态职能与责任、科学设计流域污染源环境协同治理机制、严格追究流域污染源治理失责行为等。

第四，污染源视角下流域生态环境协同治理机制建设研究。①流域生态环境治理协同机制建设价值导向与目标要求。坚持流域生态治理的主体多元参与和过程全周期性控制；强调绿色发展与共享发展，突出生态治理职能与治理绩效；创新政府管制与市场调节相结合的流域生态治理协同模式；②探讨流域生态环境协同治理的多元参与机制。一是构建党委领导、政府负责、社会合作和公众参与的流域生态治理协同格局；二是探讨流域生态治理的全生命周期过程的协同参与；三是强调既对点污染源的治理，也对线与面的多处流域污染源协同治理；③优化流域生态环境协同治理的共建共享机制。一是以"污染博弈"分析为基础构建生态治理责任协同、利益协同、监管协同和信息协同等合作机制；二是根据政府管辖权和管辖范围，研究流域污染源属地的源头监测与防控机制，预防污染物排放；三是根据流域生态治理与恢复责任界定权值确定生态补偿、排污削减补贴、排污收费以及排污交易模型与标准；④完善流域生态环境协同治理的支持保障机制。主要包括完善政策与制度体系，破解流域生态治理的责任推诿与属地壁垒困境；优化流域生态治理的预防保护、职能履行、责任监督等流程，强化治理能力；加大对流域生态治理的人力资源、经费支持与生态补偿；提升生态治理与生态恢复技术支持等。⑤创新流域生态环境协同治理的绩效评价机制。探讨流域生态环境协同治理绩效评估的价值标准、绩效指标遴选与指标体系构建、绩效评估方法模型、评估实施机制以及绩效评估实证分析等。

第五，污染源视角下流域生态环境责任追究机制建设研究。①明确流域生态环境治理责任实施原则依据。要求中央及地方政府生态治理责任明确，公平公正、公开透明；强调生态治理权利与责任相对应，合理定责、权责一致；坚持生态治理责任追究的规范性和法治性，有法可依、有法必依；②规范流域生态环境治理责任的认定机制。一是生态治理责任主客体要素认定，明确责任主体、建立责任清单；二是生态治理责任构件认定与归责认定，从程序和法理层面对生态责任构成要素以及追责范围和行为认定；三是生态治理责任考评结果运用，以考评结果作为责任追究依据；③优化流域生态环境治理责任的监督机制。一是丰富生态责任监督主体，强化党内监督、人大监督、行政监督并鼓励司法监督和公众监督；二是完善生态责任监督程序，强化污染源前端监督、生态治理过程监督和生态失责事后问责监督；三是完善生态责任审计监督，实行生态离任审计；④严格流域生态环境治理责任的问责机制。一是构建生态责任问责制度体系，包括生态治理目标责任制、完善生态治理责任清单制、实行离任生态审计制、严格生态环境损害责任终身追究制等；二是拓展生态责任异地问责途径，强化人大问责、严格司法问责和鼓励媒体问责等；[①] 三是严格执行生态责任问责途径与方式，包括党内处分、行政问责和法律追究等；⑤完善流域生态环境治理责任的救济机制。包括完善责任救济制度，探索申诉、控告和信访、法律援助、听证等救济途径，以及创新救济方式，包括责任纠正机制、免责机制和复出机制等。

1.4.2 研究主要创新点

（1）研究和分析污染源视角下流域生态环境协同治理结构与责任界定。在深入阐释

---

① 柴茂．健全生态环境绩效评价与问责机制［N］．中国社会科学报，2018-12-26．

流域生态环境治理的内涵与本质的基础上，从治理主体、治理对象、治理手段与治理评价等要素分析流域生态治理结构，并根据流域生态"污染博弈"与流域政府"权责博弈"，分析了流域生态环境治理责任主体构成、职能内容与任务要求、生态责任范畴与期限、责任监督与认定等责任界定要素，明确政府生态治理责任归属。

（2）优化和完善污染源视角下流域生态环境协同治理的策略与路径。在分析流域污染源特征及其影响基础上，借鉴国内外流域生态治理的典型经验，从职能界定、府际协同、保障体系、绩效评价等层面提出流域生态环境治理机制建设的政策建议，力求构建责任明确、协调有序、治理有力、监管严格的"前端源头控制、中端协同治理、末端责任追究"流域生态环境治理框架体系，不断丰富完善流域生态环境治理理论体系。

（3）探讨和深化污染源视角下流域生态环境治理责任清单与问责机制。以突出政府生态责任建设为导向，探讨构建基于污染源的流域生态环境治理责任考评体系和责任追究机制，实现对政府在流域生态环境治理中的履职情况和环境失责行为进行科学客观监督、评价与问责，明确"追谁的责""追什么样的责""以什么方式追责"等问题，这能有效引导地方党委和政府将生态环境污染源治理作为重要执政职能，提升政府生态环境治理能力。

第2章　有关核心概念厘定与基础理论分析

2.1 流域生态环境的内涵与特征

2.1.1 流域生态环境解析

"生态"（Eco-）一词来源于希腊语"Oikos"，最初的含义是"遮蔽处""居住地"等。"生态"一词的诞生以及生态学的兴起是由德国学者赫克尔于1866年正式提出，他指出"生态"实际上是生物有机体与周围外部世界的关系，其主体是生物有机体，生存条件包括生物环境（其他生物）和非生物环境（水、大气、土壤等）。[①] 此后，对"生态"内涵的挖掘成为引人热议的内容之一。Whittaker等人认为"ecotope"主要是物种对其生存过程中各种环境变量的整个范围反应，是一个物种的基本进化环境。物种在不同生态范围中的部分和群落中的迁移可以用"ecotope"来理解，因此，"生态"可以解释为物种所面临能对其产生影响的所有环境因子的集合。[②] 而Allaby将"生态"理解为"生物地理群落的生态成分"，即生态是生物群落和生态环境的集合体。[③] "生态"这一名词在我国出现已有60余年的时间，在1953年出版的《植物生态学》[④] 中，首次出现了俄汉对照名词"生态环境"，继而"生态"一词开始在我国有所应用，并且出现在部分生态学著作、论文等的题目之中。我国学界对生态的内涵也进行大量的探讨，王如松认为"生态"是自然界中有机体赖以生存、繁衍、进化和发展的各种生态因子和生态关系的总和。[⑤] 黎祖交认为"生态"主要是生物与周围环境之间的相互关系，从逻辑上来说，应该包括生物、环境以及生物与环境之间的关系三个基本要素。[⑥] 王礼先则从人类与自然的关系来分析"生态"，认为生态是指影响人类的生存和发展的所有自然资源与自然环境因素的总和，

---

① 宋言奇. 浅析"生态"内涵及主体的演变 [J]. 自然辩证法研究，2005 (6).

② Whittaker R H, Levin S A, Root R B. On the reasons for distinguishing "niche, habitat, and ecotope". American Naturalist, 1975, 109 (968)：479~482.

③ Allaby M. A dictionary of ecology (2nd Edn). Oxford University Press, Oxford, 1998. 136.

④ 谢尼阔夫著. 王汶译，乐天宇校. 植物生态学 [M]. 新农出版社，1953.

⑤ 王如松. 生态文明与绿色北京的科学内涵和建设方略 [J]. 中国特色社会主义研究，2009 (03)：52-54.

⑥ 黎祖交. 建议用"生态建设和环境保护"替代"生态环境建设"[J]. 科技术语研究，2005 (02)：22-25.

也称之为生态系统。① 随着生态文明建设战略的提出和推进，"生态"一词的关注度得到提升，并且将生态与人类更加紧密地结合在一起。因此，在理解"生态"一词的基础上，进一步分析人类与自然生态关系，也变得更加重要与迫切。洪涛认为生态的概念具有社会学的意义，是人类群体与物质环境和社会环境关系的状态。② 刘晓丹等认为，生态是以一种特定的生物体（包含自然界生物、动植物、人类）为中心，所形成的多元复合生态系统要素和生态关系的总和，强调了生态系统的整体性、稳定性、连续性和协同进化性，以及在此基础上对主体提供的环境功能。③

"流域"（valley）在《辞海》中将其释义为"地表水与地下水分水线所包围的集水区域的统称，通常指的是地表水的集水区域。"④ 也有人认为流域是由分水岭所包围而形成的一个集水区，这个集水区具备整体性与不可分割性、高度渗透性、跨区域的外部性和相互依赖的竞争性等特征。⑤ 或者解释为"分水线所包围的湖泊河流集水区"。具有广义和狭义之分，从狭义上来说，流域主要是指湖泊河流的干流、支流所流经的区域范围，包括河流、河床、沿岸土地、涵养水资源的草地林地等；从广义上来说，则是指一个水系的干流和支流所覆盖的全部区域，或者是地面上以分水岭为界的整个区域，这是自然科学视角上的概念。虽然比较清晰地从水文和水系层面界定了"流域"，但是，从宏观视角来看，流域实质上是自然环境和人文社会相结合的综合体，既体现湖泊流域水系的自然属性，也具有人类文明和区域经济发展的社会属性。因而，要从宏观整体去全面理解和把握"流域"内涵特征。一方面，要将人类行为纳入流域的概念体系。实质上来说，从根本上决定流域特征的是人类活动和社会环境，流域在为人类提供必要的水资源的同时，也承载着人类行为对流域产生的外部性影响，这很大程度上决定了流域状况。另一方面，要从宏观上整体把握"流域"外延特征。一个以水为核心，并将土地、生物、自然资源等各类自然要素与人、经济、社会资源等各类人文要素囊括在内的环境经济复合系统，即称之为流域。⑥流域还是一个以河流为中心，由分水线包围的集水区域，同时又是以水资源系统开发和综合利用为中心，组织和管理国民经济的重要的地域单元。⑦

从"生态"与"流域"两个概念的分析中，可以看出，流域生态环境应该是指整个流域区域范围内的生态状况。对于流域生态的定义和解释，学者们也进行了相应研究，如李林子等对流域生态系统的内涵进行了解释，认为流域生态系统是指流域辖区内以水系为纽带，由流域内水、土、气、生等自然环境要素和人口状况、经济发展等社会要素共同构成的一个通过物质输送、能量转移、信息交互、相互联系和相互制约的自然—经济—社会

①　王礼先 . 关于"生态环境建设"的内涵 [J] . 科技术语研究，2005（02）：33.

②　洪涛 . 生态与文明——生态文明的含义 [J] . 武汉理工大学学报（社会科学版），2009，22（03）：16-17.

③　刘晓丹，孙英兰 . "生态环境"内涵界定探讨 [J] . 生态学杂志，2006（06）：722-724.

④　夏征农 . 辞海 [M] . 上海辞书出版社，2002.

⑤　陈瑞莲 . 区域公共管理理论与实践研究 [M] . 中国社会科学出版社，2008.

⑥　冯慧娟，罗宏，吕连宏 . 流域环境经济学：一个新的学科增长点 [J] . 中国人口·资源与环境，2010，20（31）：241-244.

⑦　赵兵，邓玲 . 和谐流域建设的理论基础和基本路径 [J] . 长江流域资源与环境，2012，21（S1）：1-4.

复合生态系统。^① 我们可以对流域生态环境作如下解释，流域生态环境是指以流域区域为单元，以水资源为纽带，由流域内的生态资源系统、自然地理系统、人类社会经济系统以及包括流域水生动植物、陆生动植物等在内的生物系统和人类所组成的生态体系。

2.1.2 流域生态环境的特征分析

流域生态环境主要是一个以流域为中心的区域性生态系统。流域生态环境是一个复合生态系统，由水生态系统和陆地生态系统共同组成，包括水生动植物、陆生动植物和人类，具有连续性、开放性和流动性，它是纵向垂直、横向水平和时间、空间尺度的多维度生态系统，其具体特征包括以下几个方面：

第一，生态单元的多样性。流域的区域性特征使流域包含湿地、河流这类主要的生态系统，同时也兼有森林与草原、环湖平原、河口三角洲、山地与丘陵这类自然生态系统以及包括农村、城市生态这类社会人文性的生态系统组成的多元立体的生态系统单元，各生态系统都各具特色，各有差异，因而促成了流域内的生态单元丰富的特色与生态多样性的特点。生态单元的多样性不仅为当前社会发展提供物质保障，还有利于物质保障的长期稳定供给，是人类社会可持续发展的重要基石。^② 因此，流域内生态单元越是多元多样、物种越是丰富，那么该流域的生态环境在生态建设中的地位与作用越是不容小觑。

第二，生态系统的脆弱性。流域生态系统因其生态的特殊性，也必然伴随着一定程度上的脆弱性和敏感性。^③ 同客观物质世界一样，万事万物都处于不断变化发展之中，流域生态系统亦是一个持续运动、变化和发展的有机统一体，从农耕社会到工业社会再到现代化信息时代，流域也随着时代变化，流域内人口急剧增加。随着工业化和城镇化的进程不断加快，产生了大量人类社会活动，而这些活动带来经济效益的同时，也对流域内的生态环境造成了不可逆转的伤害，即使生态系统具有自我修复的能力，但当人类社会活动对流域生态污染或破坏超过了流域生态系统自身调节能力，必将导致流域生态自我修复机能的失调，从而引发流域生态系统出现水资源失调、植被破坏、气候变化等不可控的生态环境问题，带来的后果也必将反噬到人类身上。因此，流域生态的脆弱性可以表示为生态稳定差、生物组成复杂，对人类社会活动和突发灾害反映强烈、敏感，而且生态失调后恢复成本高、机会小等。

第三，生态区域的开放性。流域主要是以湖泊和河流水系为基础的地理区域，是一个随着湖泊河流水系发育而自然形成的区域体系，虽然流域在地理学概念中有明确的界限划分，但是，由于流域作为开放的系统而存在于自然界之中，与其之外的自然生态环境和社会环境都有着密切的交流与联系，因而流域内部与外部各要素之间都相互进行着物质和能量的交流变换，流域作为自然界的一个部分，它的变化会对整个自然生态造成影响，同时

---

① 李林子，傅泽强，沈鹏等．基于复合生态系统原理的流域水生态承载力内涵解析［J］．生态经济，2016，32（02）：147-151.

② 杨俊毅，关潇，李俊生等．乌江流域生物多样性与生态系统服务的空间格局及相互关系［J］．生物多样性，2023，31（07）：132-141.

③ 余晓新等．景观生态学［M］．高等教育出版社，2006.

一个流域又可以看作一个整体，当其中的一个局部（区域）被破坏，那么对于整个流域也有着一定程度的影响。流域生态作为一个兼具整体性和开放性的区域，流域内的生态链紧密相连，各个生态要素之间和生态区域之间相互依存度高，每一个生态子系统的变化都有可能影响到其他生态子系统，或者一个生态区域可以影响到其他的生态区域。

第四，生态管理的复杂性。流域生态管理的主要内容既包括对流域各生态系统的治理，同时也要对流域内的经济发展进行管控，通过科学的管理推动流域内生态发展与经济发展的双同步，但是，由于流域生态"水陆交错、生物多样性、生态依存紧密、区域分割"等原因，使得流域生态管理越发的复杂。"唯 GDP"的错误发展理念虽然让社会经济得到快速发展，但是粗放型的经济增长势必会引发生态危机。[1]

2.2　流域污染源的特征与类型

2.2.1　污染源与流域污染源

污染源（pollution source）主要是指能造成环境和生态受到污染的污染物发生源。其通常指向环境载体释放或排放有害物质或对生态环境产生有害影响的设备、装置或场所。这种因生产、生活和其他活动向环境排放污染物或者对环境产生不良影响的场所、设备、装置以及其他污染发生源。统称为污染源。[2] 一般来说，流域是以河流为中心，从源头到河口组成的一个完整的自然区域[3]，流域包括地表水区域和地下水区域。狭义上的流域是指干流和支流所流经的区域范围，而广义上的流域是指一个水系的干流和支流所流过的整个地区。

流域污染源则通常是指向流域水体排放有害物质或对流域造成有害影响的任何风险源（包括设备、装置和场所）。根据污染物的来源可以分为人为污染源和自然污染源。人为污染源主要是由人类生产活动所产生的污染源，如企业工厂、城镇居民生活等。自然污染源主要是由于自然原因引起的污染源，如强降雨、泥石流等自然灾害等。根据对流域的影响方式可以分为点源污染和非点源污染。

2.2.2　流域污染源的特征

流域污染源以流域为区域考察对象，在开放性的流域范围内，污染物将持续向流域区域进行排放，既有纵向区域，也有立体空间等，与其他污染源相比具有明显特征。具体包括以下方面：

第一，分布的地域性。一般来说，我国流域污染源分布具有一定的地域或区域特征，在流域范围内，污染源的分布和构成受到城市人口密度、经济发展水平、卫生管理水平、

---

① 荣枢. 论中国特色社会主义生态文明的认识趋向［J］. 思想理论教育导刊, 2020（01）：45-49.

② 全国污染源普查条例［EB/OL］.（2020-12-27）［2022-06-20］. https：//www.mee.gov.cn/ywgz/fgbz/xzfg/202006/t20200610_ 783571.shtml.

③ 王佃利, 史越. 跨域治理视角下的中国式流域治理［J］. 新视野, 2013（05）：51-54.

环境基础设施建设水平等方面因素的影响，呈现地域差异性。我国流域污染源分布总体呈现东高西低、下游高于中上游的特点。城市人口密度大、经济发展水平较高的城市往往污染源分布更多，污染源的组成也更复杂。由于我国东西部经济发展不平衡，流域中下游以及沿海地区的工业企业和城市居民比西部地区多，对于流域污染源治理的需求往往更为迫切。与此同时，水资源时空分布的不均匀也是造成流域污染源地域性的重要原因。受行业用水空间变化的影响，我国污染源分布的空间结构差异也较大。

第二，时间的季节性。受到季节变化的影响，流域污染源的排放具有典型的季节特征。自然污染源是流域污染源的重要组成部分，受到降雨时间和径流水质变化的影响，污染物的强度具有明显的时间特征。由于流域污染程度随河流径流量变化，而径流水质会受季节变化的影响，降雨事件的发生很大程度影响了污染物的强度，每年 6~9 月是我国的雨季，降水事件较为集中，5~6 月是降雨的开始阶段，降雨频次较少，污染物积累时间长，一旦出现降雨，流域污染物的浓度将迅速升高，7~8 月开始进入汛期，降雨事件发生频繁，流域污染物的浓度也会随之降低。因此，可以说流域污染源的污染程度随着季节性的径流量而变化，在排污相当的情况下，径流量的季节性变化，带来流域污染源的时间上的差异。[1]

第三，源头的广泛性。一般来说，流域污染源的广泛性主要表现为流域系统的广泛性和污染来源的广泛性。一方面，从流域系统本身来说，流域是一个跨界的、多层次的生态环境系统，其本身就是一个以水系为基础的地理区域，是一个开放的生态系统，许多大型河流纵横千里，地域跨度很大，分为上、中、下游，同时还包括干流和众多支流。同一流域内，造成流域水污染的污染源可能存在于流域上、中、下游的任意位置，也可以是多个小流域汇聚成更大的流域。另一方面，从流域污染源头来说，流域范围内本身含有各种生态系统和工业、农业、生活体系等，各种体系都可能成为流域范围中的污染源头，并且都会对流域生态环境造成一定的影响，而且这种源头分布十分广泛，且相互交织，对流域污染造成严重影响，在分析和追溯流域污染物的来源时，往往较为困难。

第四，污染的复杂性。流域污染源的复杂性主要表现在两个方面：一方面是污染源自身的复杂性，导致流域水污染的成因有很大的随机性和不确定性。以农业面源的污染为例，农药、化肥的施用是造成农业污染的主要来源，导致农业面源污染除了农药化肥外，还有农作物的种类、土壤的性质的不同，使用方式不同和降水条件不同等，在这些因素的相互作用下使得农业面源的污染差异较大。[2] 另一方面是污染源所排放的污染物具有复杂性，在人类生产活动过程中排放至流域的污染物种类繁多，不同类型污染物的性质和浓度存在较大的差异，如工业废水中的重金属污染、农业废水中的氮磷污染等，人类活动的程度不同，污染物排放量大小也不同，使得流域污染源具有复杂性，为流域污染源的治理增加了难度。特别是随着工业化程度加快，污染源的污染物构成也在调整和变化，新型污染物对流域水环境和人类健康的影响已经成为当前关注的重点问题。

① 许士国主编 . 环境水利学 ［M］. 中央广播电视大学出版社，2005.
② 全国污染源普查条例 ［EB/OL］.（2020-12-27）［2022-06-20］. https：//www.mee.gov.cn/ywgz/fgbz/xzfg/202006/t20200610_ 783571. shtml.

2.2.3 流域污染源的主要类型

根据流域分布特征和人类社会活动功能，我们对流域污染源的类型主要从污染源的区域类型和污染源的功能类型进行分析。

（1）基于污染源的区域类型。主要可分为点源污染、面源污染和内源污染。

点源污染。点源污染主要是指大、中企业和大、中居民点在小范围内的大量水污染的集中排放，主要包括工业污染源和居民生活污染源。点源一般是具有相对固定的产生范围或者位置，并且污染物排放点相对固定，其污染源主要通过排污点向外部环境进行排放，具有特定的产生和排放点，所排放污染物的种类、特性、浓度和排放时间相对稳定的特点。[1] 从其分布形态来看，点污染源主要呈点状分布且易于辨别，正因为点源较为局部而且浓度较大，所以产生的危害和污染也相对较大。因此，准确掌握流域污染源点源，对于污染源控制有重要意义。

面源污染。面源污染又称"非点污染源"，指以一个大面积范围排放污染物输入水体的污染源，主要包括农村灌溉水形成的径流、农村废水和暴雨形成的地表径流。比如进入农田中的化肥农药等田间污染物，经过排水和雨水的流动进入河流、湖泊等更大范围水体中，从而形成水体面源的污染。从其分布形态来看，面源污染面积大且易于扩散。面源污染的特征具有时间和空间上的双重不确定性，目前的水体面源污染多由降雨冲刷导致，时间上的不确定性包括降雨的持续时间，雨前干燥期等，空间上的不确定性包括汇流的区域性，地域性等因素。因此，相对于点源，面源的不确定性特征也更为突出。

内源污染。内源污染又称"二次污染"，主要是流域内河流、湖泊等水体内部由于长期性的外部污染源所积累的污染再排放，包括底泥污染物释放产生的污染源。[2] 内源污染一般是指点源污染与面源污染进入流域性水体中的污染物，在经过物理、生物和化学性作用，逐渐沉降至湖泊底泥表层。积累在底泥表层的氮、磷营养物质，一方面，通过微生物将这些营养物质摄入体内，然后进入食物链，再参与到水生生态系统循环之中；另一方面，通过一定的物理化学作用与特定的环境条件，将这些污染元素从底泥中释放出来后又重新进入水中，进而造成湖内污染负荷的情况。[3]

（2）基于污染源的功能类型。主要可分为工业污染、农业污染和生活污染。[4]

《全国污染源普查条例》（2019）[5] 对污染源普查范围及内容作了界定和区分。其一，工业污染源普查内容包括：企业基本信息的登记，原材料消耗的情况，产品生产的情况，产生污染的设施情况，各类污染物产生、治理、排放和综合利用情况等。比如工业生产中

---

① W. C. Huang, et al. Development of the systematic object event data model for integrated point source pollution management Int ［J］. J. Environ. Sci. Tech. 2010, 7 （03）: 411-426

② 熊亚兰. 流域污染源调查分析与污染防治对策研究 ［J］. 环境保护与循环经济, 2021, 41 （04）: 50-52.

③ 朱奕, 陈浩, 丁国平等. 城镇与城郊污染河道中 DOM 成分分布与影响因素 ［J］. 环境科学, 2021, 42 （11）: 5264-5274.

④ 邓绶林主编. 地学辞典 ［M］. 河北教育出版社. 1992.

⑤ 全国污染源普查条例 ［EB/OL］. （2020-12-27）［2022-06-20］. https: // www. mee. gov. cn/ywgz/fgbz/xzfg/202006/t20200610_ 783571. shtml.

产生的工业废水、废渣，重金属和各种难以降解的污染物，排放至开放的流域体系中循环并富集，对流域生态产生长期性破坏。因此，在污染源中，工业污染源对流域生态环境的危害与破坏最大。其二，农业污染源普查的主要内容包括：农业生产规模，用水、排水情况，化肥、农药、饲料和饲料添加剂以及农用薄膜等农业投入品使用情况，秸秆等种植业剩余物处理情况以及养殖业污染物产生、治理情况等。不合理或不科学的使用化肥和农药等化学农业用品，将会破坏流域自然生态系统和流域土壤结构，特别是对流域土壤和水生态破坏严重，在农业中使用的氮和磷、农药或养殖业中的有机污染物进入水体，造成流域水体营养富集，污染河湖等。其三，生活污染源普查的主要内容包括：从事第三产业的单位的基本情况和污染物的产生、排放及治理情况，机动车污染物排放情况，城镇生活能源结构和能源消费量，生活用水量、排水量以及污染物排放情况等。一般人类消费活动产生的废气、废水和废渣等都会造成生态环境污染，特别是城市化进程中，人口开始快速集中，使得生态环境承载能力难以持续，城市成为流域污染的主要生活污染源。一般人类生活污染流域生态环境途径包括三个：生活中消耗能源所排出废气造成大气污染、生活中排放的污水等进入水体造成水系污染和生活中垃圾废料等固体性污染物造成的环境污染等。

2.3 流域生态环境协同治理的内涵与分析框架

2.3.1 流域生态环境协同治理内涵与本质

协同治理理论是在 20 世纪 70 年代德国物理学家哈肯创立的协同学中提出的，他将自然科学研究中的协同论与社会科学研究中的治理理论这两个理论结合起来进行讨论，来运用于解决公共管理领域事务的一种新的理论模式。[①] 协同治理主要是通过多元主体共同参与处理复杂社会公共事务，在治理中实现共同行动、耦合结构和资源共享，从根本上弥补政府、市场和社会单一主体治理的局限性。[②] Perri 指出，广义上协同指政府内部各部门和机构间的协调和合作，包括政府内部、政府与市场以及政府与社会间的合作关系，而狭义上协同指政府各部门间围绕既定的政策议程建立合作伙伴关系。[③]

政府与企业、公民以及第三部门等外部主体间的关系问题是未来生态环境协同治理的重要内容。生态环境协同治理是一个典型的复杂系统，由数个互相作用、互相影响的子系统组成，各子系统的协同程度决定了系统发展的情况。"治理"不同于"管理"。所谓"治理"可以被视为社会政治体系模式的一种，是在这一体系之中所有被涉及的行为者通过互动式的参与的共同结果。[④] 相对于后者的层级垂直领导、统一监管，"治理"更具有

---

① 冯秀萍. 长江流域生态协同治理路径研究 [J]. 环境保护与循环经济，2022，42（01）：67-70.

② 胡颖廉. 推进协同治理的挑战 [N]. 学习时报，2016-01-25.

③ J-PART. Joined-Up Government in the Western World in Comparative Perspective：A Preliminary Literature Review and Exploration [J]. Journal of Public Administration Research and Theory：2004，14（1）.

④ 冯玲，李志远. 中国城市社区治理结构变迁的过程分析——基于资源配置视角 [J]. 人文杂志，2003（01）：133-138.

综合性，是政府内部的垂直层级领导与公民、市场组织以及社会组织多元主体之间横向协同的结合。对于生态治理的概念和内涵界定，学界中存在不同的观点，从宏观的角度出发，生态治理是指以政府、社会和公民为代表的多元生态主体通过自身行为的矫正以及科学合法的政策和价值工具为载体构建良性互动的环境治理和保护模式；从微观角度出发，生态环境治理是指以生态的区域划分界限，对区域内的生态环境的保护以及生态污染的治理。

具体从流域生态环境治理来说，流域作为一个地理性概念，一个大的流域又可以按照水系的等级分为若干个小流域。在我国共有七大流域，分别是：黄河流域、长江流域、珠江流域、淮河流域、海河流域、太湖流域与松花江流域。[①] 传统的行政区划模式成为一种"隐形的壁垒"，人为割裂了流域的整体性治理，导致中国流域治理产生"九龙治水"的碎片化问题。地方政府行政管辖区域的划分阻碍了流域内资源要素等的跨区域流动。而生态学视角的区域概念和现实中的行政区域划分界限具有不完全重合性，并因此导致生态区域内可能会存在多个行政区域，因此，在流域生态环境治理过程中就需要政府、社会组织等相关主体之间相互协作和配合。

"协同"这一概念由美国学者伊戈尔·安索夫在 20 世纪 60 年代中首次提出。该学者用"协同"概念来描述"收购"与"被收购"的公司之间达成的协同状态时的最理想结果。1976 年德国学者赫尔曼·哈肯对协同理论进行了系统的阐述。在协同治理的应用方面，协同治理最初在国家层面的实践是英国布莱尔政府为解决公共服务碎片化的问题启动的"协同型政府"。在协同治理理念提出后，引发了国内外相关学者对这一概念的阐释和讨论。但值得注意的是，他们对协同治理内涵的把握各有侧重。Mark T. Imperia（2005）强调协同治理主体的自主性特征，并指出协同治理是自主程度不同的个人、组织通过指导、控制和协调来实现共同目标的方式。Provan，Fish，and Sydow（2007）分析了协同治理主体的网络组织形式，协同治理是三个或三个以上的组织为促进或实现共同目标而联系在一起。Zadek，Simon（2008）强调协同主体的广泛参与以及主体之间的合作。他认为"协同治理"这一概念包括"合作治理""责任主体"以及规则制定的多个要素等复杂的含义。[②] 国内学者将"协同治理"理论引入中国后，将其运用到了不同的研究领域。同时，不少国内学者从协同治理的视角对生态环境治理进行研究，包括流域生态环境和大气环境等。徐艳晴和周志忍（2014）在水环境跨界特性与协同要求的基础上，探讨了结构性协同机制和程序性协同机制，构建了水生态环境治理的跨部门协同分析框架。[③] 陈芳和郝婧（2023）通过基础性分析和饱和性分析的研究结果，构建出长江经济带跨界污染协同治理动力机制模型，从驱动力、能动力和执行力这三种作用力入手展开研究，发现当前

① 黄艺娜，倪学新. 国内流域开发史研究综述——以"历史流域学"为视角 [J]. 内蒙古师范大学学报（哲学社会科学版），2018，47（05）：84-87.

② Zadek，Simon. "Global collaborative governance：there is no alternative." Corporate Governance8（2008）：374-388.

③ 徐艳晴，周志忍. 水环境治理中的跨部门协同机制探析——分析框架与未来研究方向 [J]. 江苏行政学院学报，2014（06）：110-115.

长江经济带跨界污染协同治理所存在的问题。①

因此，流域生态环境协同治理主要是指公共部门、市场组织和公民团体等多元主体，通过共同合作的方式对流域上下游、左右岸的生态环境进行统筹、管理、规划、协商、监督和评估的全过程。

从流域治理角度来看，流域生态环境协同治理具有现实意义、政策保障以及理论支持。首先，流域生态环境治理涉及区域经济、社会发展等重大问题，是一个复杂的政治经济系统。流域生态环境问题具有跨域性和整体性特征，因此，流域生态环境治理仅仅依靠政府这一单一主体的力量难以高效高质量地完成，需要多元相关利益主体的共同参与和协同合作。而中国流域治理的复杂问题更加突出了流域生态环境协同治理的必要性。其次，流域生态环境协同治理具有有力的政策支持。党的十九大报告对生态文明建设提出了"构建政府、企业、社会和公众共同参与的环境治理体系"的目标要求。《中华人民共和国国民经济和社会发展第十四个五年规划和 2035 年远景目标纲要》明确提出，要"探索建立沿海、流域、海域协同一体的综合治理体系"，"构建流域—河口—近岸海域污染防治联动机制"。② 2023 年 4 月生态环境部等 5 部门联合印发《重点流域水生态环境保护规划》提到，到 2025 年，水生态环境保护体系更加完善，水资源、水环境、水生态等要素系统治理、统筹推进格局基本形成。③

在政策层面对流域生态环境治理提出新要求和新思路，协同治理不仅是促进流域经济高质量发展的有力抓手，也是实现流域生态环境治理现代化的必由之路。从公共经济学角度来看，流域的生态环境资源是一种具有竞争性和非排他性的典型的准公共产品，因此，它具有公共产品的外溢性特征。作为理性的"经济人"，流域相关主体都希望能获得自身利益的最大化，此时个人的"理性"会导致集体的"非理性"——流域各主体非法使用水资源、随意排放等行为造成流域生态环境污染等一系列负外部性问题。因此，流域生态环境协同治理理念应融入对于成本——收益、工具——价值两种理念的考量。在流域生态环境治理中，各治理主体应该协同合作，让天平倾向代表社会公众和集体利益的一方，而不是成为谋取私人利益的温床。部分学者希望通过对协同治理的研究和实践来避免公地悲剧（Hardin，1968）或公共池塘资源（Ostrom，1990）问题。奥斯特罗姆则希望通过多元主体协同的方式来解决公共问题，他认为"在公共物品治理中，多中心秩序比单中心更有效率"。④ 这些学者对于协同治理的研究为我们解决公共物品治理难题开辟了新路径。

---

① 陈芳，郝婧. 长江经济带跨界污染协同治理动力机制分析——基于扎根理论 [J]. 生态经济，2024，40（04）：175-184.

② 中华人民共和国国民经济和社会发展第十四个五年规划和 2035 年远景目标纲要 [EB/OL]（2021-03-11）[2021-03-13] http：//www.gov.cn/xinwen/2021-03/13/content_ 5592681.htm

③ 重点流域水生态环境保护规划 [EB/OL].（2023-04-21）[2023-09-20].https：//www.mee.gov.cn/ywgz/ssthjbh/zdlybhxf/202304/t20230421_ 1027897.shtml.

④ 埃莉诺·奥斯特罗姆. 公共事务的治理之道 集体行动制度的演进 [M]. 上海译文出版社，2012.

2.3.2　协同治理的经典 SFIC 模型解析

许多学者在协同治理理论研究中提出了协同治理的相关理论模型。其中较为著名的是 Ansell& Gash（2007）提出的协同治理的 SFIC 模型。[①] 他们采取"连续近似分析法"，分析了来自不同国家和政策领域的 137 个案例。Ansell& Gash 认为协同治理关注公共政策和问题，对公共问题的关注使协同治理有别于其他形式的共识决策，如替代性争端解决和变革性调解。除此之外，他们特别强调利益相关者（stakeholders）在公共机构集体讨论中（collective forums）的作用，从协同治理的初始条件（Starting Conditions）、协同治理的过程（Collaborative Process）以及影响因素等角度构建了协同治理模型。Ansell& Gash 将"协同治理"模式概括为：共同利益相关者在公共机构的集体讨论中，多元性参与并以共识为导向（consensus-oriented）的决策。并且为协同治理作出了一个较为经典且全面的定义：一个或多个公共机构直接让非国家利益相关者参与的正式的、以共识为导向、审议性的集体决策过程，目的是制定、实施公共政策，管理公共项目或资产。如图 2.1 所示。

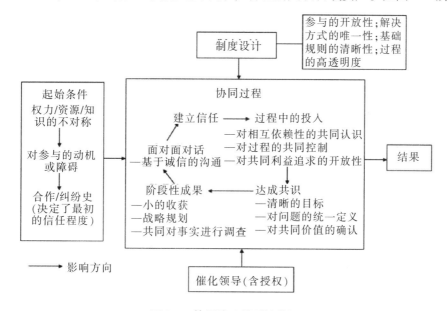

图 2.1　协同治理模型结构图

其一，SFIC 模型的起始条件（Starting Conditions）：利益相关者之间所拥有的资源与权力的不平衡、利益相关者之间合作的动机、利益相关者之间过去的冲突与合作关系。协作的起始条件可以促进或阻碍各个利益相关者之间合作，而既往的对立与合作关系以及权力、资源的失衡会影响利益相关者在参与合作治理时的动机。

其二，SFIC 模型的催化领导（Facilitative Leadership）：对于制定和维护明确的基本规则、建立信任、促进对话和探索互利共赢至关重要。领导力被广泛地看作是使各方进行商

---

① C. Ansell, A. Gash. Collaborative Governance in Theory and Practice ［J］. Journal of Public Administration Research and Theory，2007.

议，并在合作的艰难进程中发挥引导作用的关键部分。领导力对于设置和维护明确的章程、建立信任、促进对话和探索双方利益至关重要。① Vangen and Huxham（2003）认为领导者在塑造议事日程方面，应该更直接介入以推动合作。

其三，SFIC 模型的制度设计（Institutional Design）：指的是合作的基本协议和基本规则，他们对合作的程序合法性至关重要。Anshell&Gash 认为制度设计指的是合作的基本协议和基本规则及其合作路径设计。

其四，SFIC 模型的协同过程（Collaborative Process）：协同过程是 SFIC 模型的核心，而其他部分则为其设定背景或产生影响，每个部分均由诸多细分变量组成。Susskind and Cruikshank（1987）将建立共识的过程描述为具有预谈判阶段、谈判阶段和实施阶段；Gary（1989）将协作过程定义为"三步走"，分别是：问题的设置、方向的设置和执行情况，他们将交流作为合作的核心。

2.3.3 流域生态环境协同治理 SFIC 分析框架②

根据前面提到的流域治理的特点以及当前中国流域治理所面临的各种问题，采用协同治理路径或许是解决流域生态环境现实问题的最优选择。针对 SFIC 模型，并结合实际情况，对该模型进行修正并构建相应分析框架。一是，在 SFIC 修正模型中，主要强调政府在整个协同治理过程中的催化领导作用。在中国这一特定场域下，协同治理主体力量发展不均衡，社会组织和市场力量相对薄弱，无法担任催化领导角色。同时，政府在流域生态环境协同治理中不仅发挥主导作用，还发挥着监管作用，即对政府内部机构和市场主体进行监督。二是，在 SFIC 修正模型中，嵌入了评估问责对于协同过程的反馈。协同过程是整个 SFIC 模型的核心，协同治理效果的产出体现其目标指向，因此，应给评估反馈过程更多的关注，以便改进协同过程，提高协同过程的效率和质量。在此主要介绍 SFIC 模型在流域生态环境治理场域中的运用，其具体协同模式结构如图 2.2 所示。

---

① 刘雪梅. 乡村振兴中的公共价值实现 [J]. 行政管理改革，2021（08）：39-47.
② 柴茂，刘璇. 跨域水污染协同治理 SFIC 修正模型研究——来自太湖流域的证据 [J]. 湘潭大学学报（哲学社会科学版），2023，47（01）：98-105.

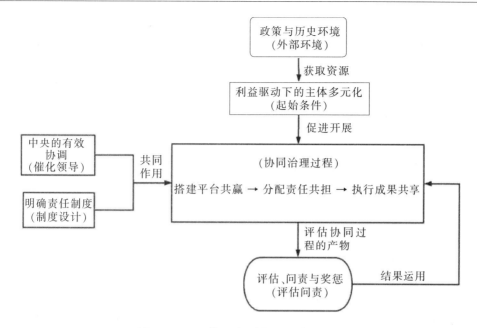

图 2.2　SFIC 协同治理模型分析框架图

（1）外部环境。

SFIC 修正模型将外部环境因素纳入流域生态环境协同治理的考量。外部环境是指存在于模型之外的，对模型内的各要素及其相互关系产生各种影响因素的总和。流域生态环境治理根植于深厚的历史环境并且在很大程度上受政策环境的影响。因此，可将外部环境划分为外部性政策环境与外部性历史环境。

政策环境指跨区流域生态补偿横向协同的相关制度设计及其完备程度，是衡量政策影响力的重要因素。[①] 中共中央、国务院印发的《生态文明体制改革总体方案》（2015）中提到要着力解决"空间性规划重叠冲突、部门职责交叉重复"等问题，建立污染防治区域联动机制，构建各流域内"相关省级涉水部门参加"的"流域水环境保护协作机制"。[②] 2020 年，习近平总书记在推动长江经济带发展座谈会上强调了"整体性"和"协同发展"。《中华人民共和国水污染防治法》（2017 年 6 月 27 日第二次修正）规定和保护了社会及公众参与水污染防治、保护水环境的行为。该法第十一条规定："任何单位和个人都有义务保护水环境，并有权对污染损害水环境的行为进行检举。县级以上人民政府及其有关主管部门对在水污染防治工作中做出显著成绩的单位和个人给予表彰和奖励。"[③] 同时，《中华人民共和国环境保护法》《中华人民共和国固体废物污染环境防治法》等法律也从立法层面上构建了我国流域生态环境协同治理的法律体系。水利部、农

① 朱仁显，李佩姿. 跨区流域生态补偿如何实现横向协同？——基于 13 个流域生态补偿案例的定性比较分析［J］. 公共行政评论，2021，14（01）：170-190+224-225.

② 中共中央、国务院印发《生态文明体制改革总体方案》［N］. 经济日报，2015-09-22.

③ 《中华人民共和国水污染防治法》（2017 年 6 月 27 日第二次修正）［EB/OL］.（2008-02-29）［2022-02-20］. https://www.mee.gov.cn/ywgz/fgbz/fl/200802/t20080229_118802.shtml.

业农村部、国家林业和草原局、国家乡村振兴局联合印发的《关于加快推进生态清洁小流域建设的指导意见》（2023）中指出，实施治河疏水，实现河畅景美，围绕保护修复流域河湖水生态系统，复苏河湖生态环境，实施河道、沟道、塘坝等水系综合整治。① 这些法律和政策文件的颁布实施以及会议精神都能够为流域生态环境协同治理培育和发展提供有利的外部环境土壤。

同样，历史因素作为外部环境，也是影响协同过程的重要因素之一。历史因素对治理的影响往往具有稳定性、持续性。中华文化博大精深，传古至今。我国古代就有"天人合一"、因时而变、顺应自然的朴素自然人文观念，如荀子认为"污池渊沼川泽，谨其时禁，故鱼鳖优多，而百姓有余用也。斩伐养长，不失其时故山林不童，而百姓有余材也"。汉代《淮南子》中归纳了前人关于山林川泽生物资源保护和利用的要点："不涸泽而渔，不焚林而猎，豺未祭兽，置罘不得布于野，獭未祭鱼，网罟不得入于水……草木未落，斤斧不得入山林，昆虫未蛰，不得以火烧田。"同时古代法律对破坏环境的行为进行了规定以及处罚措施。如《唐律疏议》第405条规定："诸占固山野陂湖之利者，杖六十。"即任何个人不得以私利为目的对山林湖泊等生态资源进行侵占与掠夺，违者将被"杖六十"。② 这些思想主张遵循事物发展的客观规律，对今天建设生态文明社会仍有很大的启示。现代生态文明观以及生态环境保护的法治观念与古人的自然观念是不可割裂的，当代也在不断继承和弘扬正确的生态文明观念，如我国推动生态文明协调发展，把我国建设成为富强民主文明和谐美丽的社会主义现代化强国。

政策环境和历史环境是相互作用并变化的，有学者在研究中将新中国成立后的环境保护战略政策分为五个阶段：（1949年—1971年）非理性战略探索阶段、（1972年—1992年）将环境保护作为基本国策、（1993年—2000年）可持续发展战略、（2001年—2012年）环境友好型战略、（2013年至今）生态文明建设战略。③ 在中国生态环境战略保护政策发展过程中，历史因素具有相对稳定性，一些政策到今日还在发挥作用。如《中华人民共和国环境保护法》在1989年第七届全国人民代表大会常务委员会第十一次会议通过，经过2014年修订后一直施用至今。但同时，随着经济发展和社会生态文明观念的变迁，一些旧的理念和政策已经不能适应时代发展，需要进行修改或变革。如生态环境保护观念由"先污染，后治理"的观念转变到可持续发展理念，到如今转变为生态文明建设摆在"五位一体"总体布局的基础地位，并且在2023年召开的全国生态环境保护大会上精辟概括了"四个重大转变"，实现由重点整治到系统治理的重大转变，实现由被动应对到主动作为的重大转变，实现由全球环境治理参与者到引领者的重大转变，实现由实践探索到科学理论指导的重大转变。

---

① 水利部关于印发河湖管理监督检查办法（试行）的通知［EB/OL］.（2020-01-05）［2022-06-01］. http://www.gov.cn/zhengce/zhengceku/2020-01/05/content_5466621.htm.
② 许晖，邹德秀.中国古代生态环境与经济社会发展史话［J］.生态经济，2000（04）：33-37.
③ 王金南，董战峰，蒋洪强等.中国环境保护战略政策70年历史变迁与改革方向［J］.环境科学研究，2019，32（10）：1636-1644.

（2）起始条件。

同一流域的相关主体对资源的共同依赖是形成流域主体之间相互依赖的基础之一。既高度对抗又高度相互依存的利益攸关方可能走向成功的协作进程。SFIC 修正模型认为，在利益的驱动下，各主体之间会形成冲突或合作的多元参与共治局面。而在此基础上的多元主体利益博弈是形成流域生态环境协同治理的起始条件。利益相关者在高度依赖时，如果他们之间具有高水平的冲突，可能为协作治理带来更高的激励。流域生态环境治理协同机制建设价值导向与目标要求实现价值和目标的一致。

流域生态环境治理是协同机制的旗帜导向。深入贯彻习近平生态文明思想，紧紧围绕统筹推进"五位一体"总体布局和协调推进"四个全面"战略布局，认真落实党中央、国务院决策部署，牢固树立绿色发展理念是建设现代环境治理体系的总体要求。[①] 强调绿色发展与共享发展，突出生态治理职能与治理绩效，在习近平生态环境治理中更多强调代际公平。在习近平生态文明思想与生态文明战略以及中央政府的统一领导下，流域主体之间基于冲突与相互依赖关系达成利益共识。因而，我们需要对流域内相关主体的利益进行分析。地方政府作为辖区内水污染治理的主体，追求的是辖区内公共利益最大化。[②] 中国地方政府工作人员进行流域生态环境协同治理的驱动力是考核、晋升激励机制下的职位升迁，与欧美国家官员以追求选票最大化和获得连任为目标的驱动力不同。流域内的公民群体的利益需求主要是保护和维持流域良好的自然生态环境状况，如良好的水源、植被等，维护自身的生命健康权益。流域内市场组织，特别是相关企业，其行为动机较为复杂。一方面，他们作为经济组织，在经济利益的驱动下，为了获取和利用流域内自然资源，从而产生对流域生态环境造成污染等负面影响的行为。另一方面，市场组织中的个人又有作为社会中的公民对于良好生态环境的追求。但主体之间拥有的资源禀赋、权力与权威、信息来源具有差异，所以流域生态环境治理的流域主体之间的关系与地位本身就有着不对称和不平等。因此，在流域内各自主体之间的协同关系主要是政府主导下的协同合作。从政府角度来说，政府是协同治理的主体，各级地方政府既担负保护环境的责任，又担负发展地方经济的责任。[③] 政府在流域生态环境治理中起主导作用，对企业和公民的行为进行管理和监督，并且要对给环境带来外部影响的行为进行生态补偿。即政府在流域生态环境治理过程中，既要给维护并提供了生态服务功能的行动相应的补偿，也要对损害或降低了生态服务功能的行为支付使其恢复原有状态的费用。[④] 从市场主体角度来说，企业等市场组织的目标是利用、消耗流域内资源来获取经济利益，而市场组织的这一行为，应该以对环境造成的最小影响为前提。污染企业应主动承担保护环境的社会责任。从公民角度来说，公民应该积极主动参与流域生态环境治理，对破坏环境的行为及时进行监督和举报，保护国家自然资源和生态安全，行使公民合法权利。

---

① 中共中央办公厅 国务院办公厅印发《关于构建现代环境治理体系的指导意见》［DB/OL］．（2016-12-11）［2022-03-21］．http：//www.gov.cn/zhengce/2020-03/03/content_ 5486380.htm.

② 李正升. 从行政分割到协同治理：我国流域水污染治理机制创新［J］. 学术探索，2014（09）：57-61.

③ 李文明，程重阳. 浅谈灌云县新沂河水质污染及保护对策［J］. 资源节约与环保，2014（01）：166-167.

④ 陈进. 流域横向生态补偿进展及发展趋势［J］. 长江科学院院报，2022，39（02）：1-6+20.

综上，政府要摒弃唯"经济指标"增长论，同时上级政府还应严格监管，防止地方政府与污染企业合谋的"寻租"行为；建立完善的生态补偿机制，引导公众等社会主体参与流域生态环境污染问题的监督；合理考量第三方维权诉求，保障第三方利益。政府需要整合流域内各方主体利益，搭建流域生态环境协同治理的合作、参与平台。

（3）催化领导。

SFIC 修正模型认为，中央政府作为流域生态环境治理的领导者和推动者，能够对推动流域生态环境协同治理过程起到有效协调、统筹全局的催化领导作用。《关于构建现代环境治理体系的指导意见》（2020）中指出，完善中央统筹、省负总责、市县抓落实的工作机制，构建以党政为统领、政府为主导、企业与社会共同参与的流域生态环境协同治理的多主体参与机制，[①] 鉴于我国基本国情，对流域生态环境治理问题来讲，各主体力量发展不均衡，社会组织和市场力量都无法担任催化领导的角色。[②] 由于各主体的资源、权力禀赋不同，在流域生态环境综合治理框架中的地位也不相同，权威正当性与权力合法性的政府在流域生态环境协同治理框架中起到关键作用。

政府理应是生态治理的第一责任主体。政府生态治理责任不仅要设定环境保护目标、建立环境保护机构、界定相应的环境保护职能、建立一套相互支持的法律法规和政策体系，还需要建立与社会组织的合作机制，包括政府与非政府组织的合作机制、政府与企业的合作机制和政府与公民的合作机制。[③] 同时，政府要完善监管体制，构建规范开放的市场，引导公众参与流域环境保护和监督，在建立完善的信用体系和稳定的法律法规政策体系方面发挥主导作用，是流域生态环境协同治理多元主体的连接者。健全"政府主导，多元参与"的网络格局，[④] 发挥政府"领头羊"的作用。建立领导责任体系，构建党委领导、政府负责、社会合作和公众参与的流域生态治理协同格局，激发政府在流域协同治理中的责任意识，引导社会、企业、公众广泛参与，形成多元参与格局。

（4）制度设计。

完善流域生态环境协同治理的综合体系，构建相应责任体系，破解流域生态治理的责任推诿与属地壁垒困境；优化流域生态治理的预防保护、职能履行、责任监督等流程，强化治理能力。SFIC 修正模型认为，在流域生态环境协同治理的制度设计领域，还要建立明确的、多层次、多主体的责任制度，激励并约束各主体行为，构建流域生态环境协同治理的合作机制。

其一，完善流域生态环境治理的领导责任体系。设立中央统筹、省负总责、市县抓落实的工作机制。中央统筹制定流域相关的生态环境保护的大政方针政策，地方政府在本地区所在的流域范围内对其环境治理负总体责任。省级政府要认真贯彻、严格执行党中央、

① 中共中央办公厅 国务院办公厅印发《关于构建现代环境治理体系的指导意见》[J].中华人民共和国国务院公报，2020（08）：11-14.

② 赵金丽. 基于SFIC模型的精准扶贫中多元主体协同治理研究 [D]. 燕山大学，2019.

③ 朱喜群. 生态治理的多元协同：太湖流域个案 [J]. 改革，2017（02）：96-107.

④ 操小娟，龙新梅. 从地方分治到协同共治：流域治理的经验及思考——以湘渝黔交界地区清水江水污染治理为例 [J]. 广西社会科学，2019（12）：54-58.

国务院各项保护流域生态环境的决策部署，组织协调各部门、各方力量一同展开治理行动，在预算范围内提供充足的项目资金投入，保证政策的有效实施与目标任务的达成。市县党委和政府承担具体责任，是环境保护政策的具体执行者，做好生态环境保护工作落实的"最后一公里"，安排落实好监管执法、市场规范、资金安排、宣传教育等工作。[1] 中央、省级和县市政府之间实现协同，将生态治理目标和责任层层分解，实现流域生态环境协同治理的总目标。科学明晰划分中央、地方的财政事权和支出责任。地方财政是环境治理的主要承担者，中央要考虑到地方财政需求，完善转移支付改革，满足生态环境治理需要。开展生态环境目标评价考核与生态环境保护督察，促进开展流域生态治理，压实生态环境保护责任。

其二，健全流域生态环境治理的企业责任体系。一是健全排污许可制度，[2] 妥善处理排污许可与环评制度的关系。增加区域内污染企业节能减排的动机，落实生产者责任延伸制度。一方面严格按照相关法律法规执行对排污企业的惩罚，提高排污企业违法成本，使其不敢违法；另一方面对遵纪守法、并积极主动承担生态环境保护社会责任的企业予以奖励，提高它们的商业声誉，使其建立起良好的企业形象，从而激发它们进一步节能减排的积极性。[3] 二是排污企业自身需要积极践行绿色生产方式，开展技术创新。三是优化企业环境治理责任制度的建设，对企业排污行为予以严厉的问责，加强社会监督，对重点排污企业要使用监测设备，实时监控其生产活动并确保监控的正常运行。四是向公众公开环境治理信息。如通过企业网站、新闻媒体等途径依法向全社会公开主要污染物名称、排放方式、执行标准以及污染防治设施建设和运行情况，并确保信息真实性。[4]

其三，健全流域生态环境治理市场责任体系。一是建立规范的市场秩序，深入推进"放管服"改革，推动建设公开透明、规范有序的生态环境治理市场。二是创新流域生态环境治理模式，探索一体化的服务模式，做到统一规划、统一监测、统一治理。三是健全生态服务功能的价格收费机制，严格落实"谁污染、谁付费"的原则，建立健全"污染者付费+第三方治理"等机制。

其四，建设流域生态环境治理信用体系。一是加强政务诚信制度建设，提升信用约束的规范化、制度化水平，建立健全环境治理政务失信记录，并归集至相关信用信息共享平台，依托网站等渠道依法依规逐步公开。二是加强企业信用建设。建立排污企业黑名单制度，将企业的违法环境治理相关行为信息记入信用记录，并按照国家有关规定纳入全国信用信息共享平台，依法向社会公开，并对其予以批评、警告与相应惩罚。

其五，完善法律法规。一是制定修订流域环境治理方面法律法规，严格执法。鼓励有条件的地方在流域环境治理领域先于国家进行立法，尝试开展试点等工作。二是完善环境

① 自治区党委办公厅 人民政府办公厅印发《关于构建现代环境治理体系的实施意见》的通知［J］. 宁夏回族自治区人民政府公报，2021（14）：12—17.

② 中央发布重磅文件：加大对破坏生态环境案件起诉力度，加强生态环境检察公益诉讼［J］. 中国环境监察，2020（Z1）：18—21.

③ 胡中华，周振新. 区域环境治理：从运动式协作到常态化协同［J］. 中国人口·资源与环境，2021，31（03）：66—74.

④ 中华人民共和国国民经济和社会发展第十三个五年规划纲要［N］. 人民日报，2016—03—18.

保护标准。做好流域生态环境保护规划，建立健全信息的反馈机制与效果评估机制。三是减轻财税压力。开设流域生态环境治理的专项资金，保护流域生态环境能成为常态化、稳定的一项行动，这也离不开中央和地方在环境治理方面投入大量财政资金。健全流域生态保护补偿机制，制定出台并调整优化的相关政策。严格执行环境保护税法，促进企业降低水污染物排放浓度。四是完善金融扶持。在流域内环境高风险的领域研究建立环境污染强制责任保险制度，开展排污权交易，根据流域生态治理与恢复责任界定权值确定生态补偿、排污削减补贴、排污收费以及排污交易模型与标准。

（5）协同治理过程。

SFIC 修正模型认为，实现流域生态环境协同治理的过程，首先是要搭建信任平台；其次是在相互信任的基础上分配责任共担；最后是执行成果共享。

治理主体之间要加强交流和沟通，首先要搭建相互信任的合作平台，形成多元主体协同互动的格局。在流域生态环境协同治理过程中，形成主体协同、制度协同、法律法规与政策协同、信息协同共享机制。其次是分配责任共担。根据中央及其相关职能部门出台的政策、全国人大以及地方人大颁布的法律法规，政府、企业和公民等涉域主体应共担流域生态环境治理责任。政府应依法、依规履行职责，同协同治理的多元参与者进行沟通，监督和管制企业和市场；企业应以社会利益优先，响应民众需求，支持政府合法行为；民众应通过合法渠道向政府、企业以及非政府组织等表达合法利益诉求，形成舆论压力，引起决策者的关注，使问题或建议进入政策议程，并积极主动对其他参与者的行为进行监督。最后，流域生态环境治理成果以及生态环境红利由涉域主体共享。各主体可以依法、合理使用流域内相关资源，并享受优质的自然环境。

（6）评估问责和奖惩。

SFIC 修正模型关注对协同过程产出的评估，即评估问责。评估问责不仅是反馈信息的重要过程，增强主体之间信息的联动性，还能够立足流域现实情况，有利于提升协同治理效能。在评估环节中，首先，要构建完善的流域生态环境评估体系。政府部门、市场组织以及专家学者等第三方机构应在充分磋商讨论的基础上，建立流域生态环境协同治理效果的衡量标准。其次，要进一步做好流域生态环境治理的透明度建设，做到非涉密信息及时向社会公众进行公开。社会公众能够及时了解流域生态环境协同治理成效。再次，应增强二级指标的层次性和清晰性，同时还应增强三级指标的可量化程度，客观、全面地呈现流域生态环境治理工作开展具体情况，以便进一步优化各个环节中出现的问题。最后，及时将评估问责结果进行反馈，增强协同过程的可操作性，提升协同治理效能。生态环境的评估与信息的反馈机制畅通是关键。及时公布或向上级政府部门汇报生态环境治理效果，做到流域政府与上级政府、协同治理多主体之间的联动。针对协同过程的产出结果，及时对流域主体的行为进行问责与奖惩。同时还应对相关问责主体进行权利救济与生态补偿。

流域生态环境协同治理模型的核心是实现协同治理过程。协同治理过程的实现，以政策和历史条件作为外部条件，首先需要从外部环境中获取资源。其次是以利益驱动下的主体多元化为特征的起始条件促进协同过程的开展。同时中央的催化领导和明确的制度设计共同作用于协同治理过程的开展。对协同过程的产物进行评估，最后再将结果运用于协同过程。SFIC 修正模型的运用，有利于提高流域生态环境治理的高效性与可操作性，为生态环境治理提供新的协同思路。

2.4 流域生态环境治理的责任追究机制及分析模型

2.4.1 流域生态环境治理责任追究概述

流域生态环境作为典型的公共物品，具有显著的外部性。因此，流域生态环境保护是流域政府治理的基本职能，也是政府必须承担的责任。同时法律上也严格规定了政府在流域生态环境方面的责任。《中华人民共和国水法》第三条明确规定了水资源的所有权由国务院代表国家行使；第九条指出政府承担水资源保护的责任。

从词源角度考察，"责"用作名词是指"责任"；若作动词则是指"诘问""质问"。我国古籍中多有使用"责"，有时或与"问"一同出现，如明朝《军政条例类考》有逃军自首可以"免问责限起解"的记述，此时"问""责"连用并且"问责"已表追究责任之意。① 从域外词源层面看，责任追究（或问责）用"accountability"表示，该词源于古希腊古罗马时期，原意是指在借贷关系中债务人对债权人解释说明的责任。② 其用于表达委托—代理关系中委托人授权与监督、代理人履职与报告的机制。从国外来看，Romzek（1998 年）把政府责任分为官僚责任、法律责任、政治责任和职业责任四种，并认为前两种责任强调严格的监督和较少的自由处置权，后两种责任则允许较大的自由裁量权。③ Martin L 等认为政府应践行其预期责任，积极回应公众的利益诉求，在履行责任的过程中兼顾效率（efficiency）、质量（quality）和效果（effectiveness）三个方面。④ Stewart 认为问责制即"政府权力的行使主体解释其行为的一种义务"。⑤ 瑞典学者 Fahlquist 指出，生态环境作为公共物品由政府提供，因此，政府应是环境保护的主要责任承担者，生态环境责任归于政府或市场组织。⑥ 美国学者 Bergeson 认为，环境问责直接涉及政府机构，重要的是构建一个政府透明化决策而且受到公众监督的机制。⑦ 从国内来看，韩春辉和左其亭（2016）系统分析了目前政府责任机制存在问题及原因，并构建了观念机制、财政机制、法律责任机制、责任养成机制、责任监督考核机制、责任追究机制、责任奖惩机制、

① 苏绍龙. 问责词源考略与我国当代党政问责制度的发展［J］. 中国纪检监察，2019（14）：48-49.

② 宋艳玲，夏飞朋. 权力制约：中国问责制的形成与演变［J］. 学术交流，2021（09）：19-29+191.

③ ROMZEK B S. Where the buck stops：account-ability in reformed public organizations in Patricia［M］. San Francisco：Jossey-BuSS，1998.

④ Martin L. L.，Frahm K.. The changing nature of accountability in administrative practice［J］. Journal of Sociology and Social Welfare，2010.

⑤ 胡洪彬. 新时代我国科技决策问责制的解构和完善——一个整体性分析框架［J］. 湖北社会科学，2020（03）：34-41.

⑥ JESSICA NIHLEN FAHLQUIST. Moral Responsibility for Environmental problems-Individual or Institutional？［J］. Journal of Agricultural & Environmental Ethics，2009，22（02）：109-124.

⑦ LYNN L. BERGESON. Environmental Accountability：Keeping Pace with the Evolving Role of Responsible Environmental Corporate Stewardship［J］. Environmental quality management，2006，16（01）：69-76.

绩效评估机制共八个方面的政府责任机制理论框架。[①] 胡洪彬（2020）从"谁来问责""问谁之责""问什么""如何问责"四个方面构建了明晰的科技决策问责制的理论框架。黄爱宝（2023）通过分析党的领导到党作为政府生态责任追究主体的确立依据及其价值，提出了新时代党履行政府生态责任追究的职能定位。[②]

2.4.2 流域生态环境治理的责任追究的分析模型

责任追究的嵌入强化了流域生态环境协同治理的合法性和规范性。责任追究是一个复杂的分析体系，要确保责任追究与流域生态环境协同治理的良性耦合，构建责任追究的理论框架。责任追究分析模型既需要识别责任追究对象，又要明确责任追究的主体，科学划分问责内容，通过合理、合法程序进行追责。事实上，流域生态环境协同治理作为一种公共事物的治理，其责任追究的分析模型包含了一些恒定的要素，即责任追究的主体、客体，责任追究的方式以及追责的程序。党的十八大以来，国家高度重视国家治理体系和治理能力现代化，将生态文明建设放在国家和社会治理的重要地位。因此，决定了流域生态治理责任追究在理论界定的基础上，必须建立一个包含以下四个关键要素的综合分析系统框架。具体如图2.3所示。

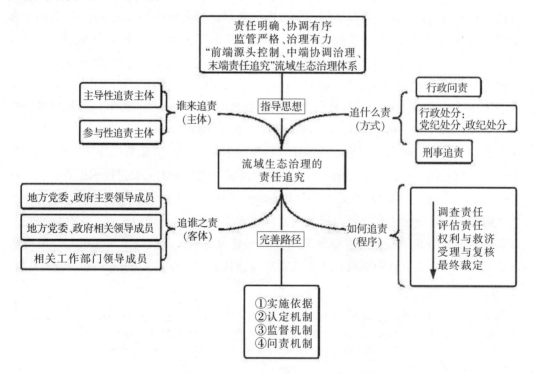

图2.3 流域生态环境治理责任追究分析模型图

① 韩春辉，左其亭. 适应最严格水资源管理的政府责任机制构建［J］. 华北水利水电大学学报（自然科学版），2016，37（04）：27-33.

② 黄爱宝. 新时代中国共产党如何追究政府生态责任——职能阐析与优化路径［J］. 河海大学学报（哲学社会科学版），2023，25（01）：41-50.

2.4.3 流域生态环境治理的责任追究分析模型要素分析

流域生态治理的责任追究，应明确各主体责任，协调有序开展责任追究。在追责过程中，追责主体应严格监管，以确保治理高效有力。以"前端源头控制、中端协调治理、末端责任追究"的整体思想为指导，构建流域生态治理体系。即从源头上减少污染物排放；在流域治理过程中，府际之间以及涉域相关主体之间开展协调合作，实现流域生态高效治理；根据科学的流域生态治理责任追究框架，开展责任追究，整体性、一体化开展流域生态保护和治理。

（1）追责主体。

关于流域生态环境治理责任追究制的主体建构。追责的主体，即有权展开和实施追责行为的相关主体。2023 年召开的全国生态环境保护大会中，明确提出推动生态文明建设，必须处理好"五个重大关系"。将污染防治作为"三大攻坚战"的主要任务之一，水生态环境保护和治理在这一时期上升到了前所未有的高度，突破了行政区"一亩三分地"的思维定式，打开了一体化的战略视野，以全流域谋一域、以一域服务全流域，共抓大保护、大开放，生态文明建设发生了历史性、转折性、全局性变化。我国水环境管理实行流域管理和行政区域管理相结合的管理体制，流域生态环境具有整体性、复杂性的特征。[①]流域生态环境治理的多重关系的界定，决定了其追责主体是多元的。从责任追究的属性出发，可将其划分为两个层面：一是主导性追责主体。这一层面的追责主体由各级党委（纪检委）和政府构成。中国共产党是中国特色社会主义事业的领导核心，也是流域生态环境治理的根本领导主体，政府作为行政机关，构成流域生态治理责任追究的直接主体。流域生态环境治理责任追究的有效展开，各级党委和政府相关职能部门要按照上级和中央部署，履行好相关职责。主导性追责主体应通过行政问责，谴责和制裁责任失范、履职不当的行为。二是参与性追责主体。流域生态治理责任追究分析模型认为，应涵盖人大、司法部门、相关共同体和社会公众等多重要素。党政系统应做好自己本职工作，基于党内监督、民主监督和法律监督途径参与流域生态环境追责，避免地方环境保护和部分政府开展寻租活动。在党政系统内，人民政协可基于民主监督提供追责性建议。对于涉及人民生命健康和财产安全的流域生态事件，社会公众有权依据宪法和相关法律进行监督、检举或控告。上述相关主体的介入和参与，不仅有益于强化追责过程的精确性，同时还能够提高流域生态环境治理的高效性。

（2）追责客体。

关于流域生态环境责任追究制的客体构建。追责的客体，就是责任追究指向的具体对象，是追责主体针对的具体目标。追责主体与追责客体相互关联但是彼此独立，构成了责任追究分析模型的两级。不同于责任追究主体的多元性特征，追责客体以明确、清晰为目标（Laughlin R.，1990）。因此，责任追究分析模型的追责客体也以具体性为基本条件。

---

① 《中华人民共和国水法》[EB/OL]（2012-11-13）[2022-06-01] https：//www.gov.cn/bumenfuwu/2012-11/13/content_ 2601280.htm

我国实行行政首长负责制，地方党委、政府主要领导成员是流域生态环境治理的直接责任者。追责主体进一步确立关联性追责对象，确保追责制度的严肃性、全面性。因此，地方党委、政府主要领导成员应为主要的、直接追责客体；地方党委、政府相关领导成员为直接追责客体；相关部门领导成员为间接追责客体。2006年国家出台的《环境保护违法违纪行为处分暂行规定》是我国第一部为追究环境污染规制官员失范失职行为而设定的法规条例。2015年中共中央办公厅、国务院办公厅印发《党政领导干部生态环境损害责任追究办法（试行）》，从领导干部的视角对生态环境责任追究作了相应具体的规定，标志着生态环境责任追究更加深入。

（3）追责方式。

关于流域生态环境责任追究制的方式构建。追责的方式，即责任追究的具体范围和内容。责任追究的方式必须以追责范围和情形的明确为基本要义，"权责一致、权责相当"是现代法治体系的基本原则，也是新时代建设法治国家的重要价值追求。在流域生态治理追责过程中，对行政人员的追责可以分为行政问责和行政处分。其一，行政问责。主要通过调离岗位、引咎辞职、责令辞职、免职、降职、诫勉、责令公开道歉、警示约谈、通报批评的方式进行责任追究。其二，行政处分。分为党纪处分和政纪处分。其中党纪处分是指党的组织对于违犯党纪的党员，根据其错误性质和情节的轻重，按照党章的有关规定作出的处罚，一般有警告、严重警告、撤销党内职务、留党察看、开除党籍五种方式；政纪处分是指行政处分和纪律处分的总称，分别由监察部门和纪律检查委员会通过警告、记过、记大过、降级、撤职、开除六种方式对党员作出处罚。

（4）追责程序。

关于流域生态环境责任追究制的程序构建。追责的程序，即追责主体开展责任追究的具体方法和步骤。要确保在流域生态环境治理中发挥主导作用的政府高效、协调展开工作，责任追究工作必须做好追责程序的构建，通过追责机制落实相关主体责任，提高责任追究工作的公信力和权威性。责任追究程序的构建主要有五个关键环节。一是责任调查：通过日常监督与管理明确落实流域生态环境治理主体的责任，明晰行政干部的相关职责，预防相关问题产生。二是责任评估：在常态督查的基础上，研判相关责任追究对象的责任落实情况，及时发现和纠正问题，坚持责任追究和容错并存，并给予决策失误严重程度及是否具有主观恶意等做出可否追究责任的决定。三是权利与救济：依法保障责任追究对象的辩护权，彰显司法公正性。四是受理与复核：即责任追究主体基于辩护材料展开审议和二次讨论。五是最终裁定：即在复议的基础上形成最终的责任追究决定，以确保程序运行公正的基础上促进流域生态环境治理责任追究制度的公信力和权威性的提升。

流域生态环境责任追究机制的完善路径主要有四个环节：一是实施依据。依据宪法和相关法律法规对行政官员进行流域生态环境责任追究。二是认定机制。即在流域生态环境治理中对于主客体的认定，构建责任认定与规则机制。在最后注重对责任考评结果的运用，增强官员的责任意识、法律意识，避免政府寻租。三是监督机制。监督主体范围全面性、广泛性具有要求，监督程序具有规范性、可操作性要求。同时要求生态审计监督，即审计机构依据法律法规对生态环境的保护、修复和破坏情况进行监督、评价和鉴证，推动生态文明可持续发展。四是问责机制。要求对于问责对象信息的公开，决策问责过程信息的公开以及最终问责结果的公开。保障责任追究机制的合法、透明与权威性。对于问责官员进行责任纠正、免责和复出，保障责任追究主体的辩护权，彰显法律公正。

2.5 研究的主要理论依据

2.5.1 公共治理理论

"治理"起源于拉丁文或古希腊语中，译作"控制、引导和操纵"，与"统治"一词可以交替使用。13 世纪时，法国已将"治理"用于称赞政府管理开明，政绩佳。治理理论主要产生于 20 世纪 70 年代，它的提出首先是用来描述西方国家的公民对其政府官僚的态度，直至 20 世纪末期，随着治理理论内容的不断发展完善，逐渐在政府行政改革和社会政治发展等领域得到广泛的传播与使用。全球治理委员会于 1995 年正式将"公共治理"定义为"公共或私人的机构管理其共同的事务的诸多方式的总和，是使相互冲突的利益得以调和并且采取联合行动的持续的过程，既包括有权迫使人民服从的正式规则和制度，也包括人民同意或认为符合其利益的非正式的制度安排。"① 公共治理是一个持续的、动态的过程，而非静止的、简单的制度和行为之和；它建立在理性人、自利人的基础上，强调分权化管理、协商和说服，而非控制；治理的过程是多元组织的系统管理，是涉及政府、社会公共部门、私人部门等众多组织和部门间的协作。治理中的多元主体保持着相互依赖、紧密联系的关系，难以形成严格、明晰的责任界限划分，它可将全球层面、国家层面和地方层面的政府部门和非政府部门、营利性组织和非营利性组织、团体组织和私人组织都囊括在某一公共事务的行动之内。治理指的是公共权威为实现公共利益而进行的管理活动和管理过程。②

纵观我国的社会发展历史，政府在各项公共事务治理中都扮演着唯一主体的角色，对流域生态环境的治理也不例外，但随着当下生态破坏问题的严重性和生态危机的日益频发，单一的政府治理模式渐渐抵抗不了严峻的生态风险，生态环境治理的压力之大已非政府一己之力能承受。流域生态环境保护是一个系统的大工程，也是一项长期性的艰巨任务，需要政府之外的其他多元主体的积极参与，在流域生态治理过程中，需要政府层面具有强制力的组织、管理、监督和协调，也需要个人和社会层面的参与、协商和谈判。政府在治理实践中要不断地深化职能的转变与角色的转换，从一元治理的形式转为多元共治形式，政府只需要制定治理所需的基本规则，充当政策共同体中对话的主要组织者，并协调他们的行动，积极鼓励社会组织和公民个人参与治理过程，而非独揽全部的治理活动，才能使流域生态环境治理工作落到实处，并提质增效。

---

① 全球治理委员会.我们的全球伙伴关系［M］.中国人民大学出版社，1995.
② 俞可平.中国治理变迁 30 年（1978—2008）［J］.吉林大学社会科学学报，2008，48（03）：5-17.

2.5.2 协商民主理论

（1）协商民主理论的内涵。协商民主又称审议民主，包含自由、正义、平等价值，是伦理规范的外在化。20世纪90年代，民主理论中的协商民主理论成为大多数民主理论的核心。① 约瑟夫（Joseph M. Bessette）于1980年在《协商民主：共和政府中的多数原则》中最先提出"协商民主"，本意是反对精英主义的宪政解释，倡导公众参与。② 协商民主的本质是追求一种公共善，而公共善在根本上体现为自我之善和社群之善、多元主义利益和基本善之间的平衡；③ 也有人认为协商民主在改变偏好、化解冲突、塑造公民、优化决策方面具有重要功能（德雷泽克，2006；费伦，2004；李强斌，2014；陈家刚，2014）。

协商民主鼓励公民积极参与政治生活，通过民主程序、扩大参与范围，追求社会公平正义，在保障个人权利的基础上，健全公民参与机制。我国社会主义协商民主，是与国情相适应的一元领导和多元参与有机统一的民主形式，主张不同党派、界别、民族、群体之间通过平等协商凝聚共识，强调协商过程中应充分尊重各方利益者的表达权，并能做到将所有人的意见合理集中，同时也协调各主体的利益在适当的范围内进行让步。④⑤ 中共中央在《关于加强社会主义协商民主建设的意见》中明确提出，"协商民主是在中国共产党领导下，人民内部各方面围绕改革发展稳定重大问题和涉及群众切身利益的实际问题，在决策之前和决策实施之中开展广泛协商，努力形成共识的重要民主形式"。⑥

（2）协商民主对流域生态环境治理的适用性分析。首先，协商民主是重要保障和政治依凭。流域生态环境治理作为生态文明建设的重要部分，除了需要经济和文化支撑，还需要国家政治制度的有力保障，协商民主无疑是绝佳的选择。流域生态环境作为一种准公共产品，其治理需要公众积极配合。协商民主不仅能确保公众与作为公共资源的自然环境的真实结合，又能保障作为公共资源的自然环境真正归属人民群众。其次，协商民主是利益"调适器"。流域生态环境治理的核心在于调整现有的利益关系，在不引起社会重大矛盾冲突的基础上，完成流域生态环境治理的利益调配，形成更合理的利益关系。⑦ 流域生态环境治理过程中不可避免会面临利益纠纷及其协调，因此，流域生态环境治理的核心内容之一是要实现大多数人的利益，提倡通过流域生态环境治理的多元参与机制，以期各方利益主体在对话、沟通和交流中达成实现公共利益的共识，作出符合大多数人利益的决策。⑧ 要达到这一目的，不可能对所有的个体都实行强制措施，而必须通过协商民主来实

---

① ［澳］德雷泽克. 协商民主及其超越：自由与批判的视角［M］. 丁开杰. 中央编译出版社，2006.

② 王新生，齐艳红. 西方协商民主理论的内在演进［J］. 中国高校社会科学，2015（06）：116-130.

③ 张宪丽. 协商民主、公共善与辩证行动主义［J］. 行政论坛，2023，30（01）：44-51.

④ 王新生. 社会主义协商民主：中国民主政治的重要形式［N］. 光明日报，2013-10-29.

⑤ 汪家斌. 大力推进协商民主的法治化进程［J］. 理论与当代，2014（12）：13-15.

⑥ 张贤明. 社会主义协商民主的价值定位、体系建构与基本进路［J］. 政治学研究，2023（01）：42-50+156-157.

⑦ 郭静. 生态文明建设需超越资本逻辑［N］. 中国社会科学报，2013-06-24.

⑧ 王爱华. 公平观视角下的生态文明建设［J］. 毛泽东邓小平理论研究，2012（12）：22-26+109.

现。① 最后，协商民主是治理"助推器"。习近平总书记强调流域生态环境建设应坚持"党委领导、政府主导、企业主体、公众参与"② 建设模式，多元共治是流域生态环境治理的关键，是目前我国该领域最薄弱的环节。协商民主作为一种制度化的民主设计，为流域生态环境治理搭建公众、企业和政府间理性沟通和对话的平台，构建达成共识、实现合作治理的工作机制③，从而有可能使各方在流域生态环境建设中相互沟通、互相制约，形成政府、企业、社会的功能互补、优势互动，超越个体偏颇的价值认知、利益诉求，推进协同流域生态环境治理的态势和格局。

2.5.3 新区域主义理论

（1）新区域主义理论的起源与发展。

20 世纪 70 年代，随着市场经济快速发展壮大和世界新技术产品的革命与进步，新兴资本主义经济市场的自由化竞争程度逐渐激化，由此产生了新的时空变化，这一由市场经济发展而引起的时空变化立刻引起了西方学者的关注，他们将焦点放到这些新经济区域如"硅谷""第三意大利"等及由其引发的全球区域经济的崛起新态势之上。新区域理论就是在这一背景之下诞生的，该理论是一个具有高度规范性与稳定性的治理范式，被用来治理区域的发展问题。其中的规范性源于一种假设，即区域代表着民主治理和良好的公共治理发展框架（Courchene，2001；Sharpe，1993）。区域经济发展的同时，伴随着越来越多的区域治理问题，新的区域主义理论就开始受到越来越多的关注，并运用于区域公共管理领域，以解决区域发展与协调中存在的公共问题。在区域治理理论的指导下，区域地方政府、私营部门、第三方组织和公民社会等构成其治理主体及组织形式，同时，囊括了上述主体在管理区域内的公共事务中所遵循的治理理念和相关制度安排。这一理论强调区域治理过程的协作与利益资源的共享，在区域政府之间，政府与其他"利益主体"之间会通过相互合作与协同行为的方式，来有效的保障区域治理过程与治理结果的科学性、有效性。各主体之间需要通过协作，共享资源与权利的方式，才能获取更多的个人利益。

（2）新区域主义理论的基本内涵。

"治理"是新区域主义理论应对区域发展公共治理事务手段的基础。具体内容如下：一是强调多元性（主要是指主体的多元性）。在区域发展公共事务管理范围，新区域主义理论也提倡多元主体参与治理过程，在处理各项公共事务时，要考虑包括各方主体的利益诉求，不仅包括上级政府部门、区域地方政府，还包括第三方组织、私人组织和社会公众等在内的多元主体。二是侧重开放性。从新区域主义理论视角出发，因为区域本身就是一个具有开放性的范围，在进行区域公共事务治理时，不局限于本区域内部，不仅要在本区域内展开相互合作与相互沟通，还需要将视野放到区域范围之外，针对特定的公共事务，

---

① 雷蒙·威廉斯，祁阿红，吴晓妹，译. 希望的源泉——文化、民主、社会主义［M］. 译林出版社，2014.

② 全国人民代表大会常务委员会关于全面加强生态环境保护依法推动打好污染防治攻坚战的决议［J］. 中国人大，2018（14）：16-17.

③ 张保伟，樊琳琳. 论生态文明建设与协商民主的协调发展［J］. 河南师范大学学报（哲学社会科学版），2018，45（02）：23-29.

在不同部门之间、不同层级之间、不同区域之间构建一个常态化的合作与交流机制，由此提升区域治理能力。三是突出灵活性。新区域主义理论并不是强制要求在区域内部或各区域之间达成一种合作的形式，而是倡导建立一种在自愿契约基础上的合作与协同机制，它可以是正式的制度要求，也可以是非正式的区域地方政府之间，约定俗成的或协商形成的合作协议。四是建立合作网络。学者萨维奇（Savitch）、福格尔（Vogel）都认为以新区域主义理论作为理论指导的区域政府合作，需要建立起一个包括地方各级政府、第三组织、社会公共组织、私营机构与社会公民在内的稳定开放的合作治理网络，他们之间可能是横向政府间合作、纵向的上下级政府间协作或与其他不同主体的跨部门合作治理的方式来共同治理区域的公共事务。

2.5.4 可持续发展理论

（1）可持续发展的兴起。

可持续发展理论是指既满足当代人的需要，又不对后代人满足其需要的能力构成危害的发展。可持续发展理论的出现大致可追溯到 20 世纪 60 年代。1962 年，美国海洋生物学家莱切尔·卡逊（Rachel Carson）出版了《寂静的春天》一书，[①] 深刻反思了在近代工业社会中人类对于自然环境的污染，提出了人类应该与大自然和谐共处及保护地球的环保主义思想。[②] 1972，在瑞典首都斯德哥尔摩举行了"世界人类环境大会"，共同提出"只有一个地球"，在人类历史上首次发布了《人类环境宣言》；[③] 1972，由学者组成的非正式国际学术组织"罗马俱乐部"发表了题为《增长的极限》的报告。可持续发展思想在 20 世纪 80 年代逐渐成为社会发展的主流思想。联合国以及世界各国在实践上逐步深入推进可持续发展理念与行动。于 1987 年 2 月在日本东京召开联合国大会，发表了"东京宣言"，呼吁全球各国将可持续发展纳入其发展目标。1992 年，在布伦特兰报告发表 5 年之后，联合国环境与发展大会在巴西里约热内卢召开，大会通过《里约环境与发展宣言》，102 个国家首脑共同签署《21 世纪议程》，普遍接受了可持续发展的理念与行动指南。2023 年，博鳌亚洲论坛年会发布了《亚洲经济前景及一体化进程 2023 年度报告》和《可持续发展的亚洲与世界 2023 年度报告》。

（2）可持续发展理论的内涵。

可持续发展理论蕴含着"整体""综合"，经济发展与生态环境的相协调的理念，更加强调"社会整体的进化"，追求社会的和谐、稳定。对于可持续发展理论内涵的阐释，可以从代际公平与代内公平两个角度进行分析。代内公平是同代人之间的横向公平，是可持续发展公平原则在空间维度的要求，其主要体现在国与国之间的公平，是实现代际公平的基础。而代际公平理论认为人类的每一代人都是后代人地球权益的托管人（爱迪·B·

---

① 焦永杰, 张晓惠, 卢学强等. 基于环境治理策略变化的环境治理生态化刍议［J］. 世界环境, 2021（06）: 37-41.

② 莱切尔·卡逊（Rachel Carson）. 寂静的春天［M］. 科学出版社, 1979.

③ 牛文元. 可持续发展理论的内涵认知——纪念联合国里约环发大会 20 周年［J］. 中国人口·资源与环境, 2012, 22（05）: 9-14.

维思，1984），并提出实现每代人之间在开发、利用自然资源方面权利平等的观点。具体来说，代内公平主要有五项原则。以生存与发展公平性原则为核心，还包含发展道路选择上的公平与自主原则、全球化规则制定的公平原则、各国环境责任分担公平原则和环境补偿原则。

代际公平有三项基本原则：一是"保存选择原则"，每代人都有同等选择的机会与权利，每一代人都要为后代人保存自然和文化资源的多样性以供其选择；二是"保存质量原则"，是指每一代人都有保存地球的质量的义务，每一代生活在地球上的人都不能破坏地球的质量直至下一代也能完好的使用。三是"保存接触和使用原则"，即每代人应该对其所有成员提供平行接触和使用前代人的遗产的权利，并且为后代人保存这项接触和使用权，简言之，当代人都有权利了解和受益于前代人留下的东西，也应该继续保存给下一代能接触到隔代遗留下来的东西。①

（3）可持续发展为流域生态环境协同治理提供指向。

可持续发展观念为流域生态环境协同治理提供了指向，可以将实现代际公平、代内公平、资源环境的可持续利用以及环境保护与社会发展的一体化视为流域生态环境协同治理的目标。作为实现可持续发展的最基本的要求，代内公平是指代内的所有人对于利用自然资源和享受清洁、良好的环境均有平等的权利。② 流域生态环境协同治理通过对流域内的生态资源的统筹兼顾、整合与科学的开发利用，提高生态资源的有效利用。实现代内公平要考虑到各地区之间生态服务功能存在的差异性，对提供较多环境资源、生态服务的地区由受益方提供适当的补偿，以实现生态资源和社会资源分配的公平。与此同时，对因环境破坏或治理行动而受到影响的公众，要予以一定的生态补偿，对保护地区域内和周边居民利用环境和资源的活动产生影响或对其财产权和其他相关权利产生限制时，应在保护生态利益的同时，也要充分考虑当地的社会经济利益，保障权益受损人的合法权益，给予相应的生态补偿，从而实现代内公平。代际公平则要求当代人在实现自身发展的同时，要考虑后代人生存和利用资源的权利，并认为当代人有义务保证后代人的权利不受损害。③ 流域生态环境协同治理遵循时空规律的内在要求，将流域生态环境资源的开发与利用在时间维度上合理配置和优化，做到既能满足当代人的需求也不会让后代人的生态需求受损。

将实现代内公平和代际公平作为流域生态可持续发展的实施手段，资源环境的可持续利用以及环境与发展的一体化是其目的。流域生态环境协同治理是在当前资源存量有限与资源开发技术还不够成熟的背景下提出的，希望能通过协同合作的方式，实现资源的合理开发和利用。协同治理模式更有利于针对像流域和大气等这类具有明显整体性的生态要素和环境容量的合理有效开发与利用，这是从利用方式上确保生态要素和环境容量利用的可持续性。环境保护与社会发展作为实现生态协同治理的终极目标，主要是通过转变发展方式，调整产业结构来实现经济发展与生态保护的步调一致，在发展的同时保护好生态环

① 王紫零，李国波．环境法律演化的理论分析［J］．西部法学评论，2011（03）：56-61．
② 郑少华．论环境法上的代内公平［J］．法商研究，2002，19（04）：94-100．
③ 文正邦，曹明德．生态文明建设的法哲学思考——生态法治构建刍议［J］．东方法学，2013（06）：83-94．

境，在保护中促发展。①

生态的可持续发展主要体现为：在发展经济的同时也要注重环境的保护，要在生态环境的可承受范围内进行有序的经济生产生活行动。简言之，要保持经济建设和社会发展与自然承载能力之间的协调，任何发展都不能以破坏生态环境为代价，注重两者的协调与同步，② 生态环境协同治理强调在多元主体协同治理的模式下更好地保护环境，而生态可持续发展同样强调环境保护，但不同于以往将环境保护与社会发展对立的做法，可持续发展要求通过转变发展模式，从人类发展的源头、从根本上解决环境问题。

① 于文轩. 生态环境协同治理的理论溯源与制度回应——以自然保护地法制为例［J］. 中国地质大学学报（社会科学版），2020，20（02）：10-19.

② 王道万. 生态金融理论对构建和谐社会具有重要意义［J］. 中国国情国力，2007（07）：39-42.

第3章 污染源视角下流域生态环境协同治理结构与责任界定

3.1 流域生态环境协同治理要素结构分析

3.1.1 流域生态环境协同治理主体

协同治理作为一种交叉分析框架产生于协同论和治理理论的碰撞与融合过程中。简而言之，协同治理是指不同利益相关者通过努力达成共识，共同推动决策过程顺利进行的某种行动或策略。自提出以来，协同治理引起了众多学者的广泛关注。协同治理被认为是新公共管理改革的第三阶段，被称为"后新公共管理"。当前阶段，交流与碰撞主要出现在不同组织、不同层次、不同主体以及不同视角之间，这种碰撞不仅促进了创新，还更加有效地推动了公共政策决策过程和公共服务体系的改革。

关于协同治理的定义，学术界基本上已经达成了一个共识，其主要强调合作关系和多主体参与。艾默生等人从治理过程和组织的角度将协同定义为"两个或多个组织为实现共同目标而建立的互利良好的关系模型"，协同治理作为一种治理形式，可以吸收包括公众、公共部门和各级政府在内的多个主体跨国界参与公共事务的决策和管理。[1] 随着研究的不断深入，协同治理的相关机制也相应得到了进一步的探索与发展。在运行机制方面，林和范德文将协同治理看作"协商—承诺—执行—评价"的循环过程;[2] 伍德和格雷则利用"前期—过程—结果"框架，通过问题设置、方向设置、协同实施"三步走"来描述协同治理的运行机制。[3] 这两种分析方法都是平面线性的，因为这些学者都主张协调应该发生在一个圆形的封闭线圈中。而在安塞尔的研究中，主要内容则为建构协同治理的理论化模式。安塞尔认为，影响协同效果的变量包括冲突或合作的历史记录、利益相关者参与

① Krik Emerson, Tina Nabatchi, Stephen Balogh. An Integrative Framework for Collaborative Governance [J]. Journal of Public Administration Research and Theory, 2012 (1): 1-29.

② Peter Smith Ring, Andrew H. Van De Ven. Developmental Processes of Cooperative Interorganizational Relationships [J]. Academy of Management Review, 1994 (1): 90-118.

③ Donna J. Wood, Barbara Gray. Toward a Comprehensive Theory of Collaboration [J]. Journal of Applied Behavioral Science, 1991 (2): 139.

的动机、权力和资源、领导能力和机构设计，在协作过程中至关重要的因素包括面对面交流、建立信任、给出承诺和达成共识。[①] 艾默生的协同治理理论框架与安塞尔有相似之处，但在机制设计方面更加完善，构建了包含背景、要素、动力、循环过程在内的立体协同治理机制框架，是目前学界较为完整的一套分析方法。[②] 通过对现有分析框架的梳理和分析发现，协同治理的理论完全建立在治理理论的基础上，而"协同"则被视为"治理"的附属部分。但是，从公共管理的范式层面来看，协同治理理论不仅是对治理理论的补充，也是对后工业社会的积极适应，还是对原有官僚体制和新公共管理的积极超越。而建立和扩展交叉分析框架的关键是如何在协同治理理论的构建中体现出协同效应。

流域生态环境协同治理离不开政府、企业、公民和其他社会组织，他们都扮演着不同的角色。流域生态环境协同治理应遵循权利和义务对等的原则，拥有更大的生态权益者，承担更大的流域生态环境协同治理责任。一般来说，由于流域生态环境的跨区域性，协同治理的主体较多，中央政府职能部门和各级地方政府主导合作，即政府在流域生态环境治理中发挥主导作用；企业以及社会组织合作参与流域生态环境治理，相互之间保持竞争与合作的互动关系，发挥着主体作用；公众在生态环境治理中有着重要作用，具体内容如下：

第一，政府在生态环境协同治理中的主导作用。贯彻"政府主导、企业主体、社会组织和公众共同参与的环境治理体系"。主张建立多主体生态环境协同治理模型的协同治理理论认为，政府是流域生态环境治理的领导者，在协同治理模式中发挥着基础性作用。政府的基础作用主要体现在相关环境法律法规和政策的制定和实施，以及环境监督管理组织体系的调整和优化、环境治理信息的公开、环境监督管理、环境责任的宣传和教育。同时为企业、社会组织和公众参与生态环境协同治理提供相关的制度设计和安排。由于生态环境治理涉及复杂的技术和经济过程，需要依靠专业知识、专业设备和专业技能以及对事项的事先介入，公民个人或其他社会组织往往不具备这方面的专业知识，因此，必须依靠政府设立的相关监管机构来承担相应的监管责任。

第二，企业在生态环境治理中发挥主体作用。企业作为市场主体是社会的重要组成部分，在生态环境的治理中有着不可或缺的作用，承担着不可推卸的环境责任，在企业追求自身利益最大化的同时也需要将科学技术的发展运用到生产经营中，提高企业的排水技术，保护生态环境与自然资源。推动生态环境治理，企业至少应在以下几个方面作出贡献：加快科技研发，吸收环保工艺和技术；积极参与到环保事业中去并对环保产业进行一定的投资；建立全面低碳、可循环、绿色的环保模式；赞助支持环保公益事业的发展；严格遵守环保法律法规。一些其他的社会组织，特别是环保的非政府组织，在生态环境治理中也发挥着十分重要的作用。一方面，由于其公益性质，在很大程度上代表了公众利益，应多为公众做实事。另一方面，其以服务为宗旨，则应为社会多做事，做好事。

---

① Chris Ansell, Alison Gash. Collaborative Governance in Theory and Practice [J]. Journal of Public Administration Research and Theory, 2008 (4)：543-571.

② Krik Emerson, Tina Nabatchi, Stephen Balogh. An Integrative Framework for Collaborative Governance [J]. Journal of Public Administration Research and Theory, 2012 (1)：1-29.

第三，公民在生态环境治理中发挥着重要作用。生态环境治理是关系民生的重大社会问题，基于对流域生态环境保护的意识，每个公民都应该在流域生态环境的治理中承担起责任。首先，流域生态环境的破坏与每个人的生产生活都息息相关。其次，如果流域生态环境被破坏，每个人都将付出沉重的代价。最后，公众都可以在流域生态环境管理方面有所作为。正是因为流域生态环境的破坏与每个人都有密切的联系，所以公民需要在流域生态环境治理中有所作为，而主动参与流域生态环境治理也是每个公民的责任。

作为一种公共产品或准公共产品，生态环境问题具有明显的普遍性、动态性和复杂性。如果仅仅依靠政府、市场、经济或社会机制来解决生态环境治理问题，就会出现纰漏和失误，难以实现供需的有效平衡。党的二十大报告指出要"协同推进降碳、减污、扩绿、增长，推进生态优先、节约集约、绿色低碳发展"。这一思想体现了"合作治理、协同治理"的强烈内涵，突出共建共享治理理念，明确倡导构建多主体参与生态环境治理的新型生态环境治理模式，最大限度地发挥政府、市场、社会的协同治理效应，整合生态环境治理的经济机制和社会机制。进一步优化我国的生态环境治理，必须实现生态环境治理体系和治理能力的现代化，提升生态环境治理的成果。合作共赢的多主体协同治理模式，形成了集多主体治理于一体的新群体，倡导共建共享、共同治理。多主体协同治理不仅强调政府权威性治理的核心地位，而且力求在权威性治理的基础上实现多主体之间的合作和良性互动。由此，形成一个更完整、更开放、更具包容性和适应性的新型生态环境治理模式，如图 3.1 所示。

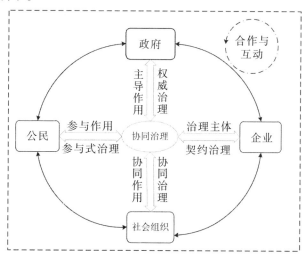

图 3.1　新型生态环境治理模式

3.1.2 流域生态环境协同治理内容

（1）流域生态环境治理主体协同。

一是政府主体。流域生态政府治理是指在流域生态治理过程中，通过参与、协商、沟通等原则，利用利益相关者进行流域生态治理的一种形式。政府作为流域生态治理的核心主体，扮演着流域生态治理的决策者、指导者、监督者和执行者的角色，主要从以下两个方面着手：一方面，是流域生态治理本身的内在要求。作为生产要素资源的流域生态环境具有典型的公共物品的公共性、非排他性和自由性特征，因此，这必然导致在社会发展过程中，社会主体对生态资源的行为得到无限制的获取，只注重眼前利益和局部利益，而忽视了生态系统本身的规律和承载能力。如果对这种生态资源的"无限"竞争放任自流，必然会造成流域生态的破坏。此外，流域生态环境治理是一项复杂而长期的系统工程。由于流域本身的脆弱性、开放性和复杂性，治理起来比较困难，因此，一般来说，流域的生态治理需要不同地区、不同部门甚至是跨地区、跨国家的共同参与。鉴于流域生态治理具有上述要求和特点，则必然要求其治理主体具有公共性，具有较强的公共权力和社会动员能力，才能实现有效治理。政府作为公权力代表，可以通过其特有行政结构和行政权力编织一张"政府网络"行使生态治理主体职能。另一方面，政府履行了流域生态治理的职能要求。政府作为社会公共事务的管理者，是社会公共行为规则的制定者和执行者，在流域生态治理中发挥着主导作用和调节作用。首先，政府是经济社会发展的领导者和推动者，掌握着流域生态环境的发展方向，决定着流域生态环境能否健康、持续、和谐地发展。没有政府的方向引导、政策支持和制度保障，流域的生态治理将如一盘散沙，寸步难行。但是，随着政府职能的转变和国家综合改革的深化，流域生态治理将成为政府政治职能的核心范畴。其次，政府有责任在流域内建设生态文明。政府作为生态建设管理的第一责任人，有责任和义务组织和引导其他社会主体积极参与流域的生态环境保护和治理。最后，政府可以为流域的生态治理提供强有力的组织保障。政府的有效治理可以有效协调经济发展与环境保护，实现经济发展与避免生态环境破坏的双赢，保护流域环境。搞好流域生态治理必须在统一的方针、政策、法规、标准指导下进行，而这些只有政府可以实现。①

二是企业主体。第一，企业是以获得经济利益为目的的组织。如何实现经济利益最大化是企业设计自身行为的标准。参与生态治理带来的经济利益与投入成本的比较，决定了企业参与生态环境治理的程度。在现代市场环境下，企业作为生态环境治理的主体，离不开政府的支持，通过完善的市场机制合理配置资源也是企业积极参与生态治理的重要因素。目前，我国尚未有效形成以竞争和价格为核心的自然资源市场机制，但充分运用市场机制配置自然资源，可以有效促进环境保护。第二，生态进步离不开市场。生态文明建设和市场的主体是企业。因此，完善生态资源市场机制是当务之急，强化企业在生态环境治理中的主体地位和责任也是必须解决的问题。提高自然资源的配置效率，完善排污权交易市场规则，推进生态补偿的市场化，积极发展自然资源交易业务，进而促进生态资源的合理配置，达到鼓励企业利用经济手段平衡污染排放行为的目的，也能保证落实"谁污染谁治理"的原则。

三是社会组织主体。环保类的社会组织在流域生态环境治理中大多扮演着"助手"的角色。近年来，环保社会组织发展迅速，但仍面临资金匮乏、人员不足、机制不完善等诸多问题，制约了其在生态环境治理中作用的充分发挥。对此，政府应大力扶持环保社会组织的发展，在提供资金支持的同时，帮助他们建立多元化的融资渠道，解决环保社会组

---

① 胡其图. 生态文明建设中的政府治理问题研究 [J]. 西南民族大学学报（人文社科版），2015（3）：89-92.

织的资金问题，为其提供坚实的物质保障，吸引越来越多的专业人才参与到生态治理队伍中来，增强环保社会组织的力量。同时，完善环保社会组织参与生态治理的机制，拓展参与生态治理的渠道，建立政府与环保社会组织在生态治理方面的定期沟通平台，积极推动环保社会组织有序、高效地参与生态治理，提高其参与生态治理的能力。

四是公众主体。多数情况下"公众"被定位为向政府提供建议、意见、举报之人，是公权力运行的信息源。[①]根据中国政治经济体制的特点，公众主要包括：志愿组织、大众传媒、专家学者、公民、社区。公众积极参与生态治理的意识和行为很大程度上取决于环保宣传教育的广度和深度，有效的环保宣传教育是公众积极参与生态治理的前提，加大流域生态环境治理宣传力度，可以有效地增强公众的生态参与意识。因此，政府和环保组织等应继续加大环保宣传力度，借助新兴媒体的宣传作用，多举办环保公益活动和知识讲座，扭转长期以来在公民心中形成的环保主要靠政府的错误思想，帮助公众树立正确的生态意识，激发公众参与生态治理的积极性。

（2）流域生态环境治理区域协同。

流域生态环境区域合作治理是指在特定地理区域内，地方政府、企业和公众等多元主体共同构成一个开放的整体体系和治理结构，以维护和改善流域内的生态环境。公共权力、货币、政策、法规和文化是控制参数，在完善的治理机制下，需要调整系统有序可持续运行的战略背景和结构，以实现区域生态环境治理系统的良性互动和以善治为目的的合作行为。流域生态环境区域协同治理既是减少污染物排放和改善生态环境质量的内在要求，也是应对气候变化和促进绿色低碳发展的重要选择。

首先，传统的环境治理以行政区域为单位。生态环境的改善可以通过绩效考核、强制等手段来提高生态环境治理能力。生态环境治理中的保护任务不仅涵盖了流域内的目标考核，对相邻地区的生态环境协同治理的责任也被包括在内，特别是一些需要重点关注的流域，主要关注流域内生态环境污染要素的流动性，避免流域环境协同治理模式因污染物的溢出效应而受到阻碍。与此同时，强化多污染物区域的协同治理也是新发展阶段中生态环境治理的关键一步。

其次，创新生态环境区域治理模式。空间相关性、流动性、不可分割性以及时间连续性是生态环境本身所具有的特征，且上述特征共同决定了生态环境治理的系统化特征。近年来，政府逐渐认识到在环境治理方面，单一的治理模式无法承担起生态环境的治理责任。因此，为了解决环境污染的负外部性问题，相关地方政府需要加强合作。"协商共治"治理模式能够灵活地将流域治理置于开放性的环境当中，为各方主体提供利益表达渠道并构建多层次的协商平台。[②]各级地方政府所掌握的污染信息都是有限的，地方环境污染监管机构对于环境污染行为、企业排污行为监督管理的及时性和有效性对生态环境的治理起到重要影响，因此，需要不断更新环境污染管理模式。

（3）流域生态环境治理信息协同。

---

① 肖峰.我国公共治理视野下"公众"的法律定位评析［J］.中国行政管理，2016（10）：68-73.

② 顾向一，曾丽涫.从"单一主导"走向"协商共治"——长江流域生态环境治理模式之变［J］.南京工业大学学报（社会科学版），2020，19（05）：24-36+115.

流域生态环境治理信息协同是一种重要的环境管理方法，它涉及协调各种信息和数据资源，利用数据和信息来支持决策制定、公众参与和环境保护措施的实施，从而有助于保护流域内的生态环境。

首先，建立健全流域生态环境协同治理信息公开制度。政府环境信息公开对生态环境治理的改善存在显著的地区性差异，东部地区显示出显著的正向效应，中西部效果并不显著[①]。流域生态环境协同治理的信息公开缺乏透明性和时效性，不仅不利于流域生态环境治理的协同发展，也不利于自然资源、经济资源的优化配置。因此，需要建立健全流域生态环境协同治理信息公开制度，确保合作治理的透明度、参与度和效果，实现流域生态环境的可持续发展。

其次，完善流域生态环境协同治理信息交流平台。从流域生态环境协同治理信息交流主体角度出发，信息交流应该包括政府和企业等相关单位，将二者有机结合起来。从流域生态环境协同治理内容的维度来看，应将生态环境的区域治理规划、污染物排放等包括在内，并借此推进流域生态环境协同治理能力现代化。从流域生态环境协同治理的信息交流方式角度出发，现阶段要借助大数据信息平台，发挥大数据优势，交流污染物排放情况信息和气候信息，将邮箱、微信、QQ 等新媒体与电视、广播、报纸、书籍等结合，共同推进流域生态环境协同治理的开展。

（4）流域生态环境治理执行协同。

治理一词，本身就暗含了多元主体共同参与、协同执行的内涵。习近平总书记多次强调，生态是统一的自然系统，是相互依存、紧密联系的有机链条，坚持统筹山水林田湖草沙系统治理。[②] 整体性治理是指在流域管理和生态环境保护方面采取综合性、系统性的方法和措施，以全面而有效地管理和保护特定流域的自然资源和生态环境。整体性治理的目标是实现流域内的可持续发展，同时平衡满足各种利益相关方的需求。加强流域生态环境治理执行协同的主要内容如下：

第一，转变传统观念，树立现代治理理念，是推进生态环境协同治理的重要基础。意识具有重要的反作用，思想在协同行动中的指导作用不容忽视。因此，在生态环境协同治理过程中，主要任务是将治理理念从"利益共同体"转变为"共享未来共同体"。相应地，该地区的治理行动也逐渐从关注经济利益转向关注各行动者之间的密切友好合作关系。因此，在生态环境协同治理过程中，应推动传统"官本位"、碎片化治理理念向现代"民本位"、诚信治理理念转变。

第二，执行从"碎片化"到"整体性"。树立"整体性"的治理理念，对生态环境治理执行协同具有重要的意义。过去，开展环境治理的过程中，主要基于属地管理原则，各行为主体之间的交流与联系较少。自协同发展战略出台以来，我国高度重视生态环境协同治理进程，一改从前着重强调政府、企业战略地位重要性的行径，将政府、企业、社会组织、公众作为一个有机整体，为生态环境协同治理提供保障。整体的功能大于各部分的

---

① 杨万平，赵金凯．政府环境信息公开有助于生态环境质量改善吗？［J］．经济管理，2018，40（08）：5-22.
② 习近平生态文明思想研究中心．深入学习贯彻习近平生态文明思想［N］．人民日报，2022-08-18.

功能之和，在生态环境协同执行问题上，各部门应当齐心协力，将区域的整体利益放在首位，转变传统的"碎片化"管理思想，淡化属地管理模式，强化"整体性"现代治理理念，将生态环境视为一个紧密相连的整体。

（5）流域生态环境治理评价协同。

环境污染在一定程度上是不可逆的，对于由污染所导致的环境问题，事后治理不仅需要耗费大量资源，而且得到的治理效果也不太理想。在生态环境治理方面，预防发挥着重要的作用，其基本含义为：在生态环境保护工作中要把预防产生环境污染问题放在首位，在污染前采取预防措施，避免在生产、生活等人类的社会活动中产生对自然生态环境、自然资源的污染以及破坏，预防出现生态失衡现象，生态环境治理需要做到防患于未然；对已造成的污染或已排出的污染应积极采取措施进行治理。环境影响评价制度是预防原则的具体体现之一，环境影响评价制度是为了实现对于开发利用规划或者建设项目可能对环境造成的影响进行科学合理的分析、预测、评估，在此基础上，提出相应的环境保护决策。通过管理决策，从源头上防止环境污染和生态破坏，使人类活动对环境的影响降至最低程度，避免因人类建设生产活动造成难以弥补的环境污染和生态破坏。

3.1.3 流域生态环境协同治理方式

（1）政府行政权力。

环境治理，狭义上是指对自然生态环境的治理。例如，按照全国科学技术名词审定委员会的定义，生态治理（ecological management）是指运用生态学原理对有害生物与资源进行的宏观调控和管理。广义上是指环境治理（environmental/ecological governance）模式。流域生态环境治理是遵循生态系统的原理，将生态世界观和绿色政治理论应用于政府治理，引导和规范政府治理行为，提高政府治理效率和效益的系统、整体、可持续的结构化治理模式。从可持续角度来看，中国流域生态环境协同治理动力仍有待提升，流域生态环境治理仍存在协调机制不健全，决策动力不充分等问题。[①] 从纵向和横向权力层面来看，存在以下情况：

第一，在纵向权力层面上，央地责任笼统模糊[②]。《中华人民共和国环境保护法》有关纵向权力配置的条款主要有：第4条，保护环境是国家的基本国策。国家采取有利于节约和循环利用资源、保护和改善环境、促进人与自然和谐的经济、技术政策和措施，使经济社会发展与环境保护相协调。第6条，地方各级人民政府应当对本行政区域的环境质量负责。第26条，国家实行环境保护目标责任制和考核评价制度。县级以上人民政府应当将环境保护目标完成情况纳入对本级人民政府负有环境保护监督管理职责的部门及其负责人和下级人民政府及其负责人的考核内容，作为对其考核评价的重要依据。考核结果应当向社会公开。第28条，地方各级人民政府应当根据环境保护目标和治理任务，采取有效措施，改善环境质量。未达到国家环境质量标准的重点区域、流域的有关地方人民政府，

① 王俊杰，何寿奎，梁功雯. 跨界流域生态环境脆弱性及协同治理策略研究 [J]. 人民长江，2023，54（07）：22-31.

② 王树义，蔡文灿. 论我国环境治理的权力结构 [J]. 法制与社会发展，2016，22（03）：155-166.

应当制定限期达标规划，并采取措施按期达标。

根据《中华人民共和国环境保护法》的表述，从纵向权力结构来看，生态环境治理是中央政府和地方政府基于行政区域的分工与合作体系，即中央政府享有环境治理的宏观决策权，而各级地方政府则对各自辖区的环境质量负总责，承担大部分环境治理的责任。当中央政府纠正环境治理中的地方偏差时，垂直行政权力体现在传统的官僚治理机制中。中央政府将考核接受权和奖惩权作为可变的权力范围，有权收回权力，对地方政府施加压力。例如，生态环境部不时派出检查组或类似机构，检查地方政府的执行情况。强化行政问责机制，奖惩结合。"项目管理"的运作模式，则是督促基层政府加大对环境保护公共投资的动力，同时也为中央财政转移支付提供了配套资金。

第二，在横向权力层面上，职责划分抽象不明①。《中华人民共和国环境保护法》中把环保部门统一确定为环境保护的监督管理机构，与此同时确立相关法律规定的部门也具有相应的职权。根据《中华人民共和国环境保护法》的规定及立法要求，环境保护单行法应当对有关部门在环境保护监督管理中的职责作出具体规定，以保证有关部门各司其职，防止相互推诿或争权夺利。国务院有关部门应当在各自的职能和职责范围内，负责固体废物污染环境防治的监督管理工作。县级以上地方人民政府环境保护行政主管部门应当对本行政区域内固体废物污染环境的防治工作实施统一监督管理，且县级以上地方人民政府有关部门应当在各自的职能和职责范围内，负责固体废物污染环境防治的监督管理工作。

（2）市场经济指导。

要充分发挥市场主体作用，遵循经济规律，让主体、项目、资金等要素实现市场化、可持续经营。条件允许的情况下，可以委托专业机构全面实施农村生活污水处理，提高规模化经营水平。鼓励项目大小结合，通过城乡一体化、排水一体化、促进环境治理和产业共同发展，实现综合环境效益和经济效益。充分发挥绿色金融的支撑作用，做好推动工作，引导社会资本投资，解决融资难、融资贵的问题。

第一，政府购买服务。政府向社会力量购买公共服务是政府与社会都高度认同的治理创新模式，②可为民生问题提供解决思路。政府购买公共服务是指政府将原本直接提供的公共服务项目，通过拨款或者公开招标方式交给有资质的第三方机构来完成，事后根据服务的数量和质量来交付服务费用。③政府购买的公共服务通常是民生事业，可以通过社会力量的运作来优化资源配置。而且，政府购买服务有助于提高公共服务效率，激发社会活力，为流域生态环境治理能力的提升拓展新的空间。④要全方位地考量政府购买服务的政

---

① 王树义，蔡文灿．论我国环境治理的权力结构［J］．法制与社会发展，2016，22（03）：155-166.

② 陈家建，赵阳．"低治理权"与基层购买公共服务困境研究［J］．社会学研究，2019，34（01）：132-155+244-245.

③ Young D. R. "Alternative Models of Government-Nonprofit Sector Relations: Theoretical and International Perspectives", Nonprofit and Voluntary Sector Quarterly, 2000, 29（1）：149-172.

④ 苗青，赵一星．社会企业如何参与社会治理？一个环保领域的案例研究及启示［J］．东南学术，2020（06）：130-139.

策举措，而不能单纯追求对政策执行机制的完善。[①] 在我国，社会组织是流域生态环境治理主要的服务提供者，而后是私营企业，它们也可以是公共机构和其他政府部门。

当前，流域生态环境治理已大致形成了以政府为主导，企业、社会组织与公众协同参与的局面，并将持续发展下去。但市场、企业的根本目的是盈利，污染物的处理不仅需要购买处理设备和改进技术，还需要租赁场地和培训工人，因此，许多企业为了降低生产成本，对生态环境治理采取消极态度。[②] 社会组织主要提供公众教育、资源保护宣传等服务，属于价值模式驱动下的倡导机制，虽然一些环保组织已经逐渐参与到公共决策中，但是由于缺乏相应的组织资源和能力，其效果仍然不佳。

第二，PPP 模式。PPP（Public-Private-Partnership）模式，即政府与社会资本之间的合作，是公共基础设施中的一种项目运营模式。在 PPP 模式之下，私营企业被鼓励与政府合作，并积极参与到基础设施的建设当中。相较于 BOT（Build-Operate-Transfer）来说，PPP 模式的优点主要有合作时间长、信息对称以及政府参与度高等，且 PPP 模式还在提高项目设施运营效率、优化资源配置、降低风险、提高基础设施建设服务质量等方面发挥作用。

PPP 模式区别于其他运营模式，其优点主要体现在以下三点：一是有效的法律支持。保障流域生态环境治理 PPP 模式高效创新与发展，积极主动开展相关活动，完善法律法规具有相当重要的地位。具体表现在，根据发展需要将住建部门以及财政部等部门联合，并规定发布系列文件，有效开展流域生态环境治理的 PPP 模式，充分发挥法律法规的政策支持和保障作用，进而更好推进流域生态环境治理水平的提高。二是有力的财政支持。在实际操作运行过程中，财政支持对其发展有着决定性的作用，一方面可以给 PPP 模式的发展提供有力的物质支持，另一方面可以提高流域内生态环境治理的水平。具体可以表现为，相关财政部门充分借用智能化信息平台，对相关信息进行填报申请以及查询，在此过程中，结合企业基础以及当地资源发展情况，对 PPP 融资市场进行有效调研，进而充分了解经济市场发展情况，并根据调研结果制定相关的财政支持计划，达到营造更好发展环境的目的。三是积极主动地合作。实际上，对流域生态环境治理 PPP 模式进行有效创新和发展的过程中，提高其他社会主体的参与度以及与其他组织进行高效的合作是十分重要的，探究其根本原因，主要是由 PPP 模式自身的发展属性以及特点所决定的，其对相关主体的需求较大，且在该种模式下，可以有效弥补缺陷，并且可以为将来的发展打下坚实的基础。

然而，PPP 模式在我国仍未达到成熟、完善阶段，失败案例持续发生，做好风险管理是重中之重。只有充分做好物有所值评价和财政承受能力论证，才能使 PPP 项目更好

① 王春，王毅杰. 政府购买服务中公益生态转型与草根公益组织的行动适应［J］. 学术交流，2022（03）：144−155.
② 胡长英，李飞，董锁成. 一个政府—企业双层优化环境治理模型［J］. 中国环境管理，2019，11（06）：69−74.

地发挥作用，更有效率地解决社会公益问题。①

第三，BOT 模式。BOT（Build-Operation-Transfer）是政府与私人资本以公共基础设施的建设和经营为目标的合作关系。BOT 所涉及的领域一般为关系国计民生的公共设施。从本质上分析，BOT 是将本国和本地区的一些本应由公共机构承建和运营的公共设施项目，通过政府授权方式特许给某个私营机构来建设和经营。

BOT 以政府特许为核心和基础。政府以合同中的行政特权方式保留和行使公共职权。生态环境治理是政府不容推卸的职责，政府在通过 BOT 模式将其"承包"给私营组织的同时，要加强对其的监管职责。政府在 BOT 模式中的地位具有多重特征。一是实行行政许可制度，以盈利为目的的私人资本进入公共基础设施的建设和经营，必须首先得到政府的特别授权；二是政府有权监督私人机构履行特许协议的行为，有权为维护公共利益，变更或终止合同；三是经营期结束，政府无偿取得基础设施的所有权。

（3）法律制度规制。

切实加大水污染防治力度，保障国家水安全，关系国计民生，是环境保护重点工作。在水污染防治领域大力推广运用政府和社会资本合作（PPP）模式，对提高环境公共产品与服务供给质量，提升水污染防治能力与效率具有重要意义。一项制度的制定和实施，实质上是立法者偏好、社会公众需求、利益集团决策等多种力量博弈的结果。② 针对生态环境治理，先后出台了一系列精准政策，主要内容如下：

《关于推进水污染防治领域 PPP 的实施意见》指出强化政策保障机制与第三方咨询。提出地方各级财政部门要统筹运用水污染防治专项等相关资金，对 PPP 项目予以适度政策倾斜，逐步从"补建设"向"补运营"转变，"前补助"向"后奖励"转变。支持民间资本设立环保基金，关注水污染防治领域的 PPP 项目，鼓励环境金融服务的创新。③《意见》还指出，各级财政、环保部门要加强组织实施和监管，建立独立、透明、可问责、专业化的 PPP 项目监管体系，实行信息公开，建立政府、服务使用者共同参与的综合性评价体系。环保部门需要进一步对水污染防治领域特许经营管理制度进行完善，降低准入门槛，清理审批限制，拓宽社会资本投入渠道。《关于政府参与的污水、垃圾处理项目全面实施 PPP 项目的通知》主要内容有以下三点：一是对于符合全面推行 PPP 模式条件的各类污水、垃圾处理项目，政府参与的方式仅限于 PPP 模式；二是政府与社会资本之间应签订 PPP 协议，明确股权分配和风险分担机制，通过成立具有独立法人资格的 PPP 项目公司，实现商业风险的隔离；三是政府可以在 PPP 相关政策的前提下对项目进行必要的支持，但不得为项目融资提供担保，项目主体不应承担经营风险的无限责任，承诺以任何方式回购社会资本的投资本金，承接社会资本任何形式的投资，损失的本金不得以任何方式向社会资本方承诺最低收益等。

① 张悦，上官绪红，杨志鹏．公私合作和衷共济：PPP 模式发展格局及资本风险管理综述［J］．征信，2020，38（06）：71-78.

② 冯玉军．新编法经济学原理、图解、案例［M］．法律出版社，2018.

③ 财政部．关于推进水污染防治领域政府和社会资本合作的实施意见［EB/OL］．（2016-05-25）［2022-07-01］．http：//www.gov.cn/zhengce/2016-05/25/content_ 5076598.htm.

（4）社会组织参与。

公众参与生态环境治理主要通过社会组织的形式。公众环境保护意识的提高对于生态环境的治理至关重要，而社会组织可以通过宣传等方式增强公众的环境保护意识，并大力推动公众积极参与到环境保护当中去，改变公众的环境行为，开展环境维权和法律援助通道、解决公众与企业单位等的环境矛盾和纠纷事件，推动公众参与环境政策的制定和实施，并鼓励公众监督企业的环境行为，是否合法排污等，在促进环境保护的国际交流与合作方面社会组织也发挥着重要的作用。而在政府、企业以及公众之间，社会组织还可以充当起桥梁和纽带的作用，发挥其中间层的功能。

社会组织参与生态环境治理的方式主要是协作型参与和项目化参与两种类型。第一，协作型参与。生态环境是我们生产生活的基础，随着国家经济的快速发展，给生态环境造成的污染也越来越多，而政府精力与资源有限，面对生态环境污染源的多样化、复杂性，政府很难做到面面俱到。因此，发挥社会组织的专业和技术优势，与生态环境其他主体协同治理，是生态环境治理的重要方式之一。第二，项目化参与。社会组织的项目化参与主要表现在政府购买服务和外包上。随着社会的发展，居民对于公共服务的内容和水平提出了更高的要求，本着专业的事情交给专业的人来做的原则，社会组织以第三方力量参与生态环境治理，获得了参与生态环境治理的合法身份，实现了由单一主体向多元主体参与治理的转变；以承接项目为切入点，探索政府和社会组织合作模式，弥补了政府失灵和市场失灵的不足，推动生态环境治理向专业化、规范化的方向发展，更有效地满足公民在生态环境方面的追求。

3.2 流域生态环境协同治理运行机制分析

"机制"是指一个机体的构造及其内部相互关系。流域生态政府治理机制是在流域生态治理体系中政府生态治理的各个要素、环节共同构成一个生态治理流程的完整、相对稳定的系统结构。流域生态政府治理机制作为一套保障政府遵循公意运行的生态治理体系，主要包括目标生成机制、责任履行机制、资源保障机制和绩效评价机制等四个环节要素。一是目标生成机制。在生态文明建设的指导下，流域地方政府提出了流域生态治理的总体目标和具体要求，并形成了流域生态治理的目标体系。二是责任履行机制。根据生态治理目标的要求，流域地方政府应结合实际情况进行流域生态治理的责任分解和任务落实，明确地方政府在生态治理中的责任主体和实施方式，落实各项目标和任务。三是资源保障机制。在地方政府履行流域生态治理职能和责任的过程中，需要相应的制度、资金、技术等方面的资源支持，确保流域生态治理实践中的科学性和有效性。四是绩效评价机制。对流域地方政府生态治理的效果和效益进行总体评价，既要纠正生态治理中的偏差，又要评价生态治理责任的履行情况，奖优罚劣，特别是对政府在生态治理中的失职失责行为进行问责和追究。上述四个环节共同构成完整的、相互联系和相互影响的循环系统，共同推进流域生态治理机制的科学性、制度性和可持续性。具体如图 3.2 所示。

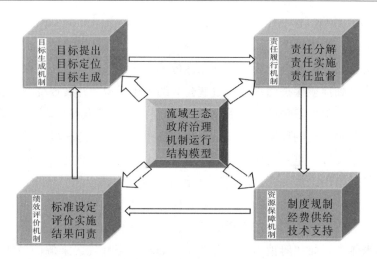

图 3.2　流域生态政府治理机制运行结构模型

3.2.1 流域生态政府治理的目标生成机制

流域生态政府治理中目标生成机制的目标提出主要是为了实现流域生态治理的科学性和有效性，基本前提是要确定流域生态治理的目标定位，明确生态治理的出发点和目标要求。一般来说，流域生态政府治理目标的形成机制包括目标提出的原因、目标定位和任务分解。

其一，流域生态政府治理的目标提出缘由。提出流域生态政府治理及其治理目标这一命题的主要缘由包括以下几点：首先，生态资源和生态系统在人类的可持续发展中发挥着重要作用。所有生物生存所必需的空气、水，以及人类生存所必需的食物等，都依靠生态系统所提供的生态资源和服务。从某种角度来看，生态系统所提供的生态资源和生态服务能力，是国家进步和人类可持续发展的前提条件。因此，要实现生态治理可持续发展，必须加强生态治理的能力。其次，生态文明建设战略使生态环境治理成为当前政府工作的重要组成部分。生态文明建设是我们党和国家的重要战略部署，与政治文明、经济文明和社会文明、文化文明构成了"五个一"的体系，政府加强生态环境治理是实现生态文明建设的最基本条件之一，把生态环境治理纳入政府的核心职能。最后，流域内的生态资源和生态系统面临严峻考验。由于工业化和城市化进程加快，流域内的资源消耗和生态环境破坏日趋严重，生态系统所能提供的大部分资源和服务被过度利用，从而导致湿地面积减少、水质变异和生物资源减少等各种问题，对正常的生态可持续发展造成严重破坏。

其二，流域生态政府治理的目标定位与任务分解。一般来说，流域生态政府治理的目标定位主要是指生态环境治理需要达到的程度或状态。根据生态文明建设的要求，流域生态政府治理的目标包括以下几点：首先，有效保护流域的生态环境，使现有生态不再受到人类的破坏。其次，有效利用流域的生态资源，合理开发利用湖区的生态资源，发展生态经济。最后，有效控制流域的生态破坏，形成良好的生态控制机制，实现对生态的有效控制。参照职能要求和职责范围，对地方政府应承担的生态治理任务进行了详细划分，依据我国政府生态治理职能和责任的要求，可以从两个方面进行分解。一方面，按流域生态治理的内容进行分解。根据生态治理涉及的不同内容和对象，按照各职能部门的具体职责分工，可以确定具体目标的实施部门。例如，流域的水资源管理主要包括水利部门、环保部门等；另一方面，按流域生态治理的地域进行分解。由于流域的开放性，可能涉及多个地方政府，每个地方政府在流域的生态治理中都有相应的责任。因此，在实现生态治理目标的过程中，地方政府的任务也有所不同。

目标生成机制是推动各主体参与流域生态环境协同治理的动力。在《中华人民共和国环境保护法》第 28 条中明确规定，地方各级人民政府应当根据环境保护目标和治理任务，采取有效措施，改善环境质量。加强环境保护、推进生态文明建设、努力建设美丽中国理应是各级政府的重大责任和共同任务。流域生态环境协同治理主体多元化，因此，各主体参与流域生态环境协同治理的动力也各不相同，主要包括政府、企业、社会组织以及公众，具体动力机制分析如下：

（1）政府参与协同治理的动力机制。

各级地方政府参与生态环境治理的动力机制主要可以分为内生动力与外在动力两部分。第一，内生动力。教育层次、领导职务对于公共服务动机具有不同程度的影响。[①] 作为社会主义国家，为中国人民谋幸福，为中华民族谋复兴是中国地方政府的最初愿望和使命。随着对环境问题的重视和关注程度的逐步增强，为人民服务的使命感和责任感使地方行政官员通过关注地方重点环境问题，推进生态行政，协调地方自然环境和经济社会发展，充分发挥地方生态效益，获得个人价值实现。第二，外在动力。一是政治引导，主要包括中央政府的政治引导以及同级地方政府的政治引导；二是经济转型，实现生态效益与经济效益协调发展，促进生态效益向经济效益转化的过程中，"绿水青山就是金山银山"成为地方经济发展的重要驱动力量。保护改善当地自然环境，注重地方生态效益，大力发展生态经济使得积极推行生态行政成为地方政府的必然选择；三是公众参与，公众在流域生态环境问题方面的积极参与和关注，从客观上来看可以达到要求政府推进生态行政的效果，并在建立健全公民参与的流域生态环境治理体系后，可构建起公民参与的保障措施，并且完善地方环境立法、加强地方环境执法、注重地方环境监管，提升政府在环境治理领域的回应力；四是国际规制，目前生态环境问题呈现出多样化、全球化的趋势，环境问题往往涉及多个地区甚至多个国家。国际环境对国内地方政府的经济调控起着明显的作用，国际贸易中通行的调控手段、碳关税和绿色壁垒对中国的进出口贸易产生了巨大影响，此外，区域生态环境也是外国资本投资的一个重要考虑因素。地方政府积极开展生态治理，有利于促进地区产品出口，吸引外资，并以此推动地区经济社会发展。[②]

（2）企业参与协同治理的动力机制。

第一，环境规制。习近平总书记指出，建设生态文明必须依靠制度、依靠法制。只有

---

① 李锋，王浦劬. 基层公务员公共服务动机的结构与前因分析［J］. 华中师范大学学报（人文社会科学版），2016，55（01）：29-38.

② 王景群，郗永勤. 我国地方政府生态行政动力机制研究［J］. 电子科技大学学报（社科版），2020，22（03）：61-67.

实行最严格的制度、最严密的法治，方可为生态文明建设提供可靠保障。这一指示表明了中国政府建设生态文明的决心和策略，在一定程度上也包含了环境管制影响微观企业行为选择的可能。在其他研究中也表明，严格的环境法规可以鼓励私人对环境的投资。Turken等的研究发现，如果排放税、许可价格或排放惩罚非零，企业应继续保持在绿色减排技术上的投资。[①]

第二，市场竞争。市场竞争因素强调了企业在环保实践中的自觉性。在环境监管的作用下，企业的成本负担将增加，以满足合法性的要求。在市场竞争的作用下，投资成本将转化为企业的竞争力，企业将有动力自觉地增加绿色环保投入。

（3）社会组织参与协同治理的动力机制。

第一，政府助推力。许多国家大都通过制定相应的法律和政策，赋予社会组织一定的社会地位，使得社会组织在社会福利、公共决策和经济发展中，发挥对政府和市场的补充、促进作用。为促进环保社会组织健康有序参与环境保护工作，我国先后出台了一系列相关制度和政策文件，为公众参与环境保护提供了良好的政策氛围和环境。除上文所提及的《中华人民共和国环境保护法》外，还有国务院印发的《大气污染防治行动计划》《水污染防治行动计划》《土壤污染防治行动计划》都有专门的篇幅强调"信息公开"、"公众参与"和"社会监督"，构建全民行动格局。《关于加强对环保社会组织引导发展和规范管理的指导意见》是专门针对环保社会组织开展工作制定的政策规范性文件，为环保社会组织进一步的发展和规范指明了方向，也表明了国家对环保社会组织工作的高度重视。

第二，环保信仰力。信仰即指由于相信而产生的仰慕、崇拜甚至敬畏之情，并把它的原则作为自己的行为准则和长期选择的根本信念。环保信仰是社会组织在对环境保护有一定认知的基础上，产生一种对环境的敬畏的精神理念，并把这种理念转化为关爱自然，保护自然的自觉的实践行动。理念是实践的先导，因此，环保信仰对环保实践具有带动和指引作用。

（4）公众参与协同治理的动力机制。

个人需要的满足与发展推动着历史的发展与社会的进步。公众参与生态环境协同治理的动力机制即"公民为什么要参与环境治理"，生态环境部发布的《关于推进环境保护公众参与的指导意见》和《环境保护公众参与办法》进一步细化了公众参与环境保护的原则、内容、渠道等具体内容。一般来说，参与主体越广泛，动力就越强，生态环境治理的效果就越明显。其动力主要来自以下四个方面：首先，物质与环境利益是公众参与环境治理的根本动力。随着物质商品不断丰富，人们开始追求多彩的生活，出现了"需要的异化"，而最直接的表现为"需要的物化"，即公众认识到环境保护与自身利益息息相关，比如干净的水源、健康的环境等对个人和社区发展十分重要。其次，"能人"带动是公众参与环境治理的连带动力。在环境治理过程中，政府积极招募退休老干部和老党员等

① Turken N, Carrillo J, Verter V. Strategic supply chain decisions under environmental regulations: When to invest in end-of-pipe and green technology [J]. European Journal of Operational Research, 2020, 283 (2): 601-613.

"有能力的人"，通过实际行动来影响周边的人并激发大家参与环境治理的热情。即通过一个"有能力的人"来带动一群"有能力的人"，再以社会网络的方式向外扩展。再次，利益激励是公众参与环境治理的物质动力。政府可颁布《环境污染举报奖励办法》等条例，市民可以通过合法渠道举报环境违法行为，如果举报属实，公众可以得到奖励。此外，积极参与的市民还有机会受到表彰，如评选其为"生态先锋人物""环保风云人物"等。最后，有效回应是公众参与环境治理的精神动力。政府对公众参与环境治理采取积极的回应，仔细考虑公众的环境需求，使公众感受到被尊重。根据马斯洛需求层次理论，"尊重"属于人的较高层次需求，可以起到激励的作用。另外，政府充分尊重民情民意，征集公众对关心的环保事务的建议，使得参与更具针对性，公众参与环境治理的热情也更加高涨。

3.2.2 流域生态政府治理的责任履行机制

责任的本质体现即为控制问题，因此，明确责任是跨部门协同治理的主要难题。由于西方政治生态和管理体制的特点，单个组织是否执行上级权威的指令和政策偏好可能因为代议民主而成为一个两难问题。这就是西方国家部门协同治理中表现突出的"权威缺漏"问题。环境责任原则，是对"开发者保护、污染者付费、利用者补偿、破坏者恢复"等原则的概括，它是环境问题产生者承担责任应遵循的一项环境法基本原则。该原则主要包括以下内容：

一是"开发者保护"，是指对环境和自然资源进行开发利用的组织或个人，有责任对其进行恢复、整治和养护。与环境和资源的开发与保护密切相关，开发的目的是利用，保护的目的是为更好地利用创造条件，只有把开发和保护结合起来，才能使资源对环境和生态的影响降到最低，实现资源的可持续利用，实现生态系统和经济系统可持续增长的良性循环。

二是"污染者付费"，这意味着造成环境污染的组织或个人有责任采取有效措施，控制污染源和被污染的环境，并对其造成的损失进行补偿或赔偿。污染者付费则主要是针对已经发生的污染，也就是事后的消极补偿。其目的是明确污染者的责任，促进企业控制污染，保护环境。污水处理费作为一项环境经济政策，是中国控制水污染排放、解决水资源短缺的重要手段之一。[①]

三是"利用者补偿"，是指公开利用环境资源的单位和个人应按照国家有关规定承担经济补偿责任。环境资源不是取之不尽、用之不竭的，而是具有一定价值的稀缺品，其价值体现在环境资源的再生产能力和稀缺性上，价值衡量的标准是替代资源的成本。因此，开发利用行为必须遵循价值规律，有偿使用宝贵的环境资源。

四是"破坏者恢复"，是指对生态环境和资源造成破坏的单位和个人必须承担恢复和治理受损环境资源的法律责任。该内容强调即使造成环境污染或破坏的污染破坏者要付出

---

① 刘康，李涛，马中. 中国污水处理费政策分析与改革研究——基于污染者付费原则视角 [J]. 价格月刊，2021（12）：1-9.

代价，也不能免除恢复和修复的责任，其目的在于强化开发商、污染者、破坏者充分考虑环境在任何经济行为中可能造成的污染和破坏，在经济利益和环境价值之间权衡利弊。以此来有效约束污染或破坏环境的行为。

流域生态环境协同治理的责任原则清晰后，确保目标责任的有效落实是流域生态政府治理的关键。一般来说，要有效履行流域生态治理的责任，主要包括责任认定、责任落实和责任监督。

其一，责任认定。流域生态政府治理责任的确认，主要是指政府相关部门在实施和完成生态治理目标的过程中对责任的确认和接受，生态治理职能是当前政府的一项重要职能任务。生态治理目标确定后，政府部门应根据其职能性质和分工，对流域生态治理的职能任务进行分解和认领，实现生态治理的责任落实。一般来说，流域生态治理的责任认定是责任部门或责任人对主体意志的认可和接受过程，是流域生态治理的前提和基本环节。只有在承认和接受生态责任和生态功能的基础上，才能采取相应的行政行为。在责任认定中，委托人和责任人一般都有一定的认定形式，如生态管理委托责任、生态保护和生态安全事故责任等，即根据对生态管理责任认定的目标和任务，结合一定的流域生态治理主体来协调各方的利益和责任，实现生态环境的可持续发展。

其二，责任落实。流域生态治理责任的落实主要是指政府将其确定的生态治理责任和任务具体落实到行政行为中的过程。责任落实是责任落实机制的关键环节，它将生态目标和责任落实到具体行动中。一般来说，流域生态治理责任的落实包括以下几个方面：一是建立生态治理机构，根据生态治理的目标和职能任务，地方政府通常会成立相应的机构，完成和落实相关任务和要求。二是制定生态治理规划，根据生态文明建设的总体要求和流域生态环境的实际情况，制定长期、中期和短期的生态治理规划和方案，确定生态治理的目标、任务和标准。三是制定生态治理政策，在规划方案的基础上，制定和颁布流域生态治理的具体政策，包括法律法规、治理方案和策略。四是要严格落实生态治理工作，明确流域生态治理的责任人和责任单位，责任明确、分工明确、归属具体，确保生态治理的具体实施和落实。

其三，责任监督。流域生态治理的责任监督，主要是指政府作为生态治理的责任人，为确保生态治理目标和任务的有效落实，接受委托方和社会公众的检查和监督的过程。政府部门一旦承认或接受流域生态治理的责任和任务，就有义务接受人大、上级部门和社会第三方的监督，确保政府在实施生态治理职能的过程中按照目标、任务、内容和政策的要求，有规律地进行监督检查、巡视和询问，只有这样才能提高政府在流域生态治理中的积极性和主动性，通过监督检查程序调整生态治理中的不当行为或行政不作为。同时，流域生态治理的责任监督机制可以将生态治理的责任履行与生态治理的责任追究有效结合起来，有效促进政府生态治理的科学性和有效性。

3.2.3 流域生态政府治理的资源保障机制

大数据时代的来临为流域生态治理带来了极大的便利，将流域生态环境治理纳入信息化、数字化的轨道，有利于克服流域生态环境信息碎片化的弊端。[①] 在生态环境治理中确定政府的职能或责任之后，政府在生态环境治理职责履行过程中如何有效规避生态责任的"三不"——"不为""不偏颇""不拖延"，以及确保在生态环境责任履行过程中高效、有序是一个重要的问题，而解决上述问题则需要提出一系列完整、科学的保障机制为生态环境治理提供资源支持。流域生态协同治理的资源保障机制建设既需要制度规制，也需要经费供给和技术支持。

其一，制度规制。"没有规矩不成方圆"，生态治理需要制度规范。如果说技术进步是生态治理手段和方法的支撑，那么生态治理的制度创新则是保持生态治理有效性的重要推动力。好的目标和好的决策需要好的制度规范，否则就难以保证流域生态治理的可持续性和有效性。应根据国家生态文明建设的要求，结合流域的特点，制定生态指导性政策法规，使环境保护和生态治理在国家发展过程中始终具有强有力的地位，并以制度规范的形式标识生态违法行为，以寻求流域生态治理的政策支持体系。

其二，经费供给。流域生态环境治理是一项系统工程，需要全面开展经济建设和生态保护。因此，必须建立必要的资金供给机制，充足、持久的资金是保证流域生态治理可持续发展的必要条件。流域生态治理的资金供给机制主要包括以下几个方面：一是预算。一般对于流域生态系统这一事关国计民生的项目要求是由政府主导的，政府因其独特的管理权限和管理优势，通过税收和支出对流域生态治理进行资金支持，既有中央财政支持，也有地方政府财政支持。二是生态项目资金。包括上级行政部门或国际组织对流域生态治理相关项目的资金支持，如国际湖泊和湿地保护项目。三是生态投融资资金。建立政策性和商业性金融模式，为生态治理提供外部资金支持。银行和金融机构可以推出特定的生态金融产品，吸引投资者资金用于生态环境保护项目，与国际组织或其他国家合作，争取国际资金支持流域生态环境保护。

其三，技术支持。技术创新与进步是当前科技生态的重点，生态环境保护与治理是科技创新的重要途径，将生态学的概念引入到科技创新的过程中，要综合考虑科技对生态环境的影响，在保障科技创新与使用的基础上，高效实施对生态环境的保护，实现人类社会与自然资源的可持续发展。流域的生态治理包括生态环境的保护和生态环境的治理，其中许多方面需要科技的进步和支持。一方面，在流域的生态保护中，政府应努力促进产业技术的升级，淘汰落后的、污染严重的生产技术，实现生产技术的生态化和环保化；另一方面，对于被破坏的生态环境，政府应重点推动生态修复技术的升级，实现生态环境的科学修复和改善。

3.2.4 流域生态政府治理的绩效评价机制

流域生态治理评价是由专门的组织或人员对政府生态治理职能和责任的履行情况进行监督、检查和评价，并合理运用检查和评价结果的系统过程。绩效评价是对流域政府生态治理的目标产生、责任履行和资源保障效果的全面总结和反映。它对良好的治理效果进行

---

① 许素菊，支克蓉．基于整体性视域的流域生态文明建设［J］．理论视野，2021（06）：62-67.

奖励，对治理活动中的失职、渎职行为进行问责。因此，绩效评价机制包括生态治理评价目标与标准、生态治理评价方式与方法、生态治理评价的责任追究。

一是生态治理评价目标与标准。流域生态政府治理绩效评价的目标就是在生态治理目标生成后，政府部门工作人员将目标进行分解和职能分工，并通过责任履行环节所达成的效果来回答"目标的完成情况"和"责任履行过程情况"。其标准的设定主要是通过对目标的细化和量化，将目标的要求转化为可量化的指标体系。流域生态治理的绩效评价可以理解为政府在生态保护、修复和改善过程中的结果、效率和效益，是政府生态治理能力的体现。任何生态治理的手段和过程都必然会影响到政府履行生态治理责任过程中的社会经济活动的各个方面，并在经济、管理和生态等维度上有相应的表现。因此，在设计流域政府生态治理责任的评价指标时，应建立具有经济、管理和生态维度的指标选择体系。

二是生态治理评价方式与方法。主要是探讨通过何种方式方法来实现对流域生态政府治理绩效评价的科学性。流域生态政府治理绩效评价是根据评价目标和标准，采用民意调查、专家分析、检查评价等方法，对流域生态治理进行广泛的评价和考核活动，这种评价既有定性分析评价，也有定量分析评价。流域生态治理主要涉及经济、管理、生态三个维度，因此，评价中可以采用 AHP 方法建立分层的指标体系，以经济绩效、管理绩效和生态绩效为绩效标准对生态治理进行定量和定性评价。

三是生态治理评价的责任追究。绩效评价的功能和优势主要体现在成果应用和实现生态政府治理评价上，它是绩效评估的反馈和修正，也是对生态目标和生态责任的落实，它不仅是奖励，也体现在责任追究上，而流域生态治理的立足点和关键则是责任追究。对不履行生态治理责任的部门和个人，要进行责任追究。监督检查或评价机构应根据流域生态政府治理的履职情况和评价结果，对"追谁的责""追什么样的责""追多大的责"等问题进行明确。通过对生态政府治理履行中的失职行为进行责任追究，进一步明确和健全生态政府治理责任体系，推进政府履行生态责任。

建立健全流域生态环境协同治理监督机制也是保证多元主体依法依规参与生态文明建设的必要举措。流域生态环境协同治理的多元主体主要包括政府、企业、社会组织和公众。政府监督（管理）是整个监督（管理）主体的核心，为提高流域生态环境协同治理绩效，还应完善以下制度：

一是建立监督执行制度。审计制度建设就是要对审计事项进行跟踪监督，明确各部门的工作职责，加强对全体干部职工的规章制度执行情况的跟踪。党办、组织部负责党务工作落实情况的监督、考核和信息反馈；办公室、监察室负责政务建设落实情况的监督、考核和信息反馈；监察室、调度室、企管办分别负责安全建设、经营管理、生产建设的监督考核和信息反馈等工作。

二是健全无为问责制度。"不作为行为"是指在生态环境治理中不履行或不正确、不及时、不有效地履行规定的职责，造成治理工作滞后、效率低下；或因主观努力不够，工作能力与职责不相适应，造成工作效率低、工作质量差、任务未完成。问责目标的整体性、问责过程的有序性以及问责标准的统一性是跨行政区生态环境协同治理绩效问责机制的根本特性。[①]

三是实行工作复命制度。对上级交办的工作，无论完成与否，都要求被交办人在规定时间内给予答复，确保件件有落实，事事有回音。执行人在开始执行后发现困难或障碍，不能按时完成任务时，必须在规定时间内通过公开、正当程序向分管领导汇报，否则没有理由不完成工作和任务。同时，应立即解决问题，这是保证指令执行，强化执行力，提高工作效率的重要手段。

3.3 流域生态环境协同治理职能责任界定

3.3.1 流域生态环境协同治理的责任主体构成

流域生态环境协同治理的责任主体主要包括各级地方政府、企业、社会组织和公民。在流域生态环境协同治理中，政府应承担主体责任，包括合理配置资源、出台相应制度、制定相关政策文件等，以强制力为支撑，保护流域生态环境。

（1）流域生态环境治理政府责任的内涵与本质。

"生态治理"是随着环境污染和生态破坏问题的加剧而出现的一个概念。亚瑟·摩尔认为生态治理是运用政府干预机制、市场经济机制和现代技术机制实现对环境的改革过程。世界银行组织、UNEP 等机构认为生态环境治理就是政府等决策机构运用包括公共机构（地方政府、村委会等）、法律制度、政府权力对自然资源和环境保护进行决策的过程，包括由谁来决策、如何进行环境决策等内容。上述对生态治理内涵的分析表明生态治理实质上就是政府对生态环境实行的行政管理职能的过程。因此，流域生态管理可以理解为流域生态系统的一个具体领域，并在治理过程中实施流域生态系统保护、生态监测和生态修复，在众多社会主体组成的流域生态管理体系中，政府作为公共权力的代表具有其他任何组织或个人都无法比拟的宣传效果，拥有大量的政治资源，它能够协调和处理流域地区的生态环境问题，是流域生态治理的领导者、组织者和管理者。政府责任是指政府在民主理念、服务理念和对公众负责的理念指导下，遵循具体的责任体系安排，行使与具体机构和岗位相关的义务和责任。因此，流域生态治理的政府责任实质上是流域内地方政府的生态治理职能内容和责任，可以从以下三个方面进行解读：

其一，流域生态环境协同治理政府责任内化，旨在追求生态文明价值。在生态文明建设中，政府责任的定位对政府生态文明价值的建立起着关键作用，这就意味着政府在行使权力的过程中，不仅要实现政务生态化管理，而且要实现行政生态化发展，促进政府管理活动实现经济效益、社会效益和生态效益的平衡。在生态文明建设体系中，生态民主、生态服务、维护生态整体利益的价值观是政府责任内化的基础。

其二，流域生态环境协同治理政府责任生成，源于生态治理市场失灵。西方学者福斯

---

①　司林波，王伟伟. 跨行政区生态环境协同治理绩效问责机制构建与应用——基于目标管理过程的分析框架[J]. 长白学刊，2021（01）：73-81.

特在解释生态危机与市场的关系时指出，市场以追求利润增长为主要目标，不惜一切代价追求经济效益，包括消耗资源和环境，导致环境恶化。主流经济学普遍认为，生态危机的主要原因是商业企业的外部性和市场机制的失败。因此，流域往往面临着经济增长需求和生态保护压倒性的困境。要解决这一困境，政府必须采取行政手段干预市场失败造成的生态危机，这强化了政府实现生态治理的生态责任。

其三，流域生态环境协同治理政府责任固化，促进完善生态功能。作为公共权力的代表，政府是公共职能的具体执行者和公共利益的主要代表者，其基本职能就是保持国家意志和公众需求的动态调整和平衡。随着生态文明建设的推进，政府的生态职能已成为与政府的政治、经济、社会、文化职能并行的五大职能之一，被称为政府的第五项职能。生态功能确立的同时也赋予了政府生态责任。政府是生态治理的第一责任人和最高责任人，这是职能与责任之间的平等和比例关系。

（2）流域生态环境治理企业责任的内涵与本质。

企业无疑是生态环境保护责任的重要承担者，需要其在生态保护、污染防控、资源管理、社会责任等方面持续改进其治理效果。

一是明确企业生产经营活动的环境义务。在《中华人民共和国环境保护法》中规定，企业事业单位和其他生产经营者应当防止、减少环境污染和生态破坏，对所造成的损害依法承担责任。具体责任主要为以下几点内容：推行清洁生产；减少对环境的污染和伤害；按照排放标准和排放总量进行排放，包括关键污染物的排放标准和排放总量控制指标；安装并使用监测设备；缴纳排污费；制定环境突发事件的应急预案；污染物排放信息的公布；建立环境保护的责任体系。《中华人民共和国环境保护法》中还提出了按日连续处罚的机制，其中第59条规定，企业事业单位或者其他生产经营单位违法排放污染物，被罚款并责令改正，拒不改正的，依法作出处罚决定的行政机关可以自责令改正的次日起，按原处罚数额逐日连续处罚。同时规定地方性法规可以根据需要增加按日连续处罚的违法行为的种类。这条法规切实督促了企业的整改，加快了相关企业的整治速度。

二是保护企业在生产经营中的环境权益。企业作为一种独立的组织形式，一方面享有相应的程序性环境权利，另一方面，企业在生产经营过程中也需要自然资源作为原材料。①《中华人民共和国环境保护法》规定企事业单位在流域生态环境治理中享有"8个可以"的环境权力，主要包括：可以享受财政支持；可以享受税收优惠；可以享受价格支持；可以享受政府采购的优先选择；可以陈述、申辩；可以申请听证；可以提起行政复议；可以提起环境行政诉讼。

（3）流域生态环境治理社会组织责任的内涵与本质。

近年来，在党和政府的指导下，环保社会组织在增强公众环境保护意识、推动公众参与环境保护、维护环境权益和提供法律援助、参与环境政策制定和实施、监督企业环境行为、促进环境保护国际交流与合作等方面作出了积极贡献，并主动参与到流域生态环境协

---

① 陈海嵩. 生态环境治理体系的规范构造与法典化表达［J］. 苏州大学学报（法学版），2021，8（04）：27-41.

同治理当中。在流域生态环境协同治理当中，社会组织与公众在环境治理中承担着协同、参与和监督的职责，充分发挥了社会组织和公众在环境科普宣传、环境保护监督、绿色消费、环境诉求表达等方面的积极作用。[①] 环保社会组织应及时学习环境保护和社会组织相关法律法规和政策，不断提高自身解决环保问题的能力，逐步开发和创新参与环保的机制和方式，与政府和其他社会主体一起依法依规、积极理性、健康有序地参与和推进环境保护工作。环保社会组织具有较高的生态自觉意识、较强的资源汲取能力，在汇聚环保力量，搭建政府、企业、公众沟通平台方面具有优势，且环保组织也在日益变化的环境中不断成长。[②]

随着流域生态环境污染的日益严峻和公众环保意识的增强，我国环保社会组织的数量呈现出全面增长的趋势。环保社会组织在环境保护中发挥着越来越重要的作用，呈现出以下趋势：第一，环保社会组织专业化程度不断提升。很多环保社会组织本身就有明确的定位，对环境问题的选题也越来越细化。它不再局限于参与环境宣传、教育和报道，而是深入参与到环境信息披露、企业信用评价和各种社会环境公益诉讼的探索和发展中去，并借此来开展环保工作。第二，环保行业社会机构间联合协作日渐加强。越来越多的环保社会组织走上倡导和影响政府和企业的行为和决策的道路，环境社会组织之间不断合作，形成更响亮的声音，产生更好的效果。合作的形式多种多样，包括针对具体环境问题的临时合作组织。第三，与政府开展合作项目日益增多。民间环保组织与政府在可持续发展和生态环境保护方面的目标基本一致，这也是合作的基础。近年来，政府也非常重视与民间环保组织的合作，政府在环保工作中占主导地位，但民间环保组织的工作可以成为政府工作的有力补充，因此，双边合作的案例越来越多，如地方政府的环保部门根据管理计划，由环保社团组织购买环保服务，并给予资金支持，取得了良好效果。第四，组织动员公众参与能力愈加增强。互联网技术的快速发展，尤其是社交平台的兴起和普及，颠覆了以往的信息生产和传播模式，这也为环保社会组织动员和组织公众参与环境保护提供了便利条件。环保社会组织通过建立自己的官方网站和社交平台账号，对传播内容、受众群体和传播效果进行研究和细分，利用新媒体发布相关信息，倡导和组织相关活动，大大提高了公众参与的效果。

（4）流域生态环境治理公民责任的内涵与本质。

流域生态环境治理的公民责任，是指公民对流域生态环境治理应尽的一份义务。公众的参与是做好流域生态环境治理工作非常重要的条件，对于流域生态环境治理中出现的污染纠纷问题，公民在其中发挥着"黏合剂""润滑剂"的作用。因此，公民在流域生态环境治理中肩负着重要的责任，主要体现在以下几个方面：

一是熟识公众参与机制。积极参与环境决策过程和环境监督。公民责任的主要内容之一是强化责任意识，了解环保、支持环保、参与环保，将环保意识转化为环保实践，通过各种形式监督和帮助人大、政府改进环境决策和行为，监督企业的环境行为，积极帮助企

---

① 谭文华，李妹珍. 论生态文明建设主体的生态责任 [J]. 生态经济，2017，33 (07)：222-225.
② 王小娜. 环保社会组织参与生态环境治理的实践及建议—以内蒙古为例 [J]. 环境保护，2022，50 (14)：49-51.

业治理污染。二是明晰公众参与范围。在理论上，公众分为"有利害关系的公众"和"无利害关系的公众"：前者享有环境行政程序中的行政正当程序相关权利和实体法中的诉讼权；在后者中，合法授权的环境团体也享有正当程序权利，但公民个人不享有。因此，本条应区分不同类型的公众，并根据利益标准做出相应规定，这是判断公民参与环境保护的合法权利的基本标准。三是践行绿色生活方式。努力提高自身的环保意识，积极参加环保志愿者活动，践行绿色消费、垃圾分类等良好的环保行为，拒绝过度消费、过度包装和食品浪费，支持共享经济，支持垃圾回收，形成绿色低碳、文明健康的生活方式。

3.3.2 流域生态环境协同治理的责任职能要求

在讨论流域生态环境协同治理的责任职能要求中，我们主要是从流域生态环境治理的责任内容与任务要求两个方面，并结合在流域生态环境协同治理中的重要文件《河长湖长履职规范（试行）》（以下简称《规范》）进行探讨。

一方面，从流域生态环境协同治理的职能内容来说，全面推行河湖长制工作部际联席会议审议通过的《河长湖长履职规范（试行）》适用于省、市、县级总河长及省、市、县、乡级河长湖长，各地因地制宜设立的村级河长湖长参照执行。《规范》对河长湖长的主要职责进行了界定：最高层级河长湖长对相应河湖管理和保护负总责，分级分段（片）河长湖长对本辖区内相应河湖管理和保护负直接责任。各级河湖长应负责组织领导相应河道的管理和保护工作，岸线包括水资源保护、水域管理、水污染防治、水环境治理等，带头对侵占河道、湖泊开垦、过度吹填、非法开垦、非法采砂等突出问题，以及破坏河道的行为依法进行清理，并协调解决重大环境问题。统筹协调入湖河道的管理和保护，明确跨行政区域河湖的管理责任，协调上下游、左右岸开展联防联治；督促相关部门和下一级河湖长履行职责，考核目标任务完成情况，强化激励和问责。

河长湖长监督的具体内容主要有：（1）"乱占"问题。未经省级以上人民政府批准，擅自开垦湖泊、河道，非法占用水域、滩涂，种植妨碍泄洪的树木和长茎作物者；（2）"乱采"问题。在河道控制范围内擅自采砂，不按许可证要求采砂，在禁采区或禁采期采砂，在河道控制范围内未经批准取土、用土的行为；（3）"乱堆"问题。在河道、湖泊控制范围内，乱扔、乱倒、乱埋、乱存、乱堆固体废弃物，丢弃、堆放妨碍泄洪的物品；（4）"乱施工"问题。长期占用水域岸线不使用，过度占用或滥用；未经许可或不按许可要求建设涉河工程；在河道治理范围内建设妨碍泄洪的建筑物、构筑物；（5）其他相关问题，擅自设置排污口，向江河湖泊超标排放污水或直接排放污水，清理江河湖泊管理范围内存放油污或有毒污染物的车辆和容器，造成江河湖泊发黑发臭等其他影响防汛安全、河势稳定、水环境和水生态的问题。[①]

另一方面，从流域生态环境协同治理的任务要求来说，《规范》明确了河长湖长的主要任务：总河长审定河湖管理和保护中的重大事项、河湖长制重要制度文件，审定本级河

---

① 水利部关于印发河湖管理监督检查办法（试行）的通知［EB/OL］.（2020-01-05）［2022-06-01］. http：//www.gov.cn/zhengce/zhengceku/2020-01/05/content_ 5466621. htm.

长制办公室职责、河湖长制组成部门（单位）责任清单，推动建立部门（单位）间协调联动机制；主持研究部署河湖管理和保护重点任务、重大专项行动，协调解决河湖长制推进过程中涉及全局性的重大问题；组织督导落实河湖长制监督考核与激励问责制度；督导河长湖长体系动态管理，及时向社会公告；完成上级总河长交办的任务。

《规范》对河长湖长的履职方式予以细化：一是加强组织领导，总河长牵头建立健全以党政领导责任制为核心的责任体系，建立全面推行河湖长制的工作领导机制；主持研究推行河湖长制的重大政策措施；主持审议河湖管理保护中的重大问题、重要制度和重点工作；因地制宜主持召开河长会议、河长制湖长制工作会议，或下发文件部署安排重点工作，根据总河长命令，部署开展河湖突出问题专项整治行动。二是开展河湖巡查调研，各级总河长、河长湖长定期或不定期开展河湖巡查调研活动，动态掌握河湖健康状况，及时协调解决河湖管理和保护中的问题。三是突出问题整治，河长制办公室、有关部门要对发现的大量河湖突出问题进行调查认定，提出解决意见。由县级以上总河长或总湖长组织集中布置整改任务，明确牵头部门和责任人，制定整改标准和完成期限。对上级交办、媒体曝光和群众举报、同级党委政府、人大、政协、纪检监察机关移送的河湖突出问题，县级以上总河长、河长湖长应根据问题的性质和严重程度，作出批示，要求相关地方政府、河长湖长和部门组织整改，限期落实。对问题性质严重、影响恶劣的，要责成有关部门和地方政府追究违法违规主体的责任，并依法依规追究有关负责人的责任。四是推动跨行政区域河湖联防联治，跨行政区域河湖设立共同的上级河长湖长的，最高层级河长湖长按照"一盘棋"思路，统筹协调管理和保护目标，明晰河湖上下游、左右岸、干支流地区的管理责任，推动在跨境河湖地区建立联合协商、信息共享、协同治理、联合执法等联防联控机制，协调落实管理和保护任务。五是组织总结考核，总河长审定本行政区域全面推行河湖长制工作年度总结报告。

3.3.3　流域生态环境协同治理的责任归属认定

落实政府环保责任对于生态环境治理的发展起着至关重要的作用，对于政府管理责任方面的难点问题，经分析其根本原因在于相关法律法规的缺失以及制度方面存在的问题，因此，完善政府环保责任的监督具有非常重要的意义。

（1）流域生态环境协同治理责任主体。

流域环境管理最终是需要通过政府相关部门来完成或实施的，从这个角度看，政府部门之间的关系是流域环境管理的保障因素，但是由于各个职能部门之间职权的界限、部门利益等原因，旨在提高效率的部门协作反而阻碍了整体目标的实现，从而形成了协作悖论。[①] 流域生态环境协同治理责任主体如下：

其一，国家。流域生态治理责任主体之一是国家。虽然在《中华人民共和国宪法》中没有明确规定国家是江河流域的保护主体，但是涉及环境保护的规定散见于宪法各条款

---

① 王清军，胡开杰. 我国流域环境管理的法治路径：挑战与应对 [J]. 南京工业大学学报（社会科学版），2020，19（05）：10-23+115.

中。《中华人民共和国宪法》中规定了国家保护和改善生活环境和生态环境，防治污染和其他公害。这一规定以宪法形式确认了环境保护的基本国策地位，同时也明确了国家的环境保护职责。《中华人民共和国水法》第九条："国家保护水资源，采取有效措施，保护植被，植树种草，涵养水源，防治水土流失和水体污染，改善生态环境。"第十二条："国家对水资源实行流域管理与行政区域管理相结合的管理体制。"

其二，地方各级党委和政府。在我国，党统领一切事务，对流域生态治理和环境资源保护负总责。2015 年 8 月，中共中央办公厅、国务院办公厅印发了《党政领导干部生态环境损害责任追究办法（试行）》，明确了地方各级党委和政府对本地区生态环境和资源保护负总责，党委和政府主要领导成员承担主要责任，其他有关领导成员在职责范围内承担相应责任。

其三，公民。保护流域生态环境是公民的权利和义务。《中华人民共和国宪法》中规定，公民享有权利的同时，也要履行相应的义务。这一规定从理论解释的角度为公民环境权的主张提供了依据，也将公民不造成环境污染和生态破坏的义务纳入不损害国家、社会集体利益和其他公民的合法自由和权利的范畴。

其四，企业。《中华人民共和国环境保护法》中规定，企业事业单位和其他生产经营者应当防止、减少环境污染和生态破坏，对所造成的损害依法承担责任。明确了企业有保护和治理生态环境的责任与义务。《中华人民共和国水污染防治法》第四十八条规定，企业应当采用原材料利用效率高、污染物排放量少的清洁生产工艺，并加强管理，减少水污染物的产生。

（2）流域生态环境协同治理责任内容。

建立健全环境治理的领导体系、企业责任体系、公民行动体系、监督体系、市场体系，落实各类主体责任，提高市场主体和公众参与的积极性，形成导向明确、决策科学、执行有力、激励高效、多元参与、良性互动的环境治理体系，是流域生态环境协同治理的重要一环，[①] 具体内容有以下几点：

第一，流域生态环境协同治理领导责任体系。一是完善中央统筹、省负总责、市县抓落实的工作机制。党中央、国务院统筹制定生态环境保护的大政方针，提出总体目标，谋划重大战略举措，制定实施中央和国家机关有关部门生态环境保护责任清单。省级党委、政府对本地区环境治理工作负总责，贯彻执行党中央、国务院各项决策部署，组织开展目标任务、政策措施，加大财政投入，县级党委、政府具体负责，做好整体监管执法、市场监管、资金安排、宣传教育等工作。二是明确中央和地方财政支出责任。制定和实施中央和地方政府在生态环境领域的财权和支出责任划分的改革方案。除国家、重点区域和流域、跨区域和国际合作等重大环境问题外，地方政府将主要承担环境治理支出的责任。按照财力与事权相匹配的原则，在进一步理顺中央与地方收入划分、完善转移支付制度改革的同时，统筹考虑地方政府环境治理的财政需求。三是开展目标评价考核。为改善环境质

---

① 中共中央办公厅 国务院办公厅印发《关于构建现代环境治理体系的指导意见》［EB/OL］（2020-03-03）［2020-03-03］https：//www.gov.cn/gongbao/content/2020/content_ 5492489. htm.

量，制定适当的约束性和预期目标，并将其纳入国民经济和社会发展计划、国土空间和相关专项计划。各地可制定符合实际、体现特色的目标，完善生态进步目标评价考核体系，精简整合相关专项考核，推进环境治理。四是深化生态环境保护督察。实行中央和省（自治区、直辖市）两级生态环境保护督察体制。围绕解决突出生态环境问题、改善生态环境质量、推动经济高质量发展，开展日常巡查，加强专项检查，严格督查整改，要进一步完善调查、派驻、核查、约谈、专项检查"五步法"工作模式，加强督导帮扶，压实生态环境保护责任。

第二，流域生态环境协同治理企业责任体系。一是依法实行排污许可管理制度。加快排污许可证管理条例的立法进程，完善排污许可证制度，加强对企业排污行为的监督检查，按照新旧体制平稳过渡的原则，妥善处理排污许可证与环评制度的关系。二是推进生产服务绿色化。从源头上预防污染，优化原材料投入，依法依规淘汰落后的生产工艺和技术。积极实践绿色生产方式，大力开展技术创新，加大清洁生产的推广力度，加强全过程管理，减少污染物排放。提供资源节约型、环境友好型产品和服务，实施生产者责任延伸制度。三是提高治污能力和水平。强化企业环境治理责任制，督促企业严格执行法律法规，接受社会监督，重点污染企业要安装和使用监测设备，确保正常运行，坚决杜绝管理效果和监测数据造假。四是公开环境治理信息。排污企业应当通过其网站等渠道依法公开主要污染物名称、排放方式、执行标准以及污染防治设施建设和运行情况，并对信息的真实性负责，鼓励污染企业在确保安全生产的前提下，通过设立开放日、建设教育体验场所等方式向公众开放。

第三，流域生态环境协同治理全民行动体系。为积极推动全民参与生态环保治理和践行绿色生活方式，让其逐渐成为社会时尚，流域生态环境协同治理全民行动体系便是不可缺少的重要一步。环境治理全民行动体系运转的过程，就是各类社会主体在能够便捷获取环境信息的基础上，采用不同社会手段分别作用于政府、企业以及自身和其他社会主体等，进而促使其环境行为改善的过程，其具体内容如下：

一是强化社会监督。完善公众监督和举报反馈机制，畅通环保监督渠道，拓宽环境举报的路径，使公众更加便捷灵活地参与环保监督。加强舆论监督，鼓励新闻媒体对各类生态环境问题、突发环境事件和环境违法行为进行曝光。要引导有条件的环保组织依法开展环境公益诉讼等活动。二是提高公民环保素养。把环境保护纳入国民教育体系和党政领导干部培训体系，组织编写环境保护教材，推动环境保护宣传教育进学校、进家庭、进社区、进工厂、进机关，增加环保公益广告，开发和推广环保文化产品。引导公民自觉履行环境保护责任，逐步改变落后的生活习俗和习惯，积极开展垃圾分类，践行绿色生活方式，倡导绿色出行、绿色消费。三是发挥各类社会团体作用。工会、共青团、妇联和其他群众组织应积极动员工人、青年和妇女参与环境治理。行业协会、商会要发挥桥梁和纽带作用，促进行业自律。加强对社会组织的管理和指导，积极推进能力建设，充分发挥环保志愿者在生态环境治理中的作用。

（3）流域生态环境协同治理责任方式。一是流域生态环境协同治理政府责任方式。首先，完善监管体制。整合相关部门在污染防治和生态环境保护执法方面的职责和队伍，实行统一的生态环境保护执法。完成省级及以下生态环境机构监测、监察、执法垂直管理体制改革。实施"双随机、一公开"环境监管模式。推进跨区域、跨流域污染防治联防联控。除国家组织的重大活动外，地方政府不得以会议、论坛、大型活动等理由停产或限制企业生产；其次，加强司法保障。要建立生态环境保护综合行政执法机关、公安机关、检察机关、司法机关之间的信息共享、案件通报、案件移送制度。强化对破坏生态环境违法犯罪行为的查处，加大对破坏生态环境案件的起诉力度，加强检察机关提起生态环境公益诉讼。在高级人民法院和具备条件的中基层人民法院调整设立专门的环境审判机构，统一生态环境案件的受案范围、审理程序等。探索建立"恢复性司法实践+社会化综合治理"审判结果执行机制；最后，强化监测能力建设。要加快建设海陆统筹、天地一体、上下联动、信息共享的生态环境监测网络，使环境质量、污染源、生态状况监测覆盖到各个领域。实行"谁考核、谁监测"，不断完善生态环境监测技术体系，全面提高监测自动化、标准化、信息化水平，推动实现环境质量预报预警，确保监测数据"真、准、全"。要推进信息化建设，形成生态环境数据的一本台账、一张网络和一个窗口，加强监测技术和设备的研发和应用，促进监测设备的准确、快速、便携发展。二是流域生态环境协同治理市场责任方式。首先，构建规范开放的市场。要深化改革，完善监管和服务，打破区域和行业壁垒，平等对待各类所有制企业，平等对待各类市场主体，引导各类资本参与环境治理的投资、开发、运营。要规范市场秩序，减少恶性竞争，防止恶意低价竞标，加快形成公开、透明、规范、有序的环境治理市场环境；其次，强化环保产业支撑。要加强环保关键技术的自主创新，推进首批重大环保技术装备的示范应用，加快提升环保产业的技术装备水平。做大做强龙头企业，培育一批专业化骨干企业，扶持一批专、特、优中小企业。鼓励企业参与绿色"一带一路"建设，带动先进的环保技术、装备、产能走出去；最后，创新环境治理模式。积极推进环境污染第三方治理，开展园区污染防治第三方治理示范，探索统一规划、统一监测、统一治理的一体化服务模式。开展小城镇环境综合治理托管服务试点，加强系统管理，实行绩效付费，对工业污染用地，鼓励采用"环境修复+开发建设"的模式。

第 4 章　基于污染源的流域生态环境协同治理的现状与问题分析

4.1 流域生态环境协同治理的现状描述

4.1.1 分析样本及数据来源

本书在分析流域生态环境治理现状中，主要以 2017 年开展的第二次全国污染源普查和第一轮中央环保督察为考察对象，普查的时间节点截止为 2017 年 12 月 31 日，普查对象主要是与流域水污染密切相关的污染源，主要包括工业源、农业源和生活源三大类。因此，本部分主要对这三类污染源和第一轮中央环保督察的基本情况进行阐述。

（1）工业污染源。作为全国污染源普查中的核心内容，工业生产过程中排放的废水、废气以及固体废物等是我国污染物的主要来源。由于在部分行业的生产过程中会产生特殊的放射性污染，因此，两次污染源普查对放射性源进行了调查。与此同时，为了保证数据的全面和准确，第二次全国污染源普查对国家级和省级工业园区都开展了详细的调查和登记。

（2）农业污染源。农业源污染物主要产生于农业生产活动的过程中。农业作为第一产业，其结构可以划分为种植业、畜牧业、水产养殖业、林业和副业五个类别。其中，由于种植业、畜牧业和水产养殖业在其农业生产过程中会使用化肥、农药、饲料等化学物质，产生大量的畜禽粪污，整体的污染排放量较大，相对而言林业和副业的污染排放量较少，农业污染源普查对象也集中在污染排放较多的种植业、畜牧业和水产养殖业。

（3）生活污染源。在居民的日常生活中产生的污染物是生活污染源的普查重点。由于居民活动会产生大量的固体垃圾、生活废水等，如果处理不到位，对于河流岸线环境和水质会造成一定的污染和影响。因此，对居民生活源的用水量、排污口排放量等水污染排放情况进行普查是十分重要的。

第二次全国污染源普查样本包括国内除移动源以外有污染源的单位和个体经营户 358.32 万个，具体普查内容如表 4.1 所示。其中，工业污染源普查对象主要是工业企业或产业活动单位，共计 247.74 万个。从普查对象的地区分布来看，广东、浙江、江苏、山东和河北位居前 5，分别为 55.48 万个、43.18 万个、25.56 万个、16.62 万个和 14.27

万个，共占工业源普查对象总数的 62.61%。从普查对象的行业分布上看，金属制造品、非金属矿物制品与通用设备制造业位居前 3，分别为 31.19 万个、23.08 万个和 22.68 万个，合计占工业源普查对象总数的 31.06%；农业污染源普查对象对从事农业生产活动的区县进行了全方位调查，包括种植业、畜禽养殖业、水产养殖业与畜禽规模养殖场，调查对象的数量分别为 3061 个、2981 个、2843 个和 37.88 万个；城镇居民是生活污染源普查的主要对象，生活源普查对象共计 63.95 万个；集中式污染治理设施中集中式污水处理单位、生活垃圾处理单位与危险废物处理单位的普查数量分别为 78048 个，4449 个和 1467 个。[①] 第二次全国污染源普查的具体内容如下表 4.1 所示。

表 4.1　第二次全国污染源普查具体内容

工业污染源	1、企业基本情况，原辅材料消耗、产品生产情况，产生污染的设施情况，各类污染物产生、治理、排放和综合利用情况（包括排放口信息、排放方式、排放去向等），各类污染防治设施建设、运行情况等。 2、废水污染物：化学需氧量、氨氮、总氮、总磷、石油类、挥发酚、氰化物、汞、镉、铅、铬、砷。 3、废气污染物：二氧化硫、氮氧化物、颗粒物、挥发性有机物、氨、汞、镉、铅、铬、砷。 4、工业固体废物：一般工业固体废物和危险废物的产生、贮存、处置和综合利用情况。危险废物按照《国家危险废物名录》分类调查。工业企业建设和使用的一般工业固体废物及危险废物贮存、处置设施（场所）情况。 5、稀土等 15 类矿产采选、冶炼和加工过程中产生的放射性污染物情况
农业污染源	1、种植业、畜禽养殖业、水产养殖业生产活动情况，秸秆产生、处置和资源化利用情况，化肥、农药和地膜使用情况，纳入登记调查的畜禽养殖企业和养殖户的基本情况、污染治理情况和粪污资源化利用情况。 2、废水污染物：氨氮、总氮、总磷、畜禽养殖业和水产养殖业增加化学需氧量。 3、废气污染物：畜禽养殖业氨、种植业氨和挥发性有机物
生活污染源	1、生活源锅炉基本情况、能源消耗情况、污染治理情况，城乡居民能源使用情况，城市市区、县城、镇区的市政入河（海）排污口情况，城乡居民用水排水情况。 2、废水污染物：化学需氧量、氨氮、总氮、总磷、五日生化需氧量、动植物油。 3、废气污染物：二氧化硫、氮氧化物、颗粒物、挥发性有机物

中央环保督察是以中共中央和国务院作为核心主体，围绕环境保护领域内存在的问题所展开的一系列督察和举措。省级党委和政府则是中央环保督察的主要对象，督察的主要

---

① 关于发布《第二次全国污染源普查公报》的公告 ［EB/OL］. （2020－06－08）［2022－06－10］. http：//www.gov.cn/xinwen/2020－06/10/content_ 5518391. htm.

内容包括省级政府对于中央环保政策的落实情况、重点环境污染问题的解决情况、环境质量的维护情况，以及对于环境保护中党政同责和一岗双责、严格责任追究等方面的情况。中央环保督察作为一项具有中国特色的环境保护管理制度[①]，不仅是促进环境质量不断改善的重要方式，更是加快生态文明建设，实现政策目标的关键举措。2015 年，中共中央办公厅、国务院办公厅印发《环境保护督察方案（试行）》（厅字〔2015〕21 号），将"督查"改为"督察"，环境保护督察重点突出"党政同督"的思想，"一岗双责"成为社会共识。2016 年，中央环保督察组进驻河北省，作为中央环保督察的第一个试点省份，一系列的督察举措展现了中央对于生态环境治理的决心以及中央环保督察的效力。随着《环境保护督察方案（试行）》的颁布，2017 年我国第一轮中央环保督察如火如荼的展开，实现了全国范围内的督察覆盖。与此同时，在首轮中央环保督察结束后开展了"环保督察回头看"行动，对督察整改落实情况进行了再次督察以保证中央环保督察的效果。2018 年底，我国共计完成了 20 个省份的"回头看"行动。2019 年 7 月，第二轮中央环保督察正式启动，与第一轮中央环保督察相比较，首次将国务院两个部门和有关中央企业纳入督察范围，并于 2022 年 6 月全面完成督察任务，各省份督察开展的具体时间如表 4.2 所示：

表 4.2　中央环保督察起止时间

督察	批次	持续时间	督察范围
首轮	试点	2016-01-04 至 2016-02-05	河北
	第一批	2016-07-12 至 2016-08-19	内蒙古、黑龙江、江苏、江西、河南、广西、云南、宁夏
	第二批	2016-11-24 至 2016-12-30	北京、上海、湖北、广东、重庆、陕西、甘肃
	第三批	2017-04-24 至 2017-05-28	山西、安徽、天津、湖南、福建、辽宁、贵州
	第四批	2017-08-07 至 2017-09-15	吉林、浙江、山东、海南、四川、西藏、青海、新疆
"回头看"	第一批	2018-05-31 至 2018-07-07	河北、内蒙古、黑龙江、江苏、江西、河南、广东、广西、云南、宁夏
	第二批	2018-10-30 至 2018-12-06	贵州、陕西、山西、吉林、辽宁、山东、安徽、湖北、湖南、四川

---

① 刘奇，张金池，孟苗婧. 中央环境保护督察制度探析［J］. 环境保护，2018，46（01）：50-53.

督察	批次	持续时间	督察范围
第二轮	第一批	2019-07-10 至 2019-08-15	上海、福建、海南、重庆、甘肃、青海、中国五矿集团有限公司、中国化工集团有限公司
	第二批	2020-08-31 至 2020-09-30	北京、天津、浙江、中国铝业集团有限公司、中国建材集团有限公司、国家能源局、国家林业和草原局
	第三批	2021-04-06 至 2021-05-09	山西、辽宁、安徽、江西、河南、湖南、广西、云南
	第四批	2021-08-26 至 2021-09-30	吉林、山东、湖北、广东、四川、中国有色矿业集团有限公司、中国黄金集团有限公司
	第五批	2021-12-03 至 2022-01-05	黑龙江、贵州、陕西、宁夏
	第六批	2022-03-23 至 2022-04-25	河北、江苏、内蒙古、西藏、新疆

4.1.2 流域治理基本情况分析

（1）水污染物排放总体情况。

根据第二次污染源普查公报，2017 年，化学需氧量、氨氮、总氮和总磷是我国水污染物排放的主要类别，排放量分别为 2143.98 万吨、96.34 万吨、304.14 万吨和 31.54 万吨。此外，动植物油、石油类、挥发酚、氰化物和重金属污染物的排放量分别为 30.97 万吨、0.77 万吨、244.10 吨、54.73 吨和 182.54 吨。

流域作为水污染排放的主要承载体，2017 年我国七大流域（长江、黄河、珠江、松花江、淮河、海河、辽河）的水污染排放量占据全国水污染物排放量的大部分比重，其中化学需氧量、氨氮、总氮、总磷的排放量分别为 1957.48 万吨、85.64 万吨、272.27 万吨和 28.49 万吨；动植物油、石油类、挥发酚、氰化物和重金属污染物的排放量分别为 28.00 万吨、0.69 万吨、203.55 吨、46.84 吨和 154.94 吨。

（2）工业源污染。

从 2017 年工业源中各类水污染物排放情况看，在工业源水污染物中，化学需氧量、氨氮、总氮、总磷的排放量分别为 90.96 万吨、4.45 万吨、15.57 万吨和 0.79 万吨；石油类、挥发酚、氰化物和重金属污染物的排放量分别为 0.77 万吨、244.1 吨、54.73 吨和 176.40 吨。

2017 年，我国共有 33.12 万套工业企业废水处理设施，处理能力可达每日 2.98 亿立方米，处理量可达每日 392 亿立方米。普查结果表明，农副食品加工业、化学原料和化学制品制造业、纺织业是化学需氧量、氨氮、总氮排放前三的行业，三个行业合计分别占工业源化学需氧量、氨氮、总氮排放量比重的 44.85%、46.29%、49.52%；农副食品加工

业、化学原料和化学制品制造业、食品制造业是总磷排放前三的行业，排放量分别为
2637.74 吨、948.79 吨、806.89 吨，共计占比 55.61%；汽车制造业、金属制品业和石
油、煤炭及其他燃料加工业位居石油类排放量的前三，排放量分别为 1295.99 吨、
1117.91 吨和 731.69 吨，共计占比 40.85%；挥发酚、氰化物排放前三的行业都是石油、
煤炭及其他燃料加工业、化学原料和化学制品制造业、黑色金属冶炼和压延加工业，三个
行业合计分别占工业源污染物排放量的 92% 和 76.89%；有色金属矿采选业，金属制品
业、有色金属冶炼和压延加工业是重金属排放行业的前三，排放量分别为 32.17 吨、
26.06 吨和 24.26 吨，三个行业合计占重金属排放总量比重的 46.76%。

（3）农业源污染。

从 2017 年农业源中各类水污染物排放情况看，在农业源水污染物中，化学需氧量、
氨氮、总氮、总磷的排放量分别为 1067.13 万吨、21.62 万吨、141.49 万吨和 21.20 万
吨。根据行业排放状况，2017 年种植业氨氮、总氮和总磷的排放量分别为 8.30 万吨、
71.95 万吨、7.62 万吨；畜禽养殖业化学需氧量、氨氮、总氮、总磷的排放量分别为
1000.53 万吨、11.09 万吨、59.63 万吨、11.97 万吨，其中畜禽规模养殖场化学需氧量、
氨氮、总氮、总磷的排放量为 604.83 万吨、7.50 万吨、37.00 万吨、8.04 万吨；水产养
殖业化学需氧量、氨氮、总氮、总磷的排放量分别为 66.60 万吨、2.23 万吨、9.91 万吨、
1.61 万吨。

（4）生活源污染。

从 2017 年生活源中各类水污染物排放情况看，在生活源水污染物中，化学需氧量、
氨氮、总氮、总磷和动植物油的排放量分别为 983.44 万吨、69.91 万吨、146.52 万吨、
9.54 万吨和 30.97 万吨。根据行政区划的不同，其中城镇生活源的化学需氧量、氨氮、
总氮、总磷和动植物油的排放量分别为 483.82 万吨、45.41 万吨、101.87 万吨、5.85 万
吨和 11.17 万吨。农村生活源的化学需氧量、氨氮、总氮、总磷和动植物油的排放量分别
为 499.62 万吨、24.50 万吨、44.65 万吨、3.69 万吨和 19.80 万吨。

（5）两轮中央环保督察基本情况。

第一轮督察及"回头看"共受理了 21.2 万余件群众举报信息，在去除重复举报信息
后共计约 17.9 万件，其中绝大部分的举报信息已经转交由地方政府办结。首轮督察及
"回头看"直接推动了 15 万余件生态环境问题的解决，其中对 4 万多家企业单位进行了
立案处罚，共计罚款 24.6 亿元；立案侦查了 2303 件案件，对 2264 人采取了行政和刑事
拘留措施，并移交了 509 个责任追究问题。第二轮中央环保督察共收到群众来电、来信举
报 16041 件，受理有效举报 13881 件，去除重复举报后累计转办 11694 件，明确了 2164
项整改任务，移交了 158 个责任追究问题，共 3371 人被问责。

截至 2022 年 7 月，两轮督察受理转办的群众生态环境信访举报 28.7 万件，已完成整
改 28.5 万件。截至 2023 年 3 月，两轮环保督察整改方案总体完成率分别达到了 97% 和
60%，督察整改正在积极有序地推进。

4.2 流域生态环境协同治理的主要成效

近年来，随着流域生态环境日益恶劣，流域生态危机也随之加剧，成为制约流域内地区经济发展的瓶颈，影响生态文明建设的进程和社会的和谐稳定发展，因此，国家对于流域生态治理工作越来越重视。尽管我国流域生态环境协同治理的起步较晚，但在各个治理主体的共同努力下发展迅速，取得了一定的成绩，譬如流域污染源治理明显改善、生态环境协同治理意识加强、相关政策法规逐步完善、协同治理经验不断丰富等。具体而言，主要包括以下几个方面：

4.2.1 生态协同治理效果明显改善

在污染源视角下，流域污染源治理的成效可以很好地反映出我国生态环境协同治理的效果，因此，本部分通过对比 2007 年和 2017 年两次全国污染源普查的数据，反映十年间流域生态环境的污染源变化情况，对流域生态环境协同治理的情况进行分析。

2007 年 12 月 31 日是第一次污染源普查的时间节点，对 592.6 万个污染源的基本情况、主要污染物的产生和排放情况以及污染治理情况等进行了摸底和记录，其中工业源、农业源和生活源分别为 157.6 万个、289.9 万个和 144.6 万个。与"二污普"相较，"一污普"的普查指标较为粗略，不够全面。就污染物排放的总体情况而言，"二污普"各类污染物的排放呈减少趋势，主要水污染物如化学需氧量、氨氮等排放量大幅下降，其中减排率最高的是石油类污染物，达到了 99%，重金属污染物的减排位居第二，达到了 79.8%。[①] 各类污染源分类减排的主要情况则主要体现在以下几个方面：

1. 工业源水污染

在工业源污染物减排方面，十年间主要污染物的排放情况发生了较大的转变，总量减排达到 473.4 万吨，占总污染物排放比重由 18.9%降至 4.2%。从污染物排放量的削减幅度来看，如表 4.4 所示，以 2007 年为基期，我国工业源的化学需氧量由 2007 年的 21.76 万吨减少至 2017 年的 2.13 万吨，同比减少了 19.62 万吨，减排率达到了 90.21%。氨氮在这十年间共计减少 1.96 万吨，由 2007 年的 2.08 万吨降低至 2017 年的 0.12 万吨，减排率达到了 94.23%。而石油类、挥发酚、氰化物等也都有大幅的下降，与 2007 年相比减排量分为 0.3 万吨、39.63 万吨、11.59 万吨，减排率分别达到了 93.75%、82.17% 和 75.16%，具体的工业源主要污染物排放量变化情况如下表 4.3 所示：

---

① 第一次全国污染源普查公报［EB/OL］.（2010-02-10）［2022-10-12］http：//www.gov.cn/jrzg/2010-02/10/content_ 1532174.htm.

表 4.3　工业源主要污染物排放量变化情况

主要污染物排放量	2007 年	2017 年	增量	减排率
化学需氧量/万吨	21.76	2.13	−19.63	90.21%
氨氮/万吨	2.08	0.12	−1.96	94.23%
总氮/万吨	——	0.54	——	——
总磷/万吨	——	0.03	——	——
石油类/万吨	0.32	0.02	−0.3	93.75%
挥发酚/万吨	48.23	8.6	−39.63	82.17%
氰化物/万吨	15.42	3.83	−11.59	75.16%

数据来源：2007 年与 2017 年全国污染源普查公报。

　　从工业产业结构的变化情况来看，产业结构调整和优化的减排效应主要体现在两个方面。首先，重污染行业的集聚程度不断增强。随着经济发展结构的不断改善，作为污染排放重点的传统第一产业如钢铁、造纸和水泥行业的产品产量分别增加了 50%、61% 和 71% 以上，但在行业产能增加的情况下其行业中的企业数量却分别下降了 50%、24% 和 37%。这从侧面表明污染行业开始规模化发展，在一定程度上提高了集中式治污设施的处理效率，减小了行业污染监管难度。其次，在行业集聚化发展的背景下，污染物排放总量也随之减少。与"一污普"相较，我国造纸产业、钢铁行业、水泥产业化学需氧量的排放减幅分别达到了 84%、23% 和 23%。在十年的行业治理过程中，我国重污染行业不断整合，优化发展方式，通过规模效应降低水污染的排放量，为污染源治理添砖加瓦。

　　从工业污染治理能力的改进情况来看，我国水污染物处理体系不断完善，污染物的清洁化处理成为保护流域生态环境的重要方式。如表 4.4 所示，与"一污普"相比，工业水污染物的处理技术有着显著改善和提升。2017 年，我国工业企业废水处理设施的数量为 33.12 万套，较 2007 年的 14.07 万套，增加了 19.05 万套，增幅达到了 135.39%。设计废水处理能力由 2007 年的每日 2.35 亿吨增加至 2017 年的 2.98 亿吨，增幅为 26.81%。在我国污水处理能力不断提高的同时，我国的废水年处理量也有所减少，从 2007 年的 458.52 亿吨降至了 2017 年的 392 亿吨，同比减少了 14.51%，具体的工业废水处理能力变化情况如下表 4.4 所示：

表 4.4　工业废水处理能力变化情况

工业废水处理能力	2007 年	2017 年	增量	增幅
工业企业废水处理设施/万套	14.07	33.12	19.05	135.39%
设计废水处理能力亿吨/日	2.35	2.98	0.63	26.81%
废水年处理量/亿吨	458.52	392	−66.52	−14.51%

数据来源：2007 年与 2017 年全国污染源普查公报。

2. 农业源水污染

　　对比两次普查的农业源污染情况，在农业生产水平显著提高的同时农业源水污染物减排效果明显。"二污普"农业源化学需氧量、总氮、总磷的减排幅度与"一污普"相较分别下降了 19.41%、47.69%、25.54%。但农业污染源排放占总排放量的比重仍然很大。其中，农业源化学需氧量的排放占比由 44% 提升到了约 49.77%；总氮排放量占比有所降低，由约 57% 降至约 47%；总磷排放量占比基本保持不变，维持在约 67%。从污染源普查数据看，农业源污染的排放有着明显的产业特征。首先，养殖业的污染排放情况略高于种植业，除总氮指标以外，畜禽养殖业的污染物排放量占比达到了一半，其中，畜禽养殖业占据了 94%，水产养殖业占 6%。这充分展现了我国农业生产结构调整，农业绿色发展取得的重要成效，为未来农业源污染的分类治理提供了重要的方向和依据。[1] 详细的农业源主要污染物排放量对比情况如下表 4.5 所示。

表 4.5　农业源主要污染物排放量对比

主要污染物排放量	2007 年	2017 年	增量	增长率
化学需氧量/万吨	1324.09	1067.13	−256.96	−19.41%
总氮/万吨	270.46	141.49	−128.97	−47.69%
总磷/万吨	28.47	21.20	−7.27	−25.54%

数据来源：2007 年与 2017 年全国污染源普查公报。

在种植业污染物减排方面，主要表现为两个特征，一是排放量大幅减少，对全国污染物减排贡献突出。如表 4.6 所示，2017 年种植业氨氮、总氮、总磷的排放量分别为 8.3 万吨、71.95 万吨、7.62 万吨，占农业源总排放量的比例分别为 38.4%、50.9%、35.9%。种植业总氮的排放量较"一污普"减少近 88 万吨，减排率达到 54.97%，农业源排放总量占比也从 2007 年的 59% 降至 50.9%。二是污染排放强度在播种面增加的情况下显著减少。我国种植业的播种面积由"一污普"时期的 1.53 万公顷扩大至"二污普"时期的 1.67 万公顷，面积增幅达到了 9%，产量增幅达到了 20% 以上。种植业主要水污染物排放量具体的变化情况如下表 4.6 所示：

表 4.6　种植业主要水污染物排放量变化情况

主要污染物排放量	2007 年	2017 年	增量	增长率
氨氮/万吨	——	8.3	——	——
总氮/万吨	159.78	71.95	−87.83	−54.97%
总磷/万吨	10.87	7.62	−3.25%	−29.90%

数据来源：2007 年与 2017 年全国污染源普查公报。

在养殖业污染物减排方面，一是排放总量显著减少，水产养殖排放有所增加。如表 4.7 和表 4.8 所示，我国畜禽养殖业三类主要污染物化学需氧量、总氮、总磷的排放量分别为 1000.53 万吨、59.63 万吨、11.97 万吨，分别占农业面源污染比重的 93.76%、56.46%、42.14%，减排幅度分别为 21.11%、40.80%、25.37%。水产养殖业污染排放量

① 胡钰，林煜，金书秦. 农业面源污染形势和"十四五"政策取向——基于两次全国污染源普查公报的比较分析 [J]. 环境保护，2021，49（01）：31-36.

所占比例较小，三类主要污染物排放量分别为 66.6 万吨、9.91 万吨、1.61 万吨，较"一污普"分别增加了 10.77 万吨、1.7 万吨、0.05 万吨，占农业源总排放量比重的 6.24%、7.00%、7.59%。二是养殖总量增加四分之一的同时排放强度大幅下降，具体的畜禽养殖业主要水污染物排放量变化情况如下表 4.7 所示，水产养殖业主要水污染物排放量变化情况如下表 4.8 所示：

表 4.7　畜禽养殖业主要水污染物排放量变化情况

主要污染物排放量	2007 年	2017 年	增量	增长率
化学需氧量/万吨	1268.26	1000.53	−267.73	−21.11%
总氮/万吨	102.48	59.63	−41.81	−40.80%
总磷/万吨	16.04	11.97	−4.07	−25.37%

数据来源：2007 年与 2017 年全国污染源普查公报。

表 4.8　水产养殖业主要水污染物排放量变化情况

主要污染物排放量	2007 年	2017 年	增量	增长率
化学需氧量/万吨	55.83	66.6	10.77	19.29%
总氮/万吨	8.21	9.91	1.7	20.71%
总磷/万吨	1.56	1.61	0.05	3.20%

数据来源：2007 年与 2017 年全国污染源普查公报。

3. 生活源水污染

如表 4.9 所示，根据"一污普"中的生活源水污染物排放数据来看，化学需氧量、总氮、总磷、氨氮的排放量分别为 1108.05 万吨，202.43 万吨，13.8 万吨和 148.93 万吨，其中重点流域排放占比分别为 30%、33%、27% 和 32%。第一个占比数据表明全国水污染中有机物污染较为严重，受还原性物质污染严重，且重点流域水污染物排放占生活源水污染排放比重较大；第二个数据表明全国水污染中受营养物质污染较为严重，一般是排污处理不善导致，且这种现象在重点流域比较严重；第三个数据表明全国水污染中水体含磷量过高，一般是由于人们生活过程中排放大量含磷水体以及水体自身净化不充分；第四个数据表明由于生活污水、农药残留、农村人畜粪便等物质流入河流导致水体氨氮含量超标，造成水污染，且重点流域这种现象比较常见。

数据表明，从"一污普"到"二污普"这十年间我国生活源水污染物排放城镇和农村各有重点，但总体而言还是城镇各种水污染物质排放占比较大。[①] 究其原因就是如今我国城镇化率达到 60%，城镇人口基数大，污染物质排放相对来说要大过农村。农村各种污染治理设备缺口大，生活源污染未经处理排放，是造成农村污染物排放量大的原因。具体的生活源主要水污染物排放量变化情况如下表 4.9 所示：

---

① 吴怀静．我国摸清全国污染源情况 [J]．生态经济，2020，36（08）：9-12.

表 4.9　生活源主要水污染物排放量变化情况

主要污染物排放量	2007 年	2017 年	增量	增长率
化学需氧量/万吨	1108.05	983.44	−124.61	−11.25%
总氮/万吨	202.43	146.52	−55.91	−27.62%
总磷/万吨	13.8	9.54	−4.26	−30.87%
氨氮/万吨	148.93	69.91	−79.02	−53.06%

数据来源：2007 年与 2017 年全国污染源普查公报。

4.2.2 生态协同治理意识不断强化

意识是行动的先导。树立正确的协同治理理念并将其深入各个协同治理主体的内部是促使政府和社会各界更加关注流域生态环境治理，提高其生态治理能力的前提。[①] 目前，流域范围内各主体的协同意愿不断增强，主要表现在以下几个方面：

第一，各主体之间的协同治理意愿提升。首先，中央与地方政府之间的协同治理意识提高。如 2022 年 6 月，中央生态环境部与浙江省签订了战略合作框架协议，全面深化生态文明建设、落实污染防治攻坚战的任务目标。[②] 其次，流域内不同地方政府间的协同治理意愿增强。近年来，流域内地方政府合作协议签订不断增多。2022 年 12 月，湖北、湖南、江西三省水利厅全面贯彻党的二十大精神，推动长江中游高质量协同发展，共同签署了《长江中游三省推进"一江两湖"系统治理合作协议》。这份协议明确建立了跨区域协调机制、联合研究机制和信息共享机制等三项机制，为加速推进跨界河湖协同治理奠定了坚实基础。[③] 再次，政府与企业之间的协同逐渐强化，目前 PPP 模式是政企合作最广泛的形式之一，通过引进企业的技术和污水处理手段，有效弥补了生态环境基础设施建设的短板。从 2019 年中国生态环境 PPP 发展报告的内容来看，污水处理项目的数量占比达到了 42.99%，共 1374 个项目。最后，政府各部门间的协作意识明显增强。根据 2023 年 2 月中共中央、国务院印发的《数字中国建设整体布局规划》，加快建设绿色智慧的数字生态文明，切实发挥数字技术在生态治理实践中的作用已成为未来一个时期内的主要方向与目标。[④] 信息沟通作为良好合作伙伴关系建立的重要前提，各地方政府生态环境数字化平台的建设与发展极大促进了部门间信息资源的互联互通，实现了跨部门流域生态环境监测与管理的协同联动，为各部门间协作治理提供了良好的技术支撑。

第二，树立生态优先，绿色发展的治理理念。环境保护是实现经济可持续增长的重要前提，各流域内政府在借鉴国外流域治理经验的基础上，贯彻落实"生态优先，绿色发

①　司林波，裴索亚．跨行政区生态环境协同治理的政策过程模型与政策启示——基于扎根理论的政策文本研究 [J]．吉首大学学报（社会科学），2021，42（06）：34-44.

②　浙江省生态环境厅与生态环境部环境规划院签署战略合作框架协议 [EB/OL]．生态环境部，（2022-06-15）[2023-08-10] https：//www.zj.gov.cn/art/2022/6/15/art_ 1229415698_ 59712708.html.

③　打造城市群"组合港"14 项合作协议深化湘鄂赣协同发展 [EB/OL]．湖北省人民政府，（2022-12-24）[2023-08-14] https：//www.hubei.gov.cn/zwgk/hbyw/hbywqb/202212/t20221224_ 4464425.shtml.

④　中共中央、国务院印发《数字中国建设整体布局规划》[EB/OL]．中华人民共和国中央人民政府，（2023-02-27）[2023-08-20] https：//www.gov.cn/zhengce/2023-02/27/content_ 5743484.htm.

展"的治理理念，将生态环境保护作为重要工作内容，推进流域内生态文明建设示范区工作。[①] 流域内政府作为流域水环境的重要治理主体，主动承担责任，在遵循客观规律发展的前提下，优化流域内企业的生产方式和居民的生活方式，积极探索新型生态产业的发展，促进人与自然和谐共生。与此同时，在流域生态环境保护和发展的工作过程中，流域内政府始终坚持"四个统一"，即生态治理与环境保护相统一、生态治理与生态修复相统一、生态治理与生态重建相统一、生态治理与生态平衡相统一，将生态优先的治理理念落实到实际工作中的方方面面。一方面，鼓励环保产业的发展，淘汰环境污染较为严重的落后产能，引进生态农业和绿色产业，推动流域内经济可持续发展。另一方面，推动环保交通的发展，努力建设水路运输网络，推动水、陆、空交通一体化的发展，为流域内经济发展打造便利化的交通枢纽。

第三，流域生态环境治理的责任意识逐渐强化。生态环境治理作为政府工作中的重要内容，直接反映出政府的治理能力和治理水平。为了进一步改善流域生态环境治理效果，流域内各级政府以身作则，将所辖流域水环境治理和恢复放在政府活动的重要位置，并制定和出台了一系列的政策措施，规范流域内企业的生产活动，建立和完善责任追究制度，严肃处理流域内的违法行为。与此同时，组织开展相关管理和工作人员定期培训，学习生态环境保护相关的专业知识，提高各级政府管理的专业水平以强化其生态保护意识和责任意识，推动其形成正确的决策。

4.2.3 生态协同治理制度逐步完善

改革开放以来，我国在水环境保护和水污染治理上出台了一系列的法规政策，水环境保护和水污染治理等涉水法律体系逐步建立。总体来说，我国流域生态环境治理的法律法规体系的建立取得了一定的成效，并处于不断发展和完善的过程中。

其一，国家层面的法律法规不断完善。首先，涉水法律法规的出台推动了立法体系的完善。[②] 目前，与水环境保护相关的法律主要包括四部，分别是《中华人民共和国水法》《中华人民共和国水污染防治法》《中华人民共和国水土保持法》和《中华人民共和国防洪法》。相关内容随着时代发展和生态环境保护工作的要求不断修改和完善，具有较强的适应性和适用性。与此同时，流域专门法的建立也在不断推进，2021 年 3 月《中华人民共和国长江保护法》出台，作为推动长江流域高质量发展的流域生态环境保护的综合性法律，对于流域协同治理的发展有着重要意义。[③] 其次，一系列法规条例的制定也弥补了法律存在的不足。如流域管理条例、城镇排水与污水处理条例和养殖污染防治条例等。与此同时，新的涉水法规条例的颁布推动了流域生态环境治理水平的提升。近年来，中央和地方政府出台了一系列的流域生态环境协同治理的文件与规划，如《"一带一路"生态环

①　郇庆治，余欢欢．习近平生态文明思想及其对全球环境治理的中国贡献［J］．学习论坛，2022（01）：22-28.
②　龙强军．跨界流域水污染协同治理研究［D］．湘潭大学，2018.
③　廖志丹，付琳，吴齐．贯彻习近平生态文明思想与法治思想的立法实践——《长江保护法》解读［J］．人民长江，2021，52（04）：41-46.

境保护合作规划》《长江经济带生态环境保护规划》《京津冀协同发展规划纲要》《洞庭湖生态经济区规划》等。① 2015 年，《水污染防治行动计划》（简称"水十条"）的出台切实地改善和提高了我国水污染治理的进程，工业源、农业源和生活源的水污染治理都取得了较大的成效②。具体内容和措施如表 4.10 所示。最后，推动水环境治理体制机制改革的政策不断完善和发展，如河湖长制的推行、环境污染第三方治理政策的发展，为水污染防治提供了良好的政策支撑。

其二，地方层面相关法律法规体系建设也取得了较好的发展。在国家颁布《水污染防治行动计划》后，各省先后出台了贯彻落实"水十条"的实施方案。以湖南省为例，在水污染防治方面，先后出台了《湖南省农村生活污水治理专项规划（2022—2030年）》《湖南省深入打好长江保护修复攻坚战实施方案》《湖南省"十四五"重金属污染防治规划》《关于在湘江流域推行水环境保护行政执法责任制的通知》《湖南省饮用水水源保护条例》等水环境保护条例和水污染治理方案；在河长制建设方面，2017 年 2 月和2018 年 4 月，中共湖南省委办公厅、湖南省人民政府办公厅分别印发了《关于全面推行河长制的实施意见》的通知、《关于在全省湖泊实施湖长制的意见》的通知，明确划分了相关部门的职责，全面推进河湖长制的建设。③④

表 4.10　《水污染防治行动计划》中关于污染源治理的具体措施和要求

工业源污染防治	1、取缔"十小"企业。全面排查装备水平低、环保设施差的小型工业企业。2016 年底前，按照水污染防治法律法规要求，全部取缔不符合国家产业政策的小型造纸、制革、印染、染料、炼焦、炼硫、炼砷、炼油、电镀、农药等严重污染水环境的生产项目。 2、专项整治十大重点行业。制定造纸、焦化、氮肥、有色金属、印染、农副食品加工、原料药制造、制革、农药、电镀等行业专项治理方案，实施清洁化改造。新建、改建、扩建上述行业建设项目实行主要污染物排放等量或减量置换。2017年底前，造纸行业力争完成纸浆无元素氯漂白改造或采取其他低污染制浆技术，钢铁企业焦炉完成干熄焦技术改造，氮肥行业尿素生产完成工艺冷凝液水解解析技术改造，印染行业实施低排水染整工艺改造，制药（抗生素、维生素）行业实施绿色酶法生产技术改造，制革行业实施铬减量化和封闭循环利用技术改造。 3、集中治理工业集聚区水污染。强化经济技术开发区、高新技术产业开发区、出口加工区等工业集聚区污染治理。集聚区内工业废水必须经预处理达到集中处理要求，方可进入污水集中处理设施。新建、升级工业集聚区应同步规划、建设污水、垃圾集中处理等污染治理设施。2017 年底前，工业集聚区应按规定建成污水集中处理设施，并安装自动在线监控装置，京津冀、长三角、珠三角等区域提前一年完成；逾期未完成的，一律暂停审批和核准其增加水污染物排放的建设项目，并依照有关规定撤销其园区资格

① 熊炜．洞庭湖流域保护的立法问题研究［J］．湘潭大学学报（哲学社会科学版），2020，44（06）：105-109.

② 国务院关于印发水污染防治行动计划的通知［EB/OL］．（2015-04-16）［2023-09-01］http：//www.gov.cn/zhengce/content/2015/04/16/content_9613.htm.

③ 湖南省关于全面推行河长制的实施意见［EB/OL］．（2017-02-17）［2022-05-27］http：//www.hunan.gov.cn/hnyw/duanjuan/hezhangzhi0419/hzzcj20180419/201804/t20180420_4998011.html.

④ 中共湖南省委办公厅湖南省人民政府办公厅印发《关于在全省湖泊实施湖长制的意见》的通知［EB/OL］．（2018-04-30）［2022-06-02］．http：//www.hunan.gov.cn/xxgk/wjk/swszfbgt/201808/t20180831_5086679.html.

农业源污染防治	1、防治畜禽养殖污染。科学划定畜禽养殖禁养区，2017 年底前，依法关闭或搬迁禁养区内的畜禽养殖场（小区）和养殖专业户，京津冀、长三角、珠三角等区域提前一年完成。现有规模化畜禽养殖场（小区）要根据污染防治需要，配套建设粪便污水贮存、处理、利用设施。散养密集区要实行畜禽粪便污水分户收集、集中处理利用。自 2016 年起，新建、改建、扩建规模化畜禽养殖场（小区）要实施雨污分流、粪便污水资源化利用。 2、控制农业面源污染。制定实施全国农业面源污染综合防治方案。推广低毒、低残留农药使用补助试点经验，开展农作物病虫害绿色防控和统防统治。实行测土配方施肥，推广精准施肥技术和机具。完善高标准农田建设、土地开发整理等标准规范，明确环保要求，新建高标准农田要达到相关环保要求。敏感区域和大中型灌区，要利用现有沟、塘、窖等，配置水生植物群落、格栅和透水坝，建设生态沟渠、污水净化塘、地表径流集蓄池等设施，净化农田排水及地表径流。到 2020 年，测土配方施肥技术推广覆盖率达到 90% 以上，化肥利用率提高到 40% 以上，农作物病虫害统防统治覆盖率达到 40% 以上；京津冀、长三角、珠三角等区域提前一年完成。 3、调整种植业结构与布局。在缺水地区试行退地减水。地下水易受污染地区要优先种植需肥需药量低、环境效益突出的农作物。地表水过度开发和地下水超采问题较严重，且农业用水比重较大的甘肃、新疆（含新疆生产建设兵团）、河北、山东、河南等五省（区），要适当减少用水量较大的农作物种植面积，改种耐旱作物和经济林；2018 年底前，对 3300 万亩灌溉面积实施综合治理，退减水量 37 亿立方米以上。 4、加快农村环境综合整治。以县级行政区域为单元，实行农村污水处理统一规划、统一建设、统一管理，有条件的地区积极推进城镇污水处理设施和服务向农村延伸。深化"以奖促治"政策，实施农村清洁工程，开展河道清淤疏浚，推进农村环境连片整治。到 2020 年，新增完成环境综合整治的建制村 13 万个
生活源污染治理	1、加快城镇污水处理设施建设与改造。现有城镇污水处理设施，要因地制宜进行改造，2020 年底前达到相应排放标准或再生利用要求。敏感区域（重点湖泊、重点水库、近岸海域汇水区域）城镇污水处理设施应于 2017 年底前全面达到一级 A 排放标准。建成区水体水质达不到地表水 Ⅳ 类标准的城市，新建城镇污水处理设施要执行一级 A 排放标准。按照国家新型城镇化规划要求，到 2020 年，全国所有县城和重点镇具备污水收集处理能力，县城、城市污水处理率分别达到 85%、95% 左右。京津冀、长三角、珠三角等区域提前一年完成。 2、全面加强配套管网建设。强化城中村、老旧城区和城乡结合部污水截流、收集。现有合流制排水系统应加快实施雨污分流改造，难以改造的，应采取截流、调蓄和治理等措施。新建污水处理设施的配套管网应同步设计、同步建设、同步投运。除干旱地区外，城镇新区建设均实行雨污分流，有条件的地区要推进初期雨水收集、处理和资源化利用。到 2017 年，直辖市、省会城市、计划单列市建成区污水基本实现全收集、全处理，其他地级城市建成区于 2020 年底前基本实现。 3、推进污泥处理处置。污水处理设施产生的污泥应进行稳定化、无害化和资源化处理处置，禁止处理处置不达标的污泥进入耕地。非法污泥堆放点一律予以取缔。现有污泥处理处置设施应于 2017 年底前基本完成达标改造，地级及以上城市污泥无害化处理处置率应于 2020 年底前达到 90% 以上

4.2.4 生态协同治理实践持续深化

自党的十八大以来，党和国家对流域生态环境保护的重视达到了前所未有的高度，流域内地方政府在中央和地方领导小组的指导下，坚持可持续发展的理念，结合当地实际，以三大保护工程为基础反复探索流域生态环境协同治理的路径和方法，制定流域生态环境相关的地方政策和举措，取得良好的治理成效，形成了一批流域生态环境保护和水污染治理的典型经验。

一是流域生态补偿方式的探索。在流域生态补偿方面，多个省份展开了实践活动，譬如四川省将"污染者付费"融入流域生态环境管理制度当中，并坚持每年开展"环保世纪行"活动，加大环境保护的宣传力度，增强政府与公众的环境保护意识。云南省为了修复金沙江流域生态环境问题，维护流域生态环境健康，在南盘江上游范围的各市州展开流域生态补偿试点，推动建立省内跨行政区域的横向生态补偿机制，改善河段水质，促进地方政府间合作以打破"多龙治水"的局面。①

二是区域公共治理的发展。习近平总书记指出，系统观念是具有基础性的思想和工作方法。从坚持系统观念出发，我国流域治理实现由重点整治向系统治理的重大转变。在长江流域跨域协同治理实践中，依托河湖长制、水行政联合执法、生态补偿机制等一系列政策与制度，打破了垂直与水平管理系统的壁垒，实现了地方政府间及横向部门间的协作。② 长江流域管理委员会与流域内 19 个省级河长办形成了河湖长制协作机制，并同时印发《长江流域省级河湖长联席会议机制》，有效提升河湖管护水平。与此同时，多部门进行联合执法和专项检查，在省市边界河段开展采砂综合整治行动。2022 年共开展省际边界河段采砂联合执法 75 次，出动执法人员 1275 人次，出动执法艇 158 艘次。③

三是市场机制的运用。市场机制的探索与建立可以有效提高流域生态环境治理的效率和水平，确保流域生态环境治理的资金支持充裕。譬如，有效发挥金融机构在产业结构调整中的支持和促进作用，推动企业绿色创新，在黄河流域的治理实践中，黄河沿岸的各个省份与自治区大力推动绿色信贷，对于高污染与高耗能企业和项目的信贷进行严格限制，加大力度支持新兴产业和绿色产业的发展，严格限制高污染、高能耗企业和项目信贷。与此同时，在流域生态环境治理的过程中积极引入社会资本，以充分发挥社会资本在生态综合治理、农业科技创新、湿地保护、矿山修复等方面的作用。④

四是现代科学技术的运用。在黄河流域的治理过程中，流域内各省级地方政府充分发挥无人机技术、卫星遥感技术等在黄河流域污染源的排查工作中的作用，对黄河干支流的

① 许光建，卢允子. 论"五水共治"的治理经验与未来——基于协同治理理论的视角［J］. 行政管理改革，2019（02）：33-40.

② 陈冠宇，王佃利. 迈向协同：跨界公共治理的政策执行过程——基于长江流域生态治理的考察［J］. 河南师范大学学报（哲学社会科学版），2023，50（01）：32-38.

③ 全面履行流域管理职责 携手共护长江母亲河［EB/OL］. 推动长江经济带发展网，（2023-03-24）［2023-9-20］https：//cjjjd.ndrc.gov.cn/gongzuodongtai/bumendongtai/202303/t20230324_1351771.htm.

④ 林永然，张万里. 协同治理：黄河流域生态保护的实践路径［J］. 区域经济评论，2021（02）：154-160.

排污口、企业、养殖场等存在的污染源进行全面的普查和排查。[①]　与此同时，不断发挥信息化技术在流域生态环境协同治理中的运用，搭建流域生态环境大数据平台，实现信息沟通和共享。构建河湖长制管理信息系统，对有关信息进行动态化管理。

五是第三方治理的引入。湖南省在湘江流域重金属污染治理的问题上，形成了"重金属土壤修复＋土地流转"的形式，引入环境污染第三方治理，地方政府与企业通过"PPP 模式"形成有效合作，组建重金属污染治理公司。在这一过程中，企业的资金和技术得到了充分有效的运用，为第三方治理的推广积累了经验。

4.3 流域生态环境协同治理面临的主要困境

生态环境治理是当今生态文明建设的重要内容。从上述对流域污染源普查分析来看，我国在流域生态治理上已经取得了很好的成效，特别是生态环境治理意识普遍得到强化、生态环境治理制度体系逐步完善、生态环境治理协同机制不断优化等。但是由于流域生态环境治理作为一个跨区域的系统性工程，随着社会发展，在流域生态环境协同治理中仍存在和面临着一些困境，主要包括流域主体利益不均衡、责任划分不明确、治理技术不科学等，具体如下所述：

4.3.1 协同治理利益主体目标不均衡

流域作为一个开放的区域体系，其中包括不同的行政区域区划，由于这种地理区域与行政区域不一致，流域内各地方政府、各部门之间管理条块分割严重，各自为政，协同难以形成合力，严重影响了生态政府治理协同合作，尤其是在流域生态治理中各主体角色定位的差异，譬如各级政府承担着流域治理的主体责任，而作为生态资源消费者的企业和社会公众，对流域生态环境治理的参与度较低。

首先，地方政府作为流域生态环境的治理主体，同级地方政府之间的利益目标不一致，难以形成协作合力。一方面，就政府间协作而言，流域府际生态协同治理的本质是流域内异质性的地方政府在行为上达成一致协同。[②]　目前属地管理模式是我国流域生态环境治理的主要方式。由于一条河流往往流经多个行政区域，而流域边界与行政区域的划分存在一定的重叠造成流域的整体性割裂。[③]　在属地管理原则的背景下，地方政府对自身行政区域的水污染治理负责。处在竞争关系下的流域内地方政府因为缺乏共同的利益基础，合作意识较弱，部分流域内政府为了追求自身的经济发展选择牺牲环境利益，以获得更大的经济发展优势。加之流域作为公共物品，具有较强的外部性，流域治理费用一般是谁治理谁负担，使得地方政府在治理流域生态环境时往往会出现"搭便车"的现象，造成流域治理成本分配不公平，挫伤地方政府主动治理的积极性。譬如，处在流域下游的政府由于

①　付景保．黄河流域生态环境多主体协同治理研究［J］．灌溉排水学报，2020，39（10）：130-137.

②　王江，王鹏．流域府际生态协同治理优于属地治理的证成与实现——基于动态演化博弈模型［J］．自然资源学报，2023，38（05）：1334-1348.

③　胡若隐．地方行政分割与流域水污染治理悖论分析［J］．环境保护，2006（03）：65-68.

地理位置劣势往往需要承担更大的水污染风险，而流域内上游政府对于污染物的排放则很难受到影响；或者是流域上游政府主动治理流域水环境，而下游政府则可以享受上游政府的治理成果。① 另一方面，就政府内部协作而言，在条条为主、条块分割的多头管理体制下，各部门间协调存在一定的困境。这是由于在流域生态环境治理的过程中往往涉及多个部门，如生态环境部门、水利部门、住建部门、林业部门、农业部门、工信部门等，部门间各司其职共同参与流域生态环境治理，但受到本位主义的影响，在职权重叠的情况下会发生相互推诿、扯皮的现象，在一定程度上影响了流域水环境治理的效率。譬如，流域生态环境的监测、防治和监督属于生态环境局的职责，而水利局也拥有执法权和水资源保护与管理的职能，因此，当工作存在交叉时，就有可能出现"踢皮球"的现象。

其次，企业作为流域生态环境的影响者，其生产活动需要消耗大量的环境资源，而部分企业不规范的行为会对流域水环境造成较大的破坏，使其成为水污染的直接责任方之一。企业发展的根本目标是盈利，而污水处理往往需要消耗大量的成本和资源，使得企业往往不愿意主动治污，甚至出现偷排暗排的行为，对当地水环境造成不良影响。部分地方政府由于经济发展的需要，可能会对企业的污染行为表现出更强的包容性，采取"睁一只眼闭一只眼"的态度。② 譬如在住宅小区的建设中，一些房地产企业对于排污管道的建设敷衍了事，甚至是偷工减料以节省资金成本。③

最后，公众在流域生态环境中的角色较为复杂，既是流域生态环境的受益者，又是流域水污染的主要受害者。公众的生产生活很大程度上依赖流域水资源，但其参与流域水环境治理的意识较差。一方面，公众的公共精神不足，缺乏参与流域生态环境治理的意愿。对于生态环境的危害和其他相关知识普及度较低，部分居民会有"事不关己高高挂起"的心态，从而忽视自身应当承担的责任。还有部分居民缺乏环境保护意识，成为环境的污染者和破坏者。④ 另一方面，公众参与水环境治理的方式较少。对于水污染问题，公众向政府投诉的渠道不畅通，降低了公众的积极性。同时，公众通过社会组织参与环境治理的渠道有限，社会组织的发展往往受到较大的限制和干预，长期生存和发展面临的困难较大，治理能力和活动能力不足。

4.3.2 协同治理政府责任划分不明确

政府作为流域生态环境治理的责任主体，理应主动承担起流域内生态治理的责任，时刻要将生态治理摆在首位，在推动地区经济发展的同时注重对生态环境的保护，经济的发展不应以破坏环境为代价，任何脱离生态环境保护的发展都应受到相应的惩罚，积极采取措施鼓励生态治理与经济建设和谐发展。但是，不难发现，政府在流域生态环境政策执行方面仍然存在一些不足，生态环境治理责任意识的缺失很大程度上阻碍了政策执行效果。

---

① 刘娟. 区域生态府际合作治理的碎片化困境及其出路 [J]. 环境保护科学，2017，43（03）：52-56.
② 齐晓亮，阎小操. 生态安全视阈下跨区域城市环境协同治理 [J]. 城市发展研究，2022，29（09）：7-10+16.
③ 刘国琳. 协同治理视角下钦江流域水污染治理研究 [D]. 广西大学，2019.
④ 刘小泉. 流域水环境治理跨部门合作绩效影响因素研究 [J]. 地方治理研究，2021（02）：30-42+79.

其一，实施依据不科学。建立科学的原则和依据作为指导是追责问责的重要条件之一。而在追责问责的具体实践中，由于生态治理政府责任追究制度不完善，导致实施依据缺乏。其具体问题主要存在于三个方面：首先，政府责任追究没有建立科学统一的标准和制度，中央政府与地方政府的制度建设存在较大的差距，使得责任追究制度的全面性和统一性不足，在实际追责的过程中难以寻找合理有效的依据。其次，责任追究制度的科学性和有效性有待进一步提升。在政府责任追究中，由于制度的有效性不足往往会出现责任推诿、权责不明以及无故担责等现象。最后，是缺乏责任追究的制度规范性和法制性。

其二，定责机制不合理。责任认定是实现责任追究的前提和基础。政府作为流域生态环境治理的主体在生态责任认定中扮演着重要角色，不仅要对生态环境治理责任的主体与客体进行明确的界定与划分，还确定生态环境责任的构成因素、范围行为和程度。现实中，由于没有建立严格的政府治理责任认定机制，流域内各政府主体很少对本行政辖区内流域生态环境保护的责任任务和责任清单进行明确划分，导致流域内频繁出现生态破坏现象。无法有效地找到责任主体，出了事找不到责任主体的状况时有发生，对责任范围、行为和程度的认定也缺乏严格的执行程序，导致责任认定难。

其三，问责机制不健全。流域生态环境责任追究的重要路径之一是对相关政府进行问责。目前，我国主要采取的是以政府为主导的生态环境治理问责模式，强调中央对地方的责任划分，下级对上级严格负责。[①] 由于我国问责机制的建立仍处于探索完善阶段，部分问题有待进一步改进，主要表现在以下三个方面：一是流域生态环境治理的问责体系不健全。在问责法治建设方面，我国起步较晚，虽然目前中央政府与地方政府已经出台了一定数量的政策法规，但是仍然存在系统性与全面性不足的问题，使得问责实施规范性不高、适用范围不明，大责小问、有责不问等情况仍有存在，行政不作为和行政机关滥用行政权力也存在于各种实例中。二是问责途径单一。由于生态环境问责通常是在政府系统内部进行，缺少公众参与问责和异体问责途径，需强化人大问责、严格司法问责和鼓励媒体问责、公众问责等方式。三是问责的方式不合理。由于行政问责和司法问责不严，使得问题官员复出、异地提拔等问题时有发生。

其四，救济机制不完善。作为流域生态环境治理政府责任追究中的重要组成部分，事后救济机制的建立是必不可少的。虽然在我国相关的法律制度中对救济机制的建立作出了相关的规定，即对由于行为原因被追究行政责任的政府或政府工作人员，可以通过申诉、纠正、免责等途径进行权利救济，但是就整体而言还需要进一步完善。在救济机制的行政手段方面，尽管在中央政府颁布的《行政监察法》（已废止）与《中华人民共和国公务员法》中已经有所涉及，但是在地方政府层面仍然没有制定统一的救济规定与条例，标准参差不齐，在救济的时间、操作程序和权利上都不相同，不利于行政问责。与此同时，我国法律仍没有将对行政官员的问责救济纳入司法救济的范围内，对行政救济外法律救济的探讨较少。

---

① 司林波，裴索亚. 跨行政区生态环境协同治理绩效问责模式及实践情境——基于国内外典型案例的分析[J]. 北京行政学院学报，2021（03）：49-61.

4.3.3 协同治理能力技术水平不科学

从总体上看，虽然当前流域生态环境治理的技术手段和治理实践积累对协同治理充分起到了支撑和参考作用，为各治理主体提供了科学性的依据和经验性的借鉴，推动流域生态环境协同治理的稳步进行，促进流域水环境持续向好。但由于流域生态环境情况处于不断变化发展的过程中，污染物的来源和种类繁杂多样，目前生态环境治理的技术水平和政策手段仍存在一定的改善空间和发展困境，主要表现在：

第一，在农业源污染、生活源污染和第三方污染源治理领域存在一定的政策空白。目前，对于流域工业源水污染的治理，我国出台了一系列的防治政策并取得了较大的成效，但对于农业面源的防治政策仍有一定的缺失，而生活源污染与第三方污染源的治理则多是在原有的工业面源防治政策基础上的补充和改进，缺乏针对性。虽然"水十条"对于不同面源污染的防治提出了不同的规划和目标，但是究其根本仍需要从源头进行预防，对农业生产方式和居民生活方式进行调整和治理，形成科学性的治理规划和污染防治政策。

第二，流域污染源防治手段不科学，存在重"治"轻"防"现象。目前，我国流域水污染治理仍以末端治理为主，如排污税制度、环境污染执法、排污许可证制度等，"先污染再治理"的方式往往需要投入较多的时间成本和经济成本去修复已经受到污染的流域生态环境。[①] 而对以环境影响评价和"三同时"制度为代表的前端治理手段还处于不断完善的阶段，在水污染防治过程中起到的作用和效果未能充分发挥。与此同时，就防治手段的执行主体和性质而言，多以政府的行政手段为主，对企业和公民在其中扮演的角色与其需要履行的责任和义务，一方面是对相关的水污染防治政策宣传和解读工作较为欠缺，公众与企业参与水污染治理的积极性不高，另一方面是缺乏有效的引导政策和激励措施，没有形成明晰的方法和途径。

第三，水污染治理的技术手段不统一。一是水质监管技术不完善。在水质监管方面，受到治理主体的治理能力和环境治理投入差异化的影响，所运用的监测技术水平参差不齐。环境数据监测方式和监测人员水平不统一，一些发展较为落后的地区对于环境数据的监测投入较低，难以实现数据的精准化监测。二是在各地进行技术交流时，存在着体制与政策的瓶颈。流域各个监测断面检测人员的专业化程度参差不齐使得环境监测的过程可能会存在误差和失误。主要原因是各个地区技术手段和政策标准的差异化，造成各流域段检测能力差异较大，使得工作人员在沟通时存在一定的障碍，协同治理缺乏有效统一的数据进行支撑。[②] 因此，应当进一步优化环境监测网络，形成有效的环境监测体系。三是各流域段信息化程度不同，环境监测能力差距较大。随着大数据在流域生态环境治理中的广泛运用，水污染治理的技术手段应当与时俱进，充分发挥大数据平台的作用。目前，部分地区的信息化建设水平较为落后，对于流域水环境状况和突发水污染事件的具体情况无法及

---

① 冯庆.流域水污染防治的适应性管理探讨——基于滇池流域水污染防治规划［J］.生态经济，2021，37（06）：178-184.

② 阴琨，刘海江，王光等.流域水生态空间管控下生境监测方法概述［J］.环境科学，2021，42（03）：1581-1590.

时有效地掌握，难以形成系统性的流域监测数据。因此，流域内技术水平落后的地区应当不断提高环境监测能力，推动建立全流域环境监测网络，优化和完善流域监测站的基础设施与检测手段。

第四，流域生态环境治理缺乏有力的资金支持与保障。于地方政府而言，如何协调划分生态环境治理过程中的成本与收益是十分重要的，这是地方政府间达成有效合作的重要基础，对政府间协同治理流域生态环境的成效起着决定性的作用。因此，解决流域生态环境治理中的资金分配问题是政府间合作的关键。一方面，因为每年环境保护专项资金的投入往往是有限的，上级政府划拨给下级政府的资金数额取决于地方政府环境治理项目的数量，环境治理项目越多所获得的环境保护专项资金越高。另一方面，对于跨行政区域的流域生态环境治理项目，流域内地方政府的环保资金投入一般取决于自身的经济发展水平和财政收支状况。对于流域上游政府而言，往往承受着更大的资金压力和治理责任，而当地方政府的经济状况无法承担流域生态环境治理任务时，则会出现治理项目停滞的现象，从而影响水环境质量和治理效率。

4.4 流域生态环境协同治理面临困境的成因分析

从上述分析来看，流域生态环境协同治理中还存在着较多的问题，影响了流域生态环境协同治理的顶层设计、组织实施和治理成效，究其原因，是多方面的，既有主观能动因素，也有客观影响因素，主要包括生态治理政绩观念存在偏差、生态治理协同体制缺乏统筹、生态治理运行机制仍需理顺、生态治理责任动力存在不足等，具体包括以下方面：

4.4.1 生态治理政绩观念存在偏差

习近平总书记在参加第十四届全国人大一次会议江苏代表团审议时强调："任何时候我们都不能走那种急就章、竭泽而渔、唯 GDP 的道路。这就是为什么要树牢新发展理念。树立正确的政绩观也就在这里，功成不必在我、功成必定有我。"[1] 这就要求政府官员在生态治理中要树立正确的政绩观和生态观，既要防止在生态治理中的不作为现象，又要防止在生态治理中的乱作为现象。在实践中，由于生态环境保护很难在短期内出现明显的显性政绩，部分地方政府或政府官员就会存在着政绩观的偏差，譬如，追求眼前利益和短期显性政绩效应，忽视生态环境保护长期性效应，弱化环境保护，尊崇 GDP 论，政绩观的偏差，客观地弱化了流域生态环境协同治理的实施和效果。

第一，弱化生态保护、尊崇 GDP 论。由于受传统政府绩效考核体制的影响，流域内各地方政府普遍存在着重视经济建设的显性政绩要求，而对长期性隐性政绩的环境保护忽视。每当在流域内出现经济指标与环境保护指标矛盾时，基本会选择能表现政绩，能及时产生效益的经济指标，并以牺牲生态环境为代价，导致现在流域内生态保护的问题普遍存

---

① "勇挑大梁、走在前列"——习近平总书记参加江苏代表团审议侧记［EB/OL］．新华社，（2023-03-06）［2023-9-21］．https：//www.gov.cn/xinwen/2023-03/06/content_ 5744911.htm.

在，生态环境危机已严重影响到社会经济发展和社会高质量建设的目标。长期以来，自上而下的层层政府官员为了升职、升迁的需要，坚持"以 GDP 论英雄"，片面地理解"经济发展是硬道理"，而不是在发展中坚持"高质量发展"，要实现经济增长与生态环境保护协同发展，甚至有些地方政府和官员以牺牲环境为代价换取经济指标的增长，最后导致出现"经济增长与生态环境保护完全脱节"的现象。先发展经济再治理环境的片面政绩观，很多时候经济发展的效益远远抵消不了环境治理的成本，特别是很多生态环境污染或破坏是不可逆转的，最后造成了不可弥补的损失。习近平总书记已在多次讲话中，强调不能简单以 GDP 增长率来论英雄，并强调要改进考核方法手段，把绿色 GDP 作为考核目标，将环境保护和生态治理纳入指标考核体系之中，既要重视经济指标的考核也要重视生态指标的考核，两者并重，再也不能简单以国内生产总值增长率来论英雄了。传统的经济优先政绩观，为实现 GDP 增长，有的地方不惜破坏环境，制造污染，劳民伤财；有的地方编造数字、欺上瞒下，"干部出数字，数字出干部"一时成为坊间"流行语"。结果是国内生产总值高了，环境却污染了。实际上来说，发展 GDP 本身无可厚非，但一些地方设置考核体系过程中，过度或是片面强调发展速度，唯 GDP 论，使许多干部走向发展的误区，忽视了生态发展、统筹发展，均衡发展，致使许多地方出现"数字"经济，一方面，为政者唯 GDP 增长而论政绩，[①] 另一方面，地方百姓却因自然生态灾害破坏严重、环境污染现象普遍而怨声载道。畸形的发展导致了政府在生态治理中的观念偏差、能力弱化。

第二，缺乏长远规划，局部利益固化。部分地方政府官员在具体工作中急于追求显性的政绩，缺乏长期性和系统性思维，一切以自身发展和局部利益为重，政绩观出现严重扭曲和偏差。在流域生态环境治理中，想问题办事情只从局部出发，视野狭隘，没有全局眼光，不规划流域内整体的生态环境效益，在工作中，重"政绩工程"建设、轻"民生工程"建设，专干"面子工程""表面风光"的事，不执行中央的生态环境保护政策，不关心老百姓对生态环境的普遍需求；重"经济建设"、轻"环境保护"，以经济建设为中心，片面追求经济效益，不重视环境保护，在行政辖区内只要企业效益好，能够给地方或本人创造政绩资本，即便环境污染严重，也不惜代价引进。[②] 同时，对破坏环境的行为不仅不严格进行政治改进，还会为了保障企业生产采取措施帮其开脱，睁一只眼闭一只眼，听之任之；重"形式"、轻"实务"，专搞"花架子"，在流域生态环境治理中，口号喊得相对较多，真正需要落实到行动上时却缺乏相应具体举措，形式主义严重。这种缺乏长远规划，局部利益固化的思想在生态环境治理中是十分忌讳的，生态环境保护，特别是流域大系统的生态环境保护是需要流域内各级地方政府树立全局观念、长远观念，真正坚定不移地执行党中央关于生态环境治理的政策制度和文件精神。

---

① 高国力，贾若祥，王继源等．黄河流域生态保护和高质量发展的重要进展、综合评价及主要导向［J］．兰州大学学报（社会科学版），2022，50（02）：35-46.

② 文传浩，林彩云．长江经济带生态大保护政策：演变、特征与战略探索［J］．河北经贸大学学报，2021，42（05）：70-77.

4.4.2 生态治理协同体制缺乏统筹

在工业化和城镇化迅速发展的背景下，我国面临的水环境危机也在不断地加剧，流域生态环境破坏现象频发不仅影响了流域生态环境的可持续发展，还危害了人类健康。流域内政府由于受到传统行政理念和模式的影响，在流域生态环境协同治理体制建设的过程中，缺乏整体性的协调和规划，使流域生态环境治理的效率受到影响。[①]

第一，缺乏统筹规划的体制，流域分区治理的规划尚不清晰。流域协同治理的目的之一就是推动流域内地区经济共同发展，目前，我国流域管理体制可以分为属地管理系统和垂直管理系统两部分，其中垂直管理系统根据业务内容和特征划分为不同类型，例如水污染、水资源管理等；属地管理系统则是根据行政区域划分进行管理。[②] 虽然这两种管理系统都以国家战略布局作为行动指南，但是由于二者涉及的具体领域不同，在运行过程中难以形成有效的合作，在一定程度上破坏了流域的整体性，造成流域生态环境治理段落化、分割化。这种现象对流域水污染治理的影响主要体现在两个方面：一是流域内上下级政府之间的衔接不畅通，下级政府在解决问题时需要逐级汇报获得上级政府的指示，从而影响水污染问题的处理效率；二是在流域内同级政府之间，由于横向政府间相互独立，在没有共同利益的情况下缺乏捆绑联系，使得政府间各自为政，忽视了流域的整体性和系统性。因此，在治理流域整体性污染时，受到社会性的行政区划的制约，不同地方政府执行者的思想和政策的实施也存在差异化的情况。事实上，流域生态环境协同治理的重要环节就是要推动形成主体功能区，合理配置流域内整体资源，理顺上下游、左右岸政府之间的关系。我国流域生态环境治理主体功能区划分的主题单元和具体标准仍未明确，在一定程度上影响了流域生态环境协同治理现代化的进程。

第二，内外部统一的市场体制仍不健全。在新发展理念的背景下，加快形成绿色发展方式和生活方式，建设生态文明和美丽地球是未来生态环境治理工作的重要要求。[③] 目前，我国生态文明与经济文明有机结合的流域生态经济发展长效机制正逐渐完善，与发达国家相较，市场体制的建设仍有较大的进步空间。生态经济的发展必然伴随着资源的利用率提高和环境保护成本的增加，然而资源性产品的行业管理体制制约，造成资源型产品价格市场化程度不高、价格构成不完整等情况的发生。因此，资源性产品价格体系的建设严重阻碍了流域内经济社会的发展，从而出现内外部市场体制不统一的现象。

第三，政府环境监管体制有待进一步完善。政府在流域生态环境治理的过程中居于主体地位。作为流域生态环境治理的责任主体，政府发挥了重要的环境监管作用。[④] 由于目前生态环境治理的监管体制处于不断完善和建立的过程中，政府环境监管责任未获得充分

① 彭本利，李爱年. 流域生态环境协同治理的困境与对策［J］. 中州学刊，2019（09）：93-97.
② 王佃利，滕蕾. 流域治理中的跨边界合作类型与行动逻辑——基于黄河流域协同治理的多案例分析［J］. 行政论坛，2023，30（04）：143-150.
③ 许素菊，支克蓉. 基于整体性视域的流域生态文明建设［J］. 理论视野，2021（06）：62-67.
④ 李国平，延步青，王奕淇. 黄河流域污染治理的环境规制策略演化博弈研究［J］. 北京工业大学学报（社会科学版），2022，22（02）：74-85.

的制度保障，从而影响了环境监管政策的有效性，使得环境监管体制的效力缺失，破坏环境治理的效果。要保证流域生态环境协同治理的效率，就必须建立健全相应的环境监管体制，规范环境监管的流程和方式，推动监管过程的制度化和法治化发展，这是保障各项流域生态环境治理政策顺利实施和推进的重要环节。

第四，多元主体协同治理体制落后。随着现代公共管理的发展，治理已经由传统的政府治理的单一模式向政府、企业、公众等多元主体治理模式转变。由于目前我国流域生态环境协同治理中，非政府治理主体的参与程度较低，渠道有限且形式较为单一，使得非政府治理主体难以有效参与到流域生态环境治理的过程中。[①] 首先，非政府主体缺少参与流域生态环境治理的路径。以公众参与为例，信访、举报和投诉仍是公民参与环境治理的主要方式，这种间接的参与方式往往会受到多方面因素的影响而降低其效力，如信息的不公开和处理方式的不透明都会影响到公众参与的积极性和有效性。而对于企业来说，目前政企合作多以"PPP"项目的形式展开，政府主导企业的参与，企业往往处于被动地位。其次，多元主体参与缺乏法律和制度保障。一方面，就立法现状而言，非政府治理主体对于流域生态环境治理的参与权没有在法律中充分体现，权利与义务的设置仍未明确，缺乏合法性的依据规范来保障非政府主体参与生态环境的行为和话语权。另一方面，非政府主体的力量往往需要通过规模化的组织来进行引导，当非政府组织发展处于良好态势时，非政府主体的参与程度和专业化水平也会随之提高。

4.4.3 生态治理运行机制仍需理顺

目前，流域生态环境治理已经成为社会治理的重要领域，但是由于传统的条块分割行政理念与模式，流域内各地方政府或政府部门在协同治理机制建设中缺乏整体规划和调整，影响了流域生态环境治理的整体效率提升，难以形成治理合力，亟须进一步调整和理顺。

其一，缺乏健全的利益协调机制。于政府而言，在传统的碎片化治理模式下，各级地方政府结合自身的污染排放情况、环境治理技术和资源配置现状以判断污染治理的具体方式，在这个过程中，污染治理能力较差的区域由于本区的污染物难以处理而只能向下游转移，从而无法对资源进行优化配置。于企业而言，由于废水处理的技术水平往往与成本挂钩，需要压缩自身的利润空间，因此，企业作为理性经济人希望通过"搭便车"的方式让他人处理，甚至部分企业宁愿缴纳污水未处理的罚款而不愿对生产活动中产生的污水进行治理。企业作为流域生态环境治理的重要主体，积极承担社会责任，保护生态环境，有利于帮助企业树立良好的形象，弘扬社会正气。[②] 但纵观非法排污的相关案例，这些企业只有水污染事件突发或是应付环保检查时才会主动处理废水，因此，对于企业责任的落实仍需进一步督促。于流域内居民而言，由于其生活起居都依赖流域的水资源，对于流域水污染保持着高度的敏感性，但受到专业知识有限和消息渠道闭塞的影响，对于水污染事件

① 芮晓霞，周小亮．水污染协同治理系统构成与协同度分析——以闽江流域为例［J］．中国行政管理，2020（11）：76-82．

② 李兴平．行政跨界水污染治理中的利益协调探讨——以渭河流域为例［J］．理论探索，2015（05）：94-99．

往往难以采取实质而有效的控制，与此同时，居民关心的大多是本社区或街道内的水环境治理状况，而缺乏对整体水环境的关注。基于此，流域生态环境协同治理的各个主体会因为目标不一致和资源禀赋的不同，对协同治理的效能提升产生阻碍作用。

其二，生态补偿机制不够完善。由于流域的水体具有流动性，流域生态环境治理往往涉及多个省市的协作治理。但由于各省市之间的经济发展水平存在较大的差异，部分经济不发达地区可能会选择牺牲生态利益来改善自身的经济发展状况，因此，建立健全生态补偿机制十分重要。流域生态补偿是以保护流域生态环境、促进人与自然和谐为目的，根据生态系统服务价值、生态保护成本、发展机会成本，综合运用行政和市场手段，调整流域相关各利益方之间关系的制度安排。① 目前，我国七大流域内相继设立了流域管理机构，积极在地区内开展生态补偿机制试点，持续深化生态补偿机制改革。② 生态补偿机制的发展不仅体现了流域生态治理的创新，也反映出各级政府对流域生态环境治理的态度和重视程度。但是，由于生态补偿的相关制度仍未形成系统的机制和制度框架。各级地方政府间的流域生态补偿协议如果无法进一步有效的落实和延续，在一定程度上会造成更大的压力，从而影响流域生态环境的可持续发展。总体而言，我国流域生态补偿机制仍处于起步阶段，仍需进一步健全和发展。

其三，信息共享机制不够畅通。在流域内各个地方政府共同管理的情况下，流域水污染治理需要搭建信息共享平台。③ 由于各职能部门所承担的工作和责任不尽相同，环保部门主要负责环境质量和污染源的监测，对环境违法行为进行查处，组织环保执法活动的展开；水利部门主要负责水资源的分配与协调；经贸部门负责查看企业废水的排放达标情况，督促企业绿色发展；住建部门负责污水处理设施的建设和完善；林业部门负责水生态的恢复和保护，可见，一个区域的水质信息由环保部门掌握、水量信息由水利部门掌握、城乡污水排放和用水信息由住房和建设部门掌握，各部门之间紧密联系，但又有着各自的职能范围。职权范围的划分在一定程度上造成了流域信息的分散化，流域资源被分割到各级地方政府和相关的部门之中，对流域内信息共享形成阻碍。④ 虽然，目前相关政府网站对环境信息进行了合理的公开，但由于缺乏统一的标准和规范，使得流域整体的协同治理情况难以掌握，出现"信息孤岛"的现象，从而造成信息失灵和流域生态环境协同治理失效。

其四，缺乏完善的公众参与机制。水资源是全国人民共同所有的财产，归国家统一管理和分配，与公众生活息息相关，政府不是生态环境治理的唯一主体，对于水污染防治，公众也需要承担相应的义务和责任。对于水资源的管理和分配，政府与公民建立了"委托-代理"关系，政府作为水资源的主要管理者，始终将人民利益放在首位，并接受公民

① Wang Zhengzao, Mao Xianqiang, Zeng Weihua, et al. Exploring the influencing paths of natives' conservation behavior and policy incentives in protected areas: evidence from China [J]. Science of the Total Environment, 2020.

② 杨霞，何刚，吴传良等. 生态补偿视角下流域跨界水污染协同治理机制设计及演化博弈分析 [J/OL]. 安全与环境学报，2024，24（05）：2033-2042.

③ 陈华鑫，陆沈钧，何建兵等. 长三角一体化示范区水资源保护协作机制创新研究 [J]. 水资源保护，2021，37（05）：56-61.

④ 宋国君，赵文娟. 中美流域水质管理模式比较研究 [J]. 环境保护，2018，46（01）：70-74.

的监督，因此，政府要积极推动公众参与，建立公众参与机制。但就目前流域生态环境治理的现状而言，公众对于水环境治理的积极性较为欠缺，一方面，公众水生态保护的意识和观念不强，对于环境保护相关的政策和知识了解不够；另一方面，对于公众参与的方式与途径存在一定的限制，公众的监督作用难以充分发挥。虽然近年来我国涌现出了许多的生态环境保护组织，但是其未来的发展仍存在较多的不确定性，多数环保组织难以寻找到合适的发展模式从而限制了其作用的发挥，与此同时，对于非政府组织的建设，相关的政策和支持手段也在不断改进与发展。

4.4.4 生态治理责任动力存在不足

由于一条河流往往会流经多个行政区域，与跨区域协同治理相较，流域生态环境协同治理既存在一定的共性，又有其流域的特性。首先，流域生态环境协同治理在推动政府间合作解决环境问题的同时，会涉及资源分配不均的问题从而加剧政府间的竞争，造成资源浪费或环境污染。其次，一般而言，各区域行政主体间往往难以达成一个共同的目标而更加优先发展自身管辖区域内的经济。但由于流域上下游或左右岸之间会存在经济发展不平衡的情况，使得在各级政府竞争时产生"马太效应"，本身竞争优势较大的区域发展越来越好，而竞争优势较弱的区域逐渐被淘汰，难以实现合作共赢的目标，降低政府间合作的积极性，使得流域协同治理缺乏动力。

第一，流域生态环境协同治理的组织建设力度不足。由于流域协同治理需要通过流域内政府合作实现。竞争性作为政府的基本属性之一，不同的区域政府通过调整市场制度、改善社会环境、提高服务供给等多样化的形式和手段吸引投资、技术等生产要素的进入，从而追求区域内的利益最大化。由于经济发展和环境污染往往是相伴相生的，因此，在利益目标不一致的情况下，需要建立协同治理组织，以共同参与水环境保护和水污染防治。[①] 探究国内外跨区域合作的实践，在国际上有亚太经合组织、世界贸易组织等，在国内有长三角、珠三角、京津冀城市群等区域合作组织，这些组织往往都会树立一个清晰而明确的目标，通过协商会议制定规范性的章程和制度，但由于地区间存在利益冲突，地方主义的存在使得合作主体无法充分信任对方，区域间合作难以深入，多浮于表面，无法展开实质性的合作，使得跨区域协同治理处于有名无实的状态之中。虽然目前在我国的七大流域内都建立了独立的流域管理机构，地方政府间的合作协议也在不断达成，但是如何保障其有效落实仍是一个难题，建立流域协同治理的长效机制仍有待进一步考虑和完善。

第二，流域生态环境协同治理组织缺乏稳定性。一方面，地方政府间在对流域水环境进行治理时会涉及多方博弈，各级政府的工作都有需要完成的考核目标，因此，会选择在保障自身利益的情况下开展合作，为了实现共同利益而牺牲自身利益的情况非常少见，从而出现"囚徒困境"，使得流域协同治理组织的稳定性缺失。当合作利益小于自身利益

---

① 韩建民，牟杨．黄河流域生态环境协同治理研究——以甘肃段为例［J］．甘肃行政学院学报，2021（02）：112-123+128．

时，会出现政府间相互推诿的情况而阻碍合作的进程，难以形成长期稳定的合作关系。[①]另一方面，习近平总书记在 2023 年召开的全国生态环境保护大会上强调，要健全美丽中国建设保障体系，统筹各领域资源，汇聚各方面力量，打好法治、市场、科技、政策"组合拳"。[②] 流域生态环境治理作为一个系统性工程，制度是保障流域生态环境协同治理的重要基础和前提，是决定生态环境协同治理质量和效率的关键。建立科学合理的制度体系是符合时代发展规律的必然要求，是推动流域生态环境协同治理的必经之路，与国家可持续发展战略目标相一致。一般而言，健全的流域协同治理体系应当贯穿生态环境治理的各个环节，包括生态治理考核制度、耕地保护制度、水资源管理与治理制度、环境保护制度、生态补偿制度、生态环境保护与治理责任追究制度、生态治理行政问责制度、环境损害赔偿制度、生态文明宣传教育制度等。因此，在未来，流域生态环境协同治理要以保护和修复生态环境为目标，以提升流域内居民生活水平和质量为宗旨，加强协同治理的制度建设，并采取措施保证制度执行的有效性。

第三，流域生态环境协同治理的资金支持和物质保障力度不足。在流域内地方政府协同治理的过程中，如何有效地分配和协调各级政府间的支出和收益是基础和前提，对流域生态环境协同治理的效果有着直接的影响。对于地方政府而言，每年环境治理的资金由上级政府进行分配和审批，与地方水环境治理项目的数量和水环境治理的效果紧密相关。与此同时，水环境治理也与地方政府自身经济发展水平息息相关，地方财政收入越高，对于环境保护的重视程度就越高，投入也会越高。在同一流域内，经济发展情况较差的地区生态环境治理的负担往往会更大，出现治理项目建设迟滞、停摆的现象。因此，加强流域生态环境治理的资金和技术保障，形成有效的激励机制和评价体系至关重要。

---

① 邓宏兵，刘恺雯，苏攀达 . 流域生态文明视角下多元主体协同治理体系研究［J］. 区域经济评论，2021（02）：146-153.

② 习近平在全国生态环境保护大会上强调：全面推进美丽中国建设 加快推进人与自然和谐共生的现代化［EB/OL］. 新华社，（2023-07-18）［2023-9-23］https：//www.gov.cn/yaowen/liebiao/202307/content_ 6892793.htm.

第 5 章　国外流域生态环境协同治理的主要经验与启示

流域生态环境协同治理是生态文明建设的重要内容，是世界各国在生态环境保护和生态经济建设中普遍关注的焦点话题。从国外生态环境保护的经验来看，很多发达国家经历了"先污染、后治理"的发展道路，在经济增长达到一定水平的时候，才发现生态环境治理的重要性与紧迫性，积极采取了相应的治理措施，特别是在流域生态环境协同治理中积累了较好的经验。世界上一些著名流域，如美国的田纳西河、英国的泰晤士河、澳大利亚的墨累-达令河、德国的莱茵河以及日本的琵琶湖等，地方政府在流域治理中对流域管理体制、环境政策法规、环境管理手段以及水污染治污技术等进行了很多探索与实践，对我国的流域生态环境治理和流域生态建设有重要的参考价值与借鉴启示。

5.1 国外流域生态环境协同治理实践与探索

5.1.1 日本"琵琶湖"流域治理实践

琵琶湖是日本第一大淡水湖，有着优越的地理位置和丰富的自然资源。它位于日本近畿地区滋贺县中部，与日本古都京都、奈良相邻，横卧在经济重镇大阪和名古屋之间，为地区内居民的生活与生产提供水资源的支撑。作为拥有四百万年历史的古老湖泊之一，琵琶湖流域有着丰富的历史史料与物种资源，其中固有的物种资源高达 50 种以上。[①] 琵琶湖流域由 460 余条河流汇集而成，水域面积达到了 674 平方千米，流域面积达到了 8240平方千米，其中淀川水系作为重要组成部分，由濑田川流入至宇治川，最终与桂川和木津川汇合，支撑流域内约 1400 万居民的生产与生活，推动流域沿岸地区的繁荣发展[②]。自20 世纪 50 年代以来，日本工业迅速发展，城市化进程加快，城镇居民的增长也加剧了城镇污水处理的压力，加之工业废水的排放体量也处于迅速增长的状态，琵琶湖流域面临着严重的水环境危机。为了解决流域所面临的生态环境问题，日本政府与社会组织积极参与流域生态环境治理工作以解决流域生态问题，经过五十多年的努力，琵琶湖流域的生态环

---

① 伍立，张硕辅，王玲玲等．日本琵琶湖治理经验对洞庭湖的启示 [J]．水利经济，2007（06）：46-48+83.

② 俞慰刚，杨絮．琵琶湖环境整治对太湖治理的启示——基于理念、过程和内容的思考 [J]．华东理工大学学报（社会科学版），2008（01）：83-91.

境有了明显的改善，流入琵琶湖流域污水处理已达 90% 以上。其治理措施主要包括以下几个方面：

一是形成多部门协作治理。在琵琶湖流域治理实践中，政府十分注重流域内多部门的协同治理。其流域生态环境协同治理模式可以划分为中央与地方之间的协同、同级政府内不同部门间协同。在中央政府与地方政府的协同中，中央政府是流域生态环境治理过程中总领性的法律法规与治理计划的主要制定者，地方政府作为流域生态环境治理的主要执行者，必须遵从中央政府的规划和安排，并在此基础上对地方政府辖区内部的水资源使用各个环节进行基础管理以及保障中央环境政策法规的落实与完善，在这一过程中，流域内政府部门在完成辖区内环境治理工作任务的同时开展紧密的合作。与此同时，流域内地方政府十分重视流域监测技术的提升，会根据流域生态环境的实际情况制定因地制宜的流域治理计划，对流域内的突出问题进行综合的整治。

二是制定整体性的治理规划。对于琵琶湖流域的生态环境治理问题，日本政府高度重视，并出台了相应的流域整体治理规划与治理政策。日本国土厅、环境省与农业水产省等部门协商讨论并制定了相关政策，实施"琵琶湖综合整治推进计划"，并提出了"生态良好的琵琶湖世代相传"这一湖泊治理的生态理念，其主要内容包括"共感、共存、共有"的基本理念。"共感"是指政府要求对环境的保护以及人民居住环境的保障形成社会共识。要求地区之间互相合作，共同实现人际、地区、人与环境之间的和谐发展。"共存"就是强调环境的保护和资源利用的并存，实现最大程度的资源利用与最小限度的污染，政府在保障居民享有利用琵琶湖资源的权利的同时，加强对琵琶湖的整治，实现人与自然的共同生存。"共有"即我们人类要注重代际间的友好关系，除了让当代人享受琵琶湖给予人们的资源，还要把美好的环境留给子孙后代。这不仅推动了人与自然、与环境之间的和谐发展，还提高了流域内环境资源的利用率，减少流域内环境污染，提高流域生态环境治理的效率。与此同时，将琵琶湖的附近流域分成了七个单位，分别是：八日市流域、甲贺·草津流域、长滨流域、彦根流域、信乐·大津流域、志贺·大津流域、高岛流域，各个流域都设有专门的行政事务所进行管辖，为琵琶湖的治理制定了全方位的水质保护方案。

三是完善琵琶湖流域内的法律法规体系。目前，琵琶湖流域已经建立了成熟完善的法律法规体系，制定出台了从国家到市县级等多个层面的法律法规与治理条例。于国际层面的努力而言，在日本政府加入国际湿地公约组织后，1993 年，琵琶湖流域正式纳入重要湿地保护名录；于国家层面而言，日本通过出台《水质污染防治法》《水质环境基础标准》《清洁湖泊法》《环境基本法》《河川法》等一系列与环境保护相关的法律法规，为流域水污染治理制定了统一的标准和法律规范，推动了流域系统化管理的实现；于地方层面而言，滋贺县作为主要的流域治理政府，结合流域的实际情况先后出台了一系列的政策条例，譬如《琵琶湖芦苇群落保护条例》《生活排水对策推进条例》《环境友好农业推进条例》等。2005 年，滋贺县为提高流域生态环境治理技术水平，增强非政府主体的治理能力，建立了琵琶湖环境研究中心。该中心及时将最新研究成果向社会公众提供，为公众参与流域生态环境治理提供专业的指导与意见。

四是引导动员全社会参与。在琵琶湖流域治理初期，为提高社会公众的积极性，滋贺县政府集思广益，广泛收集人民群众的意见，以更好地制定流域治理方案，实现全社会的共同参与。[①] 首先，滋贺县政府会在结合群众意见的基础上制定流域生态环境治理方案并提交议会审批；其次，滋贺县政府会在流域治理总计划的指导下，确立年度的地方实施草案，及时更新与改进。在草案制定期间，群众可以自由地发表和提出流域治理的相关建议，部分科学的有效的举措将会被政府采纳。再次，流域内地方政府积极推动环境信息公开，通过政府发布的白皮书、宣传报告以及网络信息公开等多方面的渠道扩大公众对环境现状的认知。在环保知识宣传方面，政府建立了琵琶湖博物馆、琵琶湖研究所以及滋贺县立大学等，公众可以进行参观和学习。最后，在琵琶湖的七个流域单位内都设立了专业研究会，流域内各政府经常会组织上下游的群众学习，以提高流域内公众的专业知识水平，推动流域内居民共同参与生态环境治理，实现跨流域学习，加强对生态环境的了解，增强其责任感。[②] 这一系列措施的颁布，不仅有助于公众掌握流域生态环境的具体状况，还能加深公众对于流域生态环境的认识和了解，主动承担流域环境治理义务与责任。

5.1.2 北美"五大湖"流域治理实践

北美五大湖是由北美洲相互连接的五个湖泊组成，包括苏必利尔湖、密歇根湖、休伦湖、伊利湖和安大略湖，作为世界上最大的淡水湖群，拥有20%的世界淡水资源，地处美国与加拿大交界处，有着"北美大陆地中海"称号。北美五大湖中，密歇根湖位于美国境内，其余四个湖都是横跨美国和加拿大两国。因此，北美五大湖流域的治理不仅是跨行政区域的治理，还包括跨国家的协同治理。五大湖总面积约为24.52万平方千米，其中美国范围内流域面积为17.65万平方千米，加拿大范围内流域面积为6.87万平方千米。湖泊的总蓄水容量约为22.8万亿立方米，约占世界淡水湖总量的五分之一。五大湖支撑着两国的经济社会繁荣与发展，其为美国的GDP贡献了近三分之一，流域沿岸建立了许多的工业企业，是美国与加拿大钢铁的重要产区，也是农业生产灌溉用水的主要来源，同时，是流域内城镇居民生活用水的主要来源，为约3400万居民提供了饮用水。在工业化迅速发展前，五大湖为流域内居民生产生活提供了丰富的水资源支持，不仅带动了地区经济的发展，还极大地推动了交通的便利化，良好的生态环境系统成为动植物的完美栖息地，推动了当地渔业与养殖业的迅速发展。数据表明，五大湖流域内每年捕鱼与狩猎的纯收入已经达到了180亿美元。然而，随着工业化进程的加快，使得五大湖流域在经济高速增长的同时，产生了严重的流域水污染，水体的富营养化、水质的污染、外来物种的入侵等环境问题不断加剧，引起了美国和加拿大政府的重视，并着手恢复五大湖流域的生态环境，两国合作出台了一系列的法律法规与管理条例，经过持续的治理，五大湖流域的生态环境得到了良好的整治和改善。"五大湖"流域的具体治理措施主要包括以下几个方面：

一是明确流域内政府的治理责任，加强政府责任机制建设。随着"五大湖"流域的

---

① 石磊，樊潇琳，柳思勉等．国外雨洪管理对我国海绵城市建设的启示——以日本为例［J］．环境保护，2019，47（16）：59-65.

② 余辉．日本琵琶湖污染源系统控制及其对我国湖泊治理的启示［J］．环境科学研究，2014，27（11）：1243-1250.

环境污染与环境破坏情况加剧，美国政府开始尝试通过立法等手段缓解流域生态环境危机，流域治理政府责任机制的建设明确了各级政府在流域生态环境治理中的角色。在这一系列的立法规范中，美国《国家环境政策法》有着举足轻重的地位。由于环境污染加剧引起公众较大的反应，1969 年美国颁布了《国家环境政策法》，该法律对美国政府在环境保护和环境治理中所需要承担的义务与责任作出了明确的规定，将政府各职能部门的行政职责与国家环境政策相统一起来，并建立了环境报告制度与环境评价制度对美国政府的环境治理行为进行程序上的规范。具体包括设立环境质量委员会、制定环境保护政策和完善环境影响评价程序。这一系列的举措一方面保障了政府权力的合理使用，另一方面推动了政府环境责任履行的灵活性，从而提高流域生态环境治理的效率。在美国《国家环境政策法》的指导下，五大湖流域的保护与治理成为美国政府的重要职能之一，并将优化流域内生态环境保护、合理开发湖泊资源、促进流域产品与服务的多样化等作为流域治理的政策目标，若环境治理绩效无法达到既有的标准，流域内政府将被追究行政责任。

二是加大水污染惩处力度，严格排放标准。美国和加拿大政府在加强流域立法方面达成了共识。例如，针对五大湖流域生态治理与环境保护，美国相继出台了一系列的法律法规，其中包括《国家环境政策法》《清洁水法案》《有毒物质控制法》《资源保护和回收法》和《综合环境反应、赔偿与责任法案》等，这为流域环境保护提供了有力的立法保障，明确了五大湖流域保护的具体措施和要求，譬如为了控制五大湖地区污染物，各州政府可以根据湖泊区域具体的环境状况在必要时采取措施管控流域水污染物的排放；政府对湖区污染物排放有着监督责任，必要时可以实施惩罚措施以保护流域生态环境。① 在美国，对于污染物排放有着明确的技术标准，根据行业污染物排放的具体情况确定各类水污染物的排放量，对于超标排放或是非法排放的行为，将根据《联邦水污染防治法》的相关规定予以不同程度的处罚，对于情节十分严重的，可以处以 25 万美元以下的罚金，或 15 年以下的监禁，或二者并罚。与此同时，加拿大政府也出台了与五大湖流域保护相关的立法，如 1988 年，为杜绝流域周围造纸厂有毒物质的排放情况发生，加拿大政府出台了《加拿大环境保护法》，这部法律有效减少了加拿大境内五大湖流域有毒污染物的排放，为流域生态环境的综合整治提供了基本的框架。

三是建立湖区流域生态环境治理协同机制。多元主体有效的协同治理是五大湖区域湖泊生态恢复的重要原因之一。首先，美国政府与加拿大政府在治理目标上达成一致，认为过度开发流域内自然资源，破坏生态环境的行为会造成恶性循环。基于此，两国政府共同建立了联合管理系统，对湖泊生态环境进行综合整治，此举成为跨界管理水流域环境的典型模板。在此基础上，美国和加拿大政府不断强化共同治理，各司其职。1905 年以来，一系列的跨国联合组织相继成立，包括五大湖国际航道委员会、国际联合委员会、五大湖州长委员会、五大湖渔业委员会等。② 与此同时，流域合作协议不断达成，1909 年，两国

---

① 贾先文，李周．北美五大湖 JSP 管理模式及对我国河湖流域管理的启示［J］．环境保护，2020，48（10）：70-74.

② 唐艳冬，王树堂，杨玉川等．借鉴国际经验 推动我国重点流域综合管理［J］．环境保护，2013，41（13）：30-33.

政府签订《边界水条约》以治理湖泊水污染的问题；1972 年共同签署了《五大湖水质协议》统一五大湖的水质标准；1985 年签署《五大湖宪章》共同管理五大湖水资源；1991年，美加签署空气质量协定，并规定削减酸雨。同年，安大略省、密歇根州、明尼苏达州和威斯康星州通过协商建立"恢复和保护苏必利尔湖流域计划"；2001 年，两国在五大湖周边的所有 10 个州省成员签署了该宪章的补充条例，对五大湖区水资源管理进行详细规定，涉及水资源保护、水质恢复、水量储存利用以及相关生态系统保护等。这个宪章为湖区水资源的有效管理描绘了更加全面的蓝图；2006 年，加拿大安大略省、魁北克省与美国 8 个州的代表签署《五大湖区-圣罗伦斯河盆地可持续水资源协议》。该协议规定，禁止美国南部的干旱州大规模地调用五大湖区-圣罗伦斯河盆地的水资源；2007 年，由五大湖委员会制定《五大湖发展规划（2007—2012）》以明确未来进一步管理的方向。

四是加强湖泊流域环境监测协同机制。流域环境监测是流域水环境治理的重要基础和前提。美国政府与加拿大政府十分重视流域治污能力与治污技术的提升，将遥感、卫星等技术广泛运用于湖泊水资源规划和监测的过程中。在五大湖流域内建立了多个水质监测点和观测站，通过卫星遥感技术，水环境信息将实时上传和更新到环境监测数据库，当突发水环境污染事件发生时，将会迅速监测并开启流域应急处置机制。同时，环境监测数据库的监测数据会根据美国《信息公开法》的具体要求，在互联网上向群众公开，公众可以随时通过相关联的网站进行查阅。美国对于环境信息公开与环境信息监管十分重视，并出台了相应的法律法规和条例，对政府环境信息公开作出明确要求。其中环境影响评估、污染物排放与转移登记制度、许可证制度和产品标识、政务公开的法律法规是最为核心的公开内容。对于五大湖流域生态环境的具体数据和信息，相关的流域监测部门必须及时公开，对于流域水污染事件等异常状况，流域内政府必须接受社会公众的问责与监督。

5.1.3 德国"莱茵河"流域治理实践

莱茵（Rhine）河的名字来源于拉丁文 Rhenus，意为"罗马的河神"。莱茵河起源于瑞士境内著名的阿尔卑斯山脉，流经瑞士、列支敦士登、奥地利、法国、德国和荷兰等，最后在鹿特丹附近汇合流入北海。作为仅次于多瑙河与伏尔加河的欧洲第三大河流，莱茵河全长共计 1232 千米，流域内人口约为 5400 万，流域总面积为 18.5 万平方千米，在流域范围内共有九个国家。首先，德国境内的流域面积最广，达到了 10 万平方千米。其次是荷兰，流域面积约为 2.5 万平方千米。随着 20 世纪中叶工业革命的进程加快，城市化不断加深，莱茵河与泰晤士河一样受到了严重的工业水污染，大量的重金属、漂染液等工业废水直排入河，加之流域周围居民环境保护意识薄弱，将生活污水也直接倒入河中，使得莱茵河成为"欧洲的下水道"。1950 年开始，莱茵河流域内的国家开始积极采取治理行动，荷兰联合瑞士、德国、法国、卢森堡成立了"保护莱茵河国际委员会"（ICPR），由各成员国环境部部长轮值担任主席。1986 年，瑞士发生的重大莱茵河污染事件终于唤醒民众、企业和政府，流域内各国着手开展莱茵河的综合治理。各国开始采取一系列积极措施防止水质恶化。通过一系列的措施对莱茵河流域的生态环境进行综合治理，莱茵河水质有所改善，实现了流域的可持续发展，成为跨国流域治理的典范。[①]

一是制定一系列的流域环境治理规划。莱茵河流域各国政府为了全面治理莱茵河流域生态，在流域内建立保护莱茵河国际委员会（ICRP），由法国、德国、荷兰、瑞士和卢森堡五个国家共同组建，其主要职责是对流域环境治理政策进行定期评估，制定环境评价报告流域生态环境治理计划并定期向公众公开流域环境治理状况和治理成效，为流域内国家治理提供信息沟通平台。在莱茵河流域内，各个国家签订了"莱茵河 2020 计划"，制定流域污染物减排目标以减少污染物的排放，包括生态环境改善目标、水质环境改善目标、地下水改善目标和防治洪水灾害目标。[②] 同时，制定严格的法规和公约约束流域内排污行为，建立明确的标准和强制性行政手段，防范突发水污染事件的发生。[③]

二是强化政府在生态环境保护中的监督责任。工业水污染是造成莱茵河生态环境质量下降的主要原因，其中企业作为工业生产活动的重要主体，往往会产生大量的废水、废气与固体污染物等，对环境造成一定的影响与破坏。目前，莱茵河流域遭受的几次重大水污染事件都是在企业生产活动中造成的，如 1986 年瑞士的桑多兹仓库火灾事故等。由此，莱茵河流域政府意识到了加大工业企业监督力度的重要性，通过建立"保护莱茵河国际委员会"对企业生产活动的全过程进行监督和管理，以降低企业的环境污染风险。根据欧盟国家的环境治理经验，对企业在流域生态环境保护过程中的角色与责任进行清晰的界定与划分，在环境许可申报、审批、企业排污标准、排污监控和企业污染治理等方面，都制定了严格的法律法规体系。与此同时，政府作为监督主体，对企业生态环境责任有着重要的监督职能。当企业出现排污不当等情况甚至造成环境污染的情况发生时，政府将及时向社会公众公开，并对企业进行处罚或是提出刑事诉讼。在企业环境数据管理方面，首先，政府制定了严格的环境数据申报制度以规范企业污水排放的程序与标准，提前对企业污染进行评估。其次，建立了环境自我检测系统，在企业的排污口设置了污染源监测点，对企业的污染物排放情况进行实时的监督与管控，同时对于一些重污染企业所在的范围，必须在其上下游设置监测断面，对流域的水质进行实时的跟踪与监测，对可能造成流域水污染的事件进行及时的预警，从而对流域水污染的风险进行管控。最后，莱茵河流域政府还对企业环境保护的资金运行进行审计与监督，提高企业环境保护的专业化水平。如拜尔工业园区的环境监测、污水处置、环境事故应急等政府都交由 Currant 公司负责，专业化和规模化程度相对较高等。

三是实施严格的污染物排放协同管控。对于流域内污染物的排放，提出了"保护优先"以及"污染者付全费"的管控政策，排污者要承担污染物对生态环境损害的责任。为了加强流域内生态环境的治理效率，流域内国家大力支持和保障生态环境基础设施建设和资金建设。[④] 莱茵河流域的防污计划分为两个阶段：第一阶段是 1965—1985 年，在这

①　董哲仁. 莱茵河——治理保护与国际合作［M］. 黄河水利出版社，2005.

②　张军红，侯新. 莱茵河治理模式对中国实施河长制的启示［J］. 水资源开发与管理，2018（02）：7-11.

③　刘恒，陈霁巍，胡素萍. 莱茵河水污染事件回顾与启示［J］. 中国水利，2006（07）：55-58.

④　黄燕芬，张志开，杨宜勇. 协同治理视域下黄河流域生态保护和高质量发展——欧洲莱茵河流域治理的经验和启示［J］. 中州学刊，2020（02）：18-25.

一阶段，莱茵河沿岸的 5 个国家投资了约 600 亿美元改进环境治理基础设施，通过建立污水处理厂和加强排污管网建设以降低流域生活污水排放和工业废水的污染物浓度，对工业污水进行无害化处理。莱茵河流域政府在提升工业废水处理技术的同时加强法律法规的建设，制定了一系列的法规与公约对工业废水以及生活污染物的排放进行限制。如 1976 年签署的《控制化学污染公约》《控制氯化物污染公约》《防治热污染公约》，1986 年签署的《莱茵河 2000 行动计划（RAP）》，1998 年签署的《洪水管理行动计划》等，同时制定了严格的标准以防范突发水污染事件的发生。第二阶段是 1990 年—1995 年，流域内法国、瑞士、西德和荷兰四个国家经过讨论决定投资 825 亿法郎加强基础设施建设，不断强化流域水污染治理技术手段，避免污染物的扩散，减少面源污染的发生，以进一步防治流域水污染。譬如，对造纸厂的生产技术进行升级，改进造纸的技术与工艺，很大程度上减少了造纸业化学污染物的排放。2001 年，《莱茵河 2020 计划》发布，明确实施莱茵河生态总体规划。随后还制定了莱茵河洄游鱼类总体规划、土壤沉积物管理计划、微型污染物战略等一系列的行动计划。

四是建立完善的监测预警体系。目前，莱茵河流域建立了较为完善的水质和生态监测预警系统，主要包括水质监测预警系统、水文监测系统、洪水监测预警系统、洄游鱼类生物监测系统。政府对于企业的生产行为进行严格的监督管理，企业不仅是环境治理的重点监督对象，还是生态环境保护的治理主体。若企业出现超排污水或是故意污染环境的行为，政府将及时向社会公布企业的违规行为，并建立环境监测系统和环境申报制度规范企业排污行为，实时监测流域生态环境风险。ICPR 建立了莱茵河流域国际性测量网络，制定了共同生态测量和分析方法，对流域水质进行客观分析评价。目前莱茵河主河段上在瑞士的巴塞尔、法国的斯特拉斯堡、德国的科布伦茨、曼海姆、杜塞尔多夫、威斯巴登和荷兰的阿纳姆等建立了 7 个主要监控与预警中心，各个站点随时密切监测莱茵河水质情况，并在水质发生改变时，向相关监测部门报告，启动应急预警。监控预警中心、水文站和气象站等监控中心都实现互联互通、信息共享，定期向行政主管单位、新闻媒体共享监控信息，并及时通过网络、电视、广播向社会公布。与此同时，建立莱茵河重大风险应急机制，譬如莱茵河发生的化工企业桑多兹公司火灾事件，对河水造成了严重污染，流域各国立即相互通报事故信息，关闭受污区域自来水厂，启动应急机制等。

五是建立和完善生态补偿和生态赔偿制度。生态补偿制度的建立是莱茵河流域治理取得成效的重要原因。作为欧洲第一大河流，莱茵河流经多个国家，在流域生态环境利益被破坏时，采取科学完善的补偿措施与赔偿措施是很有必要的。莱茵河流域的生态补偿制度是在坚持公正原则的基础上，根据流域内上下游各国对莱茵河流域生态环境的贡献程度和破坏程度来确定在环境保护与治理中的收益和支出，国家的贡献度越高收益越多，支出越少，国家破坏度越高收益越少，支出越多。譬如，德国在莱茵河和易北河的生态环境治理中，作为生态环境效益的最大购买者，对河岸范围内减少污染物排放的企业和个人进行生态补偿，在保护水环境的同时保障流域内企业和居民的利益，缓解政府与社会二者间的矛盾冲突。与此同时，对于企业和个人所造成的流域生态环境污染和破坏行为，莱茵河流域也制定了严格的赔偿制度。如 1986 年，瑞士巴塞尔市突发水污染事件，当地桑多兹化学公司的仓库发生原因不明的火灾，使得 1246 吨化学物流入莱茵河，对莱茵河造成了严重污染，流域内上下游国家都遭受了不同程度的损失。事件发生后，法国向瑞士政府索赔 3800 万美元用以缓解运输业和渔业的损失。为了赔偿这笔费用，瑞士政府与桑多兹化学公司共同成立"桑多兹-莱茵河基金会"，以恢复莱茵河流域的生态环境，并捐赠 730 万美元给世界野生动物基金会，以帮助莱茵河动植物的恢复。

5.1.4 美国"田纳西河"流域治理实践

田纳西河位于美国的东南部，作为美国的第八大河流和俄亥俄河的最大支流，早期人类对于田纳西河流域的过度开发造成了流域范围内水体的严重污染，很大程度地影响了流域内居民的生活和健康。基于此，美国政府加大流域生态环境治理力度，形成了一系列治理田纳西河流域水污染的举措，取得了良好的成效，其生态环境治理措施有较强的借鉴意义，主要可以概括为以下几个方面：

一是设立独立的流域管理机构。美国于 1933 年制定《田纳西河流域法案》并据此建立了田纳西河流域管理局。田纳西河流域管理局又称"TVA"，是世界第一个流域整体化治理机构。流域管理局的主要职责是对流域内环境资源进行统一的开发和管理。流域管理局有着双重身份，首先它作为美国联邦政府的直属管理机构，拥有相应的对流域内环境资源进行管辖、开发、使用和保护等政府权力，其次，作为一个企业实体存在，对流域环境资源进行生产和销售，企业行为具有较强的灵活性，有利于保障流域内自然资源开发和使用的合理性和有效性。[①]

二是引入府际协作机制。各级政府平等协商是府际协调机制的核心要义，通过建立政府间合作，积极引导和鼓励社会公众参与流域生态环境治理活动，这有利于实现流域生态环境治理主体的多元化，凝聚更多的力量参与流域生态环境治理。与此同时，将市场机制引入田纳西河流域生态环境治理过程中，充分发挥市场的调节作用。在市场机制的作用下，流域内水权和水质的交易不仅降低了政府管理的成本，还有效提高了流域内资源开发和利用的价值。在流域资源开发方面，田纳西河流域管理局必须与流域范围内的七个州政府展开合作，达成协议；在制定流域管理政策前，流域管理局需要同各州政府进行友好协商，在达成一致的目标与意见后，流域管理局在宪法等国家法律法规的基础上，综合各级州政府的意见统一制定和颁布政策。而对于政策执行的有关环节，各级州政府要配合流域内政策落实，流域管理局予以相应的资金和技术保障。

三是制定流域管理制度。首先，出台流域管理的专门法律法规。在田纳西河流域管理中，美国相继出台了《田纳西河流域法案》《水污染控制法》《水质法》等以完善流域管理的法律法规体系，通过立法的形式保障流域管理的基本权利和义务，流域内各级州政府可以结合自身的流域情况申请必要的资金支持。其次，通过立法保障流域管理局的有效性。[②] 在《田纳西河流域法案》中，对流域管理局的职责和权力地位进行了明确的阐述，

---

① 李奇伟. 流域综合管理法治的历史逻辑与现实启示 [J]. 华侨大学学报（哲学社会科学版），2019（03）：92-101.

② 刘国琳. 协同治理视角下钦江流域水污染治理研究 [D]. 广西大学，2019.

这不仅保障了流域管理局的权威性，也保障了流域管理局的规范性。最后，公众和社会组织的合法权益在法律中得到保障。对于流域范围内的社会组织或个人，如果产生水污染利益纠纷进行诉讼可以获得政府的帮助和支持，这一举措为公众和社会组织参与流域生态环境治理和监督提供了依据和保障。

四是建立公众参与机制。在田纳西河流域内，政府、公众和企业通过平等协商的方式参与流域生态环境治理活动，作为流域管理机构的补充方式，提高了流域内非政府主体的积极性，凝聚了多方主体的力量。与此同时，田纳西河流域治理通过信息公开和征集意见形成了良好的公私协作伙伴关系。一方面，通过环境信息公开，及时在有关网站上公布流域水环境情况，充分尊重群众的知情权。另一方面，通过听证会、网络征集等方式，向公众获取流域水环境治理和保护的意见和举措，增强政府的公信力，提高群众的参与度。[①]

5.1.5 英国"泰晤士河"流域治理实践

在 19 世纪中期以前，英国泰晤士河由于工业革命的蓬勃发展，遭受了严重的污染，大量的生活污水和工业废水直排使其成为世界闻名的"臭水沟"。随着流域内政府和社会对于环境的重视程度增强，英国在 19 世纪中期后，对泰晤士河流域的水污染展开治理，大致可以分为三个阶段。一是 1852 年至 1891 年，对泰晤士河进行隔离排污，初步恢复了伦敦主城区泰晤士河的水质；二是 1955 年至 1975 年，对泰晤士河全流域进行治理，泰晤士河流域生态系统的功能基本恢复；三是 1975 年至今，对泰晤士河流域治理成效进行巩固，让泰晤士河重现碧水蓝天[②]。泰晤士河流域的治理措施主要包括以下几个方面：

一是颁布严格的法律法规。1876 年，英国出台了英国历史上乃至世界历史上第一部防治河流污染的法律——《河流污染防治法》。随后英国又制定和颁布了《水法》，创造性地提出河流治理和管护的机制，即按照河流的流向及流经区域进行分开管理。同时，还将同一流域内的河流进一步细化为多段来负责。英国在之后的数百年里，仅通过修订的形式来适应现实状况的改变，而没有另外单独出台其他法律。这些法律的制定和出台意味着英国在河流污染防治上终于有法可依，也标志着英国流域治理的法律体系已经建立起来并且较为成熟。[③]

二是建立泰晤士河流域管理机构。为了泰晤士河流域治理的专业化，也为了给公众的参与提供平台，从 20 世纪 60 年代起，英国合并成立了泰晤士河水务管理局，并依据《水资源法》赋予其相应的管理权力。英国泰晤士河流域的治理开始由传统的地方分散管理向流域统一治理转变。在一体化的治理模式下，英国设立了由流域委员会和流域水务管理局共同组成的泰晤士河流域管理机构，对流域进行整体性和全局性的治理与管理。流域委员会由地方政府直接管辖，主要职责是制定流域内相关的法律法规和政策以及对流域内环

① 杰克·图侯斯基，宋京霖. 美国流域治理与公益诉讼司法实践及其启示［J］. 国家检察官学院学报，2020，28（01）：162-176.

② 刘国琳. 协同治理视角下钦江流域水污染治理研究［D］. 广西大学，2019.

③ 刘晓星，陈乐. "河长制"：破解中国水污染治理困局［J］. 环境保护，2009（09）：14-16.

境资源进行统一的开发和利用①。流域水务管理局的主要职责则包括两个方面，一是负责对流域委员会进行全方位的监督；二是对流域内排污行为进行收费和管理。泰晤士河流域将原来分散的两百多个流域治理单位划分为10个流域治理的小区域，由水务管理局进行集中治理，水务管理局根据流域不同段落的实际情况制定因地制宜的治理方案，进行权责划分，不仅可以合理科学地分配各个单位的工作和职责，减少重复劳动，又能推动流域整体治理的进程。与此同时，流域生态环境治理分工体系的完善，使得流域各类工作和问题都能得到有效解决，充分提高了各个部门治理流域生态环境的积极性。

三是引入市场机制，推动流域水污染防治的产业化进程。由于流域生态环境治理需要消耗大量的资金和人力成本，政府往往无法独自承担。英国通过"使用者支付"和"污染者付费"缓解流域生态环境建设的资金压力，并引入市场机制，采取税收减免等政策手段以激发非政府治理主体参与流域生态环境治理的积极性。1989年，英国政府曾公开表示对流域水务局以私有制公司的形式上市，通过发行股票筹集流域水污染治理所需要的资金。与此同时，英国政府十分重视水污染治理项目的建设以及水污染防治技术水平的提升，英国政府投入了大量资金购买新型污水治理设备和流域监测技术，鼓励新科技的研发，建立了完善的技术保障机制，引进了有着丰富污水处理经验的技术人员参与专业研发，对于流域生态环境治理过程中可能存在的技术难题、程序步骤、结果预测等进行科学的分析与判断，不断提升流域生态环境治理的科学性和水污染治理方案的严谨性。同时，英国政府还建立了专门的审计机构对流域生态环境治理的财务状况与绩效实施监督，对水务管理局的财务状况进行定期的审核，以保障水污染治理项目的财政效率。

四是英国政府高度重视政府、企业、社会组织和公众之间的协作与沟通。流域水资源的开发往往会涉及生态环境保护、水资源开发与利用，经济社会发展等多个领域，因此，流域生态环境的综合治理往往面临着更高的要求与更大的挑战。目前，各个国家在进行流域治理规划时越来越重视"智囊团"的意见。对于泰晤士河流域的治理，水务管理局始终与流域内各个政府以及社会企业与公众保持密切联系与合作，在进行流域治理的重大决策时，都以民主协商或是召开听证会等方式邀请社会各界的代表共同参与，多方建议的收集与支持，很大程度上保障了流域生态环境综合治理的科学性与合理性。

5.1.6 澳大利亚"墨累-达令河"流域治理实践

澳大利亚墨累-达令河位于澳大利亚的东南部，它是澳大利亚最大的河流，河流与地下水系达到了20条以上，墨累-达令河流域总面积为105.7万平方千米，全长3750千米，流域面积居于世界的21位，约占澳大利亚国土总面积的14%，河流长度位居世界第15位。其中，墨累河是澳大利亚流域范围内最大的河流，而达令河则作为墨累河最大的一级支流。②墨累-达令河流域的自然资源丰富，拥有较高的生态价值，它既是澳大利亚生产

---

① 王友列. 泰晤士河水污染两次治理的比较研究［J］. 佳木斯大学社会科学学报，2014，32（02）：55-57.

② 王勇. 澳大利亚流域治理的政府间横向协调机制探析——以墨累-达令流域为例［J］. 天府新论，2010（01）：99-102.

生活的主要供水源，又是澳大利亚重要的农业灌溉区域。但随着澳大利亚地区的经济发展，流域水污染问题日益严重，上下游矛盾凸显。上游希望流域内水资源可以用于推动流域内农业的灌溉以支撑农业发展，但在这过程中用水对于水资源的消耗会阻碍下游地区水运的发展，加之流域自身生态功能受损，流域生态环境治理刻不容缓。[①]

一是建立跨区域的流域管理机构。澳大利亚政府在墨累-达令河流域内设立了墨累-达令河流域管理委员会。流域管理委员会主要由三个部分组成，包括部级理事会、流域委员会和社区咨询委员会。流域部级理事会是流域的决策机构，由 12 名来自联邦政府和流域内各州政府的官员组成，负责管理方向和政策的制定。流域委员会作为流域的执行机构独立存在，负责流域工作的具体执行。流域委员会的主要职责是对流域内的水资源进行统一的分配与管理，为流域生态环境治理规划的制定提出相应的意见，并向流域内生态环境治理提供资金支持和制度支撑，出台和颁布框架性的文件。委员会的主席由部级理事会指派担任，成员由各州负责环境治理的司局长或高级官员出任，每个州派出两名。[②] 目前，墨累-达令河流域委员会结合流域沿岸居民的用水需求和生态环境发展需要对流域内 4 个主要水库、16 个水闸、5 个堰的水资源进行合理的分配与管理，此外还包括对各类小建筑物的运行和管理。社区咨询委员会作为部级理事会下设的咨询机构，主要为流域委员会和社区提供沟通的桥梁，加强二者的联系与沟通，保障社区的参与从而调动公众参与流域治理的积极性。社区咨询委员会往往由 21 名成员组成，为了保证委员会成员的广泛代表性，其成员分别来自流域内的 4 个州、12 个地方流域机构和 4 个特殊利益群体[③]。三个流域管理机构分工明确，各司其职，紧密合作，实现了墨累-达令河流域的综合治理，控制流域内水污染的态势，提高了流域生态环境治理的效率。在 2007 年《水法》颁布后，为了进一步提高流域整体化治理水平，避免流域治理无序化问题的出现，流域委员会建立了独立的管理机构，以保证流域生态环境保护。制定科学合理的计划方案，确定水资源管理的基本方向，提高水资源的利用率。

二是通过签订合作协议加强流域内政府间的合作。在政策协议方面，墨累-达令河流域生态环境协同治理的完善可以归纳为三个阶段。第一个阶段在 1914 年前后，在《墨累-达令河流域法》正式颁布的基础上，联邦政府与各级州政府签署墨累河协定，协调流域内的水资源分配，但受到自然原因的影响，墨累河的水质问题日益严重，原有的协定无法满足流域内地区的用水需求以及流域生态环境治理的需要。第二个阶段在 1987 年，联邦政府与各州政府重新签订《墨累-达令流域管理协定》，将对于流域水质的控制作为主要目标。第三个阶段是 2007 年《水法》颁布后，为了应对水资源紧缺的问题，提出要建立流域综合管理计划。由此可见，澳大利亚政府会结合流域生态环境在不同时期的治理情况与矛盾变化制定流域政策协定，调整流域管理体制，以适应流域发展的治理理念，值得学习与借鉴。

三是强化监督监测的协同。在流域内监督监测方面，墨累-达令河流域主要通过监督

① 于秀波. 澳大利亚墨累-达令流域管理的经验 [J]. 江西科学，2003（03）：151-155.
② 陈小艺. 我国跨区域水污染治理的法律对策研究 [D]. 河北经贸大学，2020.
③ 朱玫. 墨累-达令流域管理对太湖治理的启示 [J]. 环境经济，2011（08）：43-48.

与治理并进的方式强化流域内生态环境监督监测的协同。一方面，通过建立水质监测站等方式加强流域内环境信息的收集，以更好地制定流域生态环境治理的对策。另一方面，在流域内建立跨行政区域的措施，对流域内自然资源的利用进行综合规划和治理。

5.2 国外流域协同治理实践对我国的借鉴与启示

通过对日本"琵琶湖"流域、北美"五大湖"流域、德国"莱茵河"流域、美国"田纳西河"流域、英国"泰晤士河"流域和澳大利亚"墨累-达令河"流域的生态政府治理的基本做法和典型经验进行阐述和分析，上述个案分析表明，在国外关于流域生态治理的实践中，进行了一些有益的尝试和探索，为我国流域生态环境治理提供了启示与借鉴，主要包括以下方面：制定流域协同治理顶层设计、强化流域协同治理府际协同、健全流域协同治理制度体系、构建流域多元协同参与机制、强化责任体系构建等。

5.2.1 强化顶层设计是协同治理的价值导向

理念是政府行政行为的重要先导，顶层设计是流域生态环境治理的价值导向。为缓解日益加剧的生态环境危机，政府的生态环境治理理念不断强化，生态环境治理工作逐步开展。美国学者蕾切尔·卡森在 20 世纪 60 年代提出了生态系统与人类关系。20 世纪 80 年代，生态环境治理理论在学界不断深入发展，政府在生态环境治理中的核心作用凸显。在日本琵琶湖流域的治理中，日本政府充分发挥其主导作用，推动公众参与机制的建设，关注流域生态环境质量。20 世纪 70 年代以来，我国对环境治理的关注度越来越高。正如 Mol，Arthur P. J. 等[1]所指出，伴随着工业化的发展，中国经济增长迅速，中国政府正通过多样化的措施强化自身在生态环境治理中的职能和责任，创新生态环境治理的模式和方式。在党的十八大报告中也突出强调流域生态文明建设的重要性，将其纳入"五位一体"战略体系当中，标志着党和国家对生态文明和生态治理的高度认识，并强化生态文明建设作为政府行政行为的重要职能。流域生态环境治理是一项系统工程，要着力强调生态保护的价值理念，制定流域生态环境协同治理的顶层设计。党的二十大报告再次指明了生态文明建设的重要意义。大自然是人类赖以生存发展的基本条件。尊重自然、顺应自然、保护自然，是全面建设社会主义现代化国家的内在要求。目前，我国的流域生态环境治理规划以落实流域生态环境治理战略，协调解决跨界水污染协同治理为重点，为流域内各区域的经济发展和政策制定指明方向。[2] 根据《2022 年中国生态环境状况公报》的监测数据，水质优良（Ⅰ—Ⅲ类）断面比例为 87.9%，同比上升 3.0 个百分点，实现"十三五"以来"七连升"；劣Ⅴ类断面比例为 0.7%，同比下降 0.5 个百分点。总体来看，我国生态环境质量由量变到质变的拐点尚未出现，生态环境保护任务依然艰巨。究其根源，流域地方政府尚未形成全流域长期综合治理理念，过于注重短期效益，而忽视流域生态环境治理

①　Mol，Arthur P. J. and Carter，Neil T. Chian's Environmental Governance in Transition，Environmental political. 2006.

②　贾晓烨. 流域生态环境整体性治理机制研究［D］. 福建师范大学，2017.

在机制和措施的顶层规划设计上的可持续发展性。

流域治理不仅要注重生态环境的整体性利用、开发和保护，更要注重制定长期性的战略规划，实现对多种生态资源的综合开发和利用。根据国外流域水污染治理经验，各流域治理都遵从流域生态环境的整体性原则，以减少行政区划分割所带来的负面影响，将流域视为整体进行全面统一的管理，在各国建立统一的环境治理目标。以澳大利亚墨累-达令河流域治理为例，根据汇水范围对流域空间进行合理划分和科学管控，加强对流域内重点关注区域的治理。流域分区治理为流域因地制宜，加快恢复流域生态系统，提高全流域生态环境开发与利用的效率，实现流域上下游、左右岸之间的协同发展提供了良好的基础。目前，我国的流域生态环境治理规划以落实流域生态环境治理战略，协调解决跨界水污染协同治理为重点，为流域内各区域的经济发展和政策制定指明方向。[①] 对于我国流域未来的生态环境治理规划，在内容方面，要将流域作为一个自然单元，实现流域内水资源、水安全、水生态、水文化的综合管理，减少流域水污染事件的发生，加强流域风险管理。在流域水资源分配与管理方面，要遵从流域开发的阶段性和规律性特征，对流域环境治理进行现状分析和绩效评估，结合流域内突出的生态环境问题，对流域水质管理进行客观的评价，制定科学的测量方案和分析方法。应加强流域资源本底条件分析和规划实施绩效评估，针对不同流域的核心问题确定规划重点。在莱茵河流域治理实践中，建立了统一的测量网络，通过统一测量方法以保障对流域水环境评价的客观性，以保障各级政府的测量标准与手段的统一性。

5.2.2 完善制度体系是协同治理的前提基础

在依法治国前提下，制度体系的健全和完善是强化政府生态职能和生态治理的根本保障。[②] 健全的法律法规体系是流域生态环境协同治理的重要基础和前提，加强流域内制度建设以明确政府生态环境治理职责，规范流域生态环境治理建设程序与义务，使流域生态环境治理做到有法可依。根据发达国家的流域治理经验，在流域生态环境治理中，都出台了专门的流域治理法律法规，对于流域各个治理主体的权利和义务作出了明确的规定和要求。由于我国生态文明建设的起步较晚，在制度建设方面仍存在较大的改进空间，尤其是法律法规建设仍需加强。

首先，健全流域内法律法规体系。流域管理所涉及的法律法规体系主要由专门管理流域水资源的法规和其他环境法中涉及流域管理的条例组成。一方面，流域生态环境治理往往涉及多方利益主体，西方发达国家经验表明，完善的法律制度是流域水污染治理有效执行的重要保障，不仅能推动流域内地方政府合作的展开，还能提高水环境治理的效率。在美国田纳西河流域治理过程中，美国联邦政府建立了《田纳西河流域法案》作为区域法律支撑流域内上下游州政府协同治理，并出台了《水污染控制法》等一系列基本法以保证流域生态环境治理有法可依；在英国泰晤士河流域治理过程中，英国联邦政府也出台了

① 林永然，张万里. 协同治理：黄河流域生态保护的实践路径 [J]. 区域经济评论，2021（02）：154-160.
② 陆畅. 我国生态文明建设中的政府职能与责任研究 [D]. 东北师范大学，2012.

《河流污染防治法》等一系列的法律法规，建立统一的流域管理标准，制定相应的流域管理措施与规范，以防范流域内的违法行为；在德国莱茵河流域协同治理过程中，签订了如《防止莱茵河化学污染国际公约》以保障流域内各项政策的执行和落实。与此同时，制定了一系列的流域管理规划，如 2020 年颁布的莱茵河可持续发展综合计划以及鲑鱼 2000 计划等，以健全莱茵河流域水污染防治体系，为流域生态环境治理的顺利开展奠定良好的法律基础。

其次，建立中央与地方、一般法与专门法相补充的流域制度体系。中央立法在环境治理理念和生态环境标准方面具有较强的普适性，而地方立法则对管理辖区内的具体问题进行分析和解决，将中央立法细化为地方生态环境制度、标准、计划等。地方政府根据流域的实际情况签署双方合作协议，可以有针对性地解决流域内存在的生态环境治理困境，加强政府间协作，为流域生态环境的整体治理提供法律法规基础与制度保障。在北美五大湖流域的治理过程中，美国与加拿大政府为了解决湖泊内水质富营养化的问题，共同签署了水质协定，并制定出台《水法》以保障五大湖流域后续的治理，根据流域实际情况对协定进行修订与完善以满足在不同时期的发展需求。日本对于琵琶湖流域的治理，既建立了宏观层面的中央法律法规体系，包括《环境基本法》《河川法》等，又建立了地方政府的专门性法律条例，如滋贺县颁布的《琵琶湖芦苇群落保护条例》等。[①] 未来，我国应当加强多专业领域协作，推动发改、水利、自资、环保、农业、住建等部门开展联合治理，推进流域规划与其他部门规划相互协调。同时，加强生态环境补偿机制和市场机制的建设是健全流域生态环境协同治理制度的重要组成部分。在流域内建立地区生态补偿和财政转移支付制度，能够明确流域生态环境治理补偿和转移支付的各类标准，有效避免跨区域环境污染纠纷的产生，提高流域内地方政府生态环境治理的积极性。

最后，落实流域生态环境治理相关的政策与制度的执行。严格执法是流域生态环境治理发挥作用的基本保障。政府不仅是生态环境治理的主体，还是生态环境政策执行的主体，在流域生态环境治理的过程中发挥着重要作用。政府要成为生态环境保护制度的维护者。[②] 制度与法律的权威性需要通过严格执行才能有效发挥，政府若是出现在执行过程中缺位的情况，会造成生态环境保护制度只是纸上谈兵。目前，流域生态环境保护制度已经在我国初步建立，但是在实践中仍然存在一些问题影响执行的有效性。地方政府在环境审批、标准执行等环节存在放松管控的现象，对于破坏流域水环境的行为仍需进一步加强管制。基于此，流域内地方政府需要明确在生态环境治理过程中的角色扮演，理顺生态治理各方面的工作，加强政府间的联合执法、统一执法与协同执法，以保障流域生态环境政策执行的有效性。

5.2.3 强化府际合作是协同治理的内在要求

随着区域间联系的不断加深，不同行政区域之间的联系也日趋增强，跨区域公共事务

---

① 沈大军，王浩，蒋云钟．流域管理机构：国际比较分析及对我国的建议 [J]．自然资源学报，2004（19）：86-95.

② 于铭．以水质标准为中心完善水污染防治法律制度体系 [J]．浙江工商大学学报，2021（05）：56-65.

也相应增长。然而，在流域生态环境治理的实践中，受到属地管理模式的影响，流域内地方政府作为流域生态环境治理的主导力量，由于同级政府部门的行政权力相当，同级政府间的沟通存在一定的困难，不同区域内的政府与社会公众容易出现属地的保护性和域外的排他性，尤其是在利益或政绩的驱动下，利益冲突发生时往往难以达成一致，甚至在跨界区域之间形成利益之争或矛盾推诿。其根本原因在于行政区域的划分将流域分割，使得流域不同，政府也不同，对于流域治理工作的问题往往需要横向与纵向地方政府间的相互配合，因此，府际合作机制的建设有着重要的现实意义。在我国流域生态环境治理的实践中，珠江流域内政府为解决流域水污染问题，流域内各地方政府从各自的行政领域出发编制治理规划，各自为政，甚至相互推诿，使得珠江流域难以实现协同治理，治理方式手段滞后。① "十四五"时期，我国流域生态环境治理进入高质量发展阶段，强化流域内政府协同不仅是实现流域生态环境科学治理的重要路径，也是落实流域生态环境协同治理的内在要求。在新发展理念的指导下，可以通过借鉴西方发达国家的先进治理经验，探索政府间合作的方式，尝试建立流域管理机构，制定流域相互协调的生态环境治理规划。

充分树立流域生态环境协同治理理念是府际合作的前提。行政区划分割的治理模式将流域内政府的权力与社会公众的心理进行划分，这种治理模式虽然能够在一定程度上避免流域生态环境管理的混乱，但是会造成各行政区域各自为政，"井水不犯河水"，而仅仅对区域管辖范围内的事物进行管理，会出现对府际合作的排斥心理，难以形成合作共赢的目标和理念。正如 Downs A. 所说，在领域的属地性决定了"领域的霸主"，而这种地方本位主义在很大程度上阻碍了流域生态环境协同治理的建立。例如我国南四湖流域的治理，南四湖地处江苏、山东、安徽、河南四省交界处，湖泊流域生态环境需要这四个地方政府共同治理才能有效达成，但是，由于各级政府合作共赢思维的缺失，使得南四湖流域协同治理体系难以建立。其主要原因就是在区域协同与府际合作的跨界生态治理上，区域之间尚未形成高度的互信互助共识，也没有形成一种被广泛认同的成熟跨界治理模式。因此，要强化区域府际生态治理合作，不仅需要区域规划和资源整合，更需要在思想、理念和意识上形成区域共识。②

建立独立的流域综合管理机构是府际合作的基础。根据国外治理经验可知，流域综合性机构的成立是区域内协作与管理水平提升的主要方式。在美国田纳西河流域治理过程中，田纳西河流域管理局有效推动了流域环境资源的统一开发与管理，实现了各方利益的均衡。田纳西河流域管理局作为一个综合性的机构，具有管理与协调的职能，在联邦政府中获得了较为丰富的财政支持与政策优惠，以保证流域管理机构的有效性。③ 除此之外，墨累-达令河的墨累-达令河流域管理委员会、莱茵河的保护莱茵河国际委员会、琵琶湖的琵琶湖综合保护调整协会等都是通过设立独立的流域管理机构加强流域生态环境协同治

① 林婉琳，赵凤仪，吴省身等. 跨区域水资源污染治理研究——以珠江流域为例［J］. 中山大学法律评论，2013（02）：229-250.

② 吕志奎. 流域治理体系现代化的关键议题与路径选择［J］. 人民论坛，2021（Z1）：74-77.

③ 吴勇. 我国流域环境司法协作的意蕴、发展与机制完善［J］. 湖南师范大学社会科学学报，2020，49（02）：39-47.

理，并赋予流域管理机构相应的权力以保障其权威性，从而发挥在流域生态环境治理中信息收集、沟通协商、调解纠纷的作用。第三方决策协调机构的建立能够有效提高跨流域政府间合作的效率，调处流域水污染纠纷。因此，可以借鉴国外流域生态环境治理经验，加强国家、省两级重点流域管理，统筹流域上下游、干支流、左右岸的关系，探索建立流域综合管理机构。①

签署强制约束力的府际合作协议是府际合作的保障。对于目前我国流域生态环境治理的现状而言，地方政府间合作在责任划分、权力行使与费用分担等方面仍缺乏有效的依据，仅靠中央与地方的立法难以明确，特别是缺乏强制约束的政府间的流域治理合作，无法实现有效的持续作为和持续成效，很多时候会以某位行政长官的意志为转移，流域生态协同治理的府际合作相对松散和难以保障，因此，需要通过达成流域协同治理的府际协议来解决流域跨界生态环境治理中存在的困境。② 但从国外做法来看，一些流域内在府际合作方面进行了探讨与实践。在对"五大湖流域"的治理措施分析中可以发现，美国政府与加拿大政府根据流域内水环境变化的实际情况，不断更新两国的流域生态环境治理协议，以保障流域生态环境治理的有效性。总的来说，我国已经开始对跨区域政府环境协作治理进行一些探索与实践，如泛珠三角区域内的 9 个省份同香港和澳门共同制定了《泛珠三角区域跨界环境污染纠纷行政处理办法》。③ 流域内生态环境治理往往涉及多个行政区，要进行跨流域、跨行政区域的治理，这必然要求流域内地方政府签订府际合作协议以加强政府间合作的权威性和有效性。未来，我国流域生态环境治理将进入高质量发展阶段，在新发展理念的指导下，推动政府生态环境保护责任落实，持续改善生态环境质量，协同推动高质量发展和高水平保护。

5.2.4　鼓励多元参与是协同治理的有效方式

从流域生态治理的多元主体方面看，流域范围内涉及了多个主体，包括企业单位、社会公众等都与流域生态环境和流域污染源息息相关、联系紧密，因此，在流域生态环境治理中应鼓励多元主体的共同参与。党的二十大报告指出："统筹水资源、水环境、水生态治理，推动重要江河湖库生态保护治理，基本消除城市黑臭水体。"实践也证明，在流域治理中，多元社会主体参与改变了传统政府唱独角戏的单一局面，形成了协同治理的新型治理结构，在实施生态环境保护中，治理效果将会更好，社会动员能力将更强，也能更加让人民群众满意。

一方面，根据国外实践经验，在流域生态环境治理中不仅要充分发挥政府在流域生态环境治理中的主导作用，还要发挥市场在社会资源配置中的重要作用，逐步探索合理的水权交易政策和制度，将生态环境质量转化成生态环境利益。④ 完善的市场机制可以有效规

---

①　张婕. 跨区域流域环境府际协同治理研究——以福建省闽江流域为例［D］. 福建师范大学，2020.

②　锁利铭，阙艳秋，李雪. 制度性集体行动、领域差异与府际协作治理［J］. 公共管理与政策评论，2020，9（04）：3-14.

③　Downs A. Inside bureaucracy［J］. Scott Foresman & Co，1967.

④　范兆轶，刘莉. 国外流域水环境综合治理经验及启示［J］. 环境与可持续发展，2013，38（01）：81-84.

制流域水污染行为的产生，随着市场规则的建立，高污染地区必然会承担更多的环境污染治理成本，而低污染与无污染地区可以通过建立水污染联防联控体制，将自己的生态环境优势转化为经济利益。在政府主导水环境污染治理的模式下，市场机制的运用可以更好地补充水污染治理制度所存在的不足，使流域水污染治理模式更为完善可行。譬如，美国政府与澳大利亚政府在流域生态环境治理的实践中都十分注重水权交易制度的建立，从而更好地发挥社会资本的作用，减轻政府环境污染治理的负担。①

另一方面，流域生态环境治理离不开社会各界的支持与付出。随着人类对于生态环境的关注度越来越高，环保意识越来越强，更多地参与到生态环境治理的实践中。② 在国外流域生态环境治理的实践中，各国都十分注重公众参与机制的建立，公众参与机制在国外的水污染治理中发挥了巨大的作用。公众参与不仅能够有效提高公众的环境保护意识，还能对政府流域生态环境治理活动进行有效监督，提高环境政策的科学性。目前国外的公众参与制度已经较为完善，不仅通过立法将其确定为环境治理的重要指导原则，还通过公众参与机构的合理设置，公众参与程序、方式的法定约束等保障公众对环境决策的参与权。作为实现跨区域流域污染防治最重要的手段之一，公众参与机制甚至被各国视为流域管理成败的关键因素。比如对于日本琵琶湖流域的治理，地方政府就曾大力提倡公众参与政策法规及项目计划方案的制定。美国在对田纳西河治理的过程中，也强调通过听证会等方式提高多元主体对于环境治理的参与度。由此，对于未来我国流域水环境的治理有以下三方面的启示，一是要根据流域内的实际情况，制定切实可行的水污染治理方案；二是要培养公众的绿色生活意识和生活方式，加强公众对流域生态环境保护的理念和观念，将环境保护理念深入居民生活中的方方面面；三是要提高公众参与生态环境治理的积极性与参与度。通过建立科学合理的生态环境协同治理机制，保障各主体的责任共担，形成以政府为主导，其他非政府治理主体参与的模式。与此同时，要重视非政府组织在生态环境保护中发挥的力量和作用，政府要加强培养与引导，为流域水污染的联防联控注入新力量。

5.2.5 构建责任体系是协同治理的监督保障

生态治理机制中的政府的责任界定以及追责、问责机制的明确是一个至关重要的制度安排，也是政府责任机制得到发展与落实的根本保证。③ 政府作为公共权力部门拥有丰富的政治资源，其本身所具有生态职能，使其在生态环境治理中理所当然地成为领导者、管理者和组织者，对生态治理负有不可推卸的责任，是生态治理的责任主体。因此，政府必然要接受社会和公众对其责任履行情况进行监督和考评，当其违反了生态法律规范或生态制度准则对于政府的行为规制时，就应当对其生态管理不善或不妥行为进行确认和追究，并承担相应的生态责任，实行问责、追责，其方式包括行政处罚、消除违法状态、继续履

① 丁鑫磊，京津冀水污染联防联控法律问题研究 [D]．河北经贸大学，2020.
② 顾向一，曾丽渲．从"单一主导"走向"协商共治"——长江流域生态环境治理模式之变 [J]．南京工业大学学报（社会科学版），2020，19（05）：24-36+115.
③ 汪旻艳．生态文明视野的政府责任：体系建构与制度设计 [J]．重庆社会科学，2014（05）：26-32.

行法定义务或刑事处罚等。[①]

一是明确流域内生态政府治理问责追责的基本范畴。确定政府及其工作人员在生态环境治理过程中的义务与责任是问责追责的前提。对政府管理过程中存在的问题进行问责追责，首先要明确划分各级政府间以及政府内各部门间的责任，建立政府责任清单，规范政府行为，减少和防范流域内政府在环境治理过程中的责任不明与责任缺失的问题。在政府公权力运行的过程中，"不作为"与"乱作为"都将损害社会公众利益，降低政府公信力。流域生态环境治理中的"不作为"是指流域内政府不履行相应的义务与责任导致的政府失效；"乱作为"则是政府不按照政策法规的相关规定，忽视权力运用的程序性与规范性，而不能正确完成相应的责任与义务，造成政府失灵。例如，对于部分地方政府存在过度保护的行为，往往通过制定带有地方保护主义色彩的政策对企业进行保护。这不仅为企业非法排污等污染生态环境的行为提供了空间，还与国家环境保护法律规定相冲突。基于此，要采取相应的措施对政府在流域生态环境治理中所需要承担的生态责任进行明确规定，如制定生态保护规划、确定生态保护标准、实行生态监督执法、公开生态治理信息等。

二是完善流域生态政府治理的责任考核机制和标准。政府责任考核目标的建立为政府的流域生态环境治理行为提供动力和方向。在过去，流域地方政府在经济发展目标的压力下，出现了"唯 GDP 论"的片面治理理念，过度地追求地方经济发展造成了生态环境质量的大幅下降，部分地方政府为了"政绩"甚至成为当地污染企业的"保护伞"，争"利"避"责"，造成了生态破坏的永久伤痕。党的十八大以来，生态文明建设不断深入，政府开始意识到流域生态环境保护的重要性，出现了"绿色 GDP"的概念，环境治理绩效也成为地方政府考核的重要内容。随着一系列污染物减排目标的确立，刚性指标的约束明显降低了我国污染物排放水平。[②] 在西方发达国家的流域治理实践中，生态环境指标早已纳入了政府绩效考评体系当中，对于追求地方 GDP 增长而破坏生态环境的行为，相关政府将接受严厉的问责。流域生态环境治理是流域内地方政府的重要职能，不仅要加强重视，还要建立统一的标准和规范，坚持生态环境保护的原则，将责任落实到政府考核的体系之中，执行生态保护责任的一票否决制，以责任刚性化实现流域良好的生态治理。

三是健全流域生态政府治理的问责追责制度。问责追责是当代政府行政的重要组成部分，也是监督政府的有效制度性方式，同样是落实政府生态责任的关键环节。[③] 生态环境治理问责通常以政府为责任主体，对未履行好生态责任的部门、负责人和直接责任人追究相应行政、法律责任的过程。由于生态环境治理责任落实不到位将会造成流域生态环境危机，影响周边地区经济发展与公众生活，造成不可逆转的损失与影响，因此近年来，流域

① 司林波，裴索亚. 跨行政区生态环境协同治理的绩效问责过程及镜鉴——基于国外典型环境治理事件的比较分析 [J]. 河南师范大学学报（哲学社会科学版），2021，48（02）：16-26.
② 冯蕾. 生态问责：如何落细落实——五部门解析《关于加快推进生态文明建设的意见》[N]. 光明日报，2015-05-08.
③ 罗文君. 融合与创新：《长江保护法》的保障、监督与法律责任体系 [J]. 环境保护，2021，49（Z1）：48-53.

政府生态环境问责追责的力度不断强化，并着手建立生态环境责任追究机制，从生态文明建设的工作力度到政府决策兼顾生态环境等细节方面都作出了明确要求，对于执行不力和造成严重后果的行为都将依法进行严厉责任追究。并且要求将"行为追责"与"后果追责"相结合、"组织问责"和"个人问责"相结合、"行政问责"和"司法问责"相结合，在流域内实行"一把手"责任制和离任生态责任审计制，将生态环境保护与政府治理职能相结合，明确流域生态环境治理的政府责任。

第 6 章 污染源视角下流域生态环境协同治理机制优化分析

6.1 流域生态环境协同治理机制优化的价值导向

6.1.1 坚持流域生态环境协同治理的主体价值协同

当前，流域生态环境协同治理是新时代的重要任务。流域生态环境协同治理与人们的生产生活密切相关，优化流域生态环境协同治理机制，提升流域生态环境协同治理能力，务必立足于人民的立场，紧紧依靠人民。[①] 要明确的是，"发展为了人民"在流域生态环境协同治理机制中应当位列首要位置。

一是维持协同治理主体多元性。首先，从协同治理这一内涵出发，联合国全球治理委员会将其定义为不同利益主体，包括个人、公共或私人机构之间，通过具有法律约束力的正式制度和规则或非正式的制度安排，不断调和关系并联合行动进而处理共同事物。其次，协同治理最终的目的是实现公共利益的最大化，在这个过程中，行政权力不再限定于单一的政府主体，而是强调政府组织、非政府组织、企业、社会个人等子系统共同构成一个整体系统，各子系统形成相互作用的协同关系，发挥子系统所没有的新能量，共同治理社会公共事务。[②] 因此，协同治理主体间协同互动局面的形成，使得政府不再单纯依靠强制性，权力的运行方向也从原来的"自上而下"转化为"上下互动"，从而达成一种各主体间平等协商，共同合作的伙伴关系。由于公共事务具有系统性、复杂性，要求参与主体在协同治理的过程中应当保持动态互动，这在流域生态环境协同治理机制中便体现为政府、企业、社会组织与公众等主体之间的动态协同互动关系。流域生态环境是全社会人类和生物生存并可持续发展的必要基础，生态环境协同治理必须依靠多数人。在协同治理的过程中，在强调政府作为多中心协同治理体系中的主导因素的基础上，通过明确主体定位、扩大多元主体范围、明确责任划分原则和健全激励机制和监管机制等手段确保多元主

① 杜庆昊著. 数字经济协同治理 [M]. 湖南人民出版社, 2020.
② 郑巧, 肖文涛. 协同治理: 服务型政府的治道逻辑 [J]. 中国行政管理, 2008 (07): 48-53.

体平等地参与流域生态环境协同治理，为流域生态环境协同治理提供强力支撑。①

二是秉承协同治理方式协商性。协同治理方式协商性强调的是基于流域公共利益形成的包容性共同治理，因此，流域生态环境内政府角色、社会组织角色、企业角色和公众参与均起着不可替代的重要作用。首先，众人的事情众人商量。在强调采用协同治理方式的过程中，也要重视采用协商、合作等多元治理方式，政府定位从之前的"全能型管理者"向流域生态环境协同治理体系中的"服务者"转变，由重监管转为重监督，构建监督型政府，在进行流域生态环境治理决策时，合理开放社会参与渠道，认真倾听政策建议，制定科学化、民主化的环境政策。其次，促进行业企业加强自治。在自愿原则的基础上，鼓励企业与政府通过签订环境协议达成跨区域合作关系，譬如国外发达国家在环境治理实践中形成的 VEAs 模式，即自愿性环境协议（Voluntary Environmental Agreements，VEAs），通过达成合作协议推动生态环境治理的协商合作。② 借鉴该模式，可有效发挥企业在流域生态环境协同治理过程中的参与性和积极性，促进企业和政府合作共赢。最后，建立健全公众参与制度。完善的公众参与制度能弥补市场和政府在流域生态环境领域协同治理中存在的政府失灵与市场失灵，同时切实保障公众环境权益并通过公共参与制度把对人民群众切身利益的关怀纳入决策系统。在秉承协同治理方式协商性的基础上，社会成员积极参与流域生态环境协同治理，实现流域生态环境协同治理多元主体共商共建共治共享。

三是坚持控制过程周期性。坚持过程的全周期性控制的关键在于建立健全以排污许可制为核心的固定污染源监管制度体系。党的十九届四中全会提出，构建以排污许可制度为核心的固定污染源监管制度体系，针对如何建立健全排污许可法规制度体系的难题，我国目前已针对性实施《排污许可管理办法》（2024）、《固定污染源排污许可分类管理名录》（2019）和《排污许可管理条例》（2021），为排污许可制度的实施奠定了良好基础，然而在实现环境监管要素全覆盖，排污许可制度与其他环境管理制度相衔接等方面仍然有待加强。因此，一要强化环评审批"事前"管理。一方面，面向以排污许可制为核心的固定污染源监管制度体系中的执法、监管人员进行深入的培训学习，要求环境管理岗位人员对以排污许可制为核心的固定污染源监管制度体系认真学习领会，严格落实环评审批各项管理要求；另一方面，加强排污许可证后监管，坚持常态化惩治无证排污、不按证排污等诸多违法行为。同时，增强固定污染源信息化管理能力，加大力度建立一个国家级别统一的排污许可管理信息平台，进而助力建立全国范围的固定污染源电子地图和"一企一档"资料库。二要强化建设期"事中"管理。将建设项目"三同时"及自主验收监督检查纳入"双随机、一公开"日常监管工作内容，加强环境保护措施落实情况的执法检查，确保建设过程中严格落实相关要求，消除环境污染隐患。三要强化投产运行"事后"监管。加大对重点污染源单位的执法检查力度和环境违法行为查处力度，保持对环境违法行为严格监管的高压态势，结合随机抽查工作，不定期开展专项执法行动，确保污染防治设施正

① 王宗涛，王勇．多元主体参与黄河流域生态环境修复的困境与纾解［J］．人民黄河，2023，45（07）：19-23+57.

② 顾向一，曾丽渲．从"单一主导"走向"协商共治"——长江流域生态环境治理模式之变［J］．南京工业大学学报（社会科学版），2020，19（05）：24-36+115.

常运行，污染物稳定达标排放，坚持突出精准治污、科学治污、依法治污，不断提升污染源环境监管工作水平。

6.1.2 强调流域生态环境协同治理的科学系统导向

在宏观层面上，治理是一个系统工程，就其核心而言，治理是复杂的、系统的、根本的、整体的和长期的。科学治国是指在国家治理过程中坚持科学精神，尊重经济社会发展的基本规律和特点，实现有效治理。[①] 因此，革新不适应时代发展要求的体制机制，不断提高公共事务治理能力是推进国家治理体系与治理能力现代化的首要前提。首先，流域生态环境协同治理是一项保护性工程，要立足流域生态环境保护定位，坚持生态优先、绿色发展，做好功能区空间规划，加强产业结构调整优化，深入推进流域生态修复，促进生态效益、经济效益、社会效益有机结合；其次，流域生态环境协同治理是一项系统性工程，要坚持系统观念，加强工作统筹，把源头与末端、内源与外源治理结合起来，持续抓好重点面源污染专项治理；最后，流域生态环境协同治理亦是一项科学性工程，要遵循自然规律，在坚持科学性的治理导向的前提下，坚持科学治理、精准施策，进一步加强调查研究，科学制定方案措施，推广应用新技术、新手段，不断提高污染治理成效。

在中观层面上，精准分析流域水质演变特征及污染来源，对于流域生态环境协同治理具有重要意义。[②] 基于污染源视角，流域生态环境协同治理的对象包括多种类型的污染源，为有效推进流域生态环境协同治理工作，要在摸清流域污染源具体情况的基础上精准施策。《全国污染源普查条例》明确提出，全国性污染源普查工作每10年必须开展一次。2016年10月26日，国务院印发的《国务院关于开展第二次全国污染源普查的通知》（国发〔2016〕59号）决定于2017年开展第二次全国范围内的污染源普查工作。全国污染源普查是一项重要的全国性调查，是环境保护工作的一项重要内容。普查的对象是中华人民共和国境内有污染源的单位和个体经营户。包括：工业污染源、农业污染源、生活污染源、集中式污染治理设施、移动污染源以及其他产生和排放污染物到环境中的设施。[③] 根据2019年政府总结发布的关于第二次全国污染源普查的数据汇总与结果，关于第二次全国污染源普查污染源情况"获取了一套数""建立了一张图""健全了一套档案""锻炼了一支队伍""实施了一次生态环境宣传教育活动"。第二次全国污染源普查获取了最全面、最详实的生态环境数据，为生态环境治理和保护打下了坚实的基础。目前，普查成果已经广泛应用在排污许可证管理、重污染天气应急减排清单编制、挥发性有机物治理、危险废物规范化管理、工业锅炉低氮改造、重型柴油车管控、非道路移动源管理、土壤污染防治以及日常环境执法等方面。普查数据在环境治理中发挥着越来越重要的作用，为深入打好污染防治攻坚战、推动全市高质量发展提供重要决策支撑。因此，在这些成果的夯实

---

① 常纪文著.生态文明的前沿政策和法律问题——一个改革参与者的亲历与思索［M］.中国政法大学出版社，2016.

② 徐利，郝桂珍，李思敏等.滦河上游流域水质特征及污染源解析［J］.科学技术与工程，2023，23（16）：7136-7144.

③ 丁瑶瑶.全面摸清污染源"家底"［J］.环境经济，2016（Z8）：32-35.

下，污染防治大行动下的污染源情况已被摸排仔细，之后在坚持科学性的治理导向的基础上，污染防治各单位根据不同污染源情况多措并举，合力攻坚，严格从源头科学治理各类污染源，全力以赴打赢这场攻坚战，进而通过绿色发展与共享发展突出生态治理职能与治理绩效。

6.1.3 遵从流域生态环境协同治理的法治规制理念

法治作为一种基本的治理形式，关键是要确立法律在国家治理中的重要性。诚然，依法治国根本体现在于是否真正法治，其中对于治国理政来说，最重要的治理能力在于依法行政能力。[①] 国家治理有赖于所有领域的法治，而良好的国家治理的关键是建立一个符合法律规定、有效运作的法律体系，并确保其在机构层面的有效实施。[②] 流域生态环境协同治理不同于以往以政府为单一治理主体的治理形式，这是一种崭新的多主体共同参与的治理形式。[③] 因此，为实现流域生态环境协同治理机制的有效运行，要尽量做到流域生态环境协同治理与流域生态环境协同治理机制法治建设同步发展，用良好的法治环境保障流域生态环境协同治理的持续健康推进。法是一切行动的根本保障。由此，流域生态环境协同治理机制要有好的法制来帮助其推进治理工作，围绕流域生态环境协同治理过程中的工作重点、治理难点、关注热点、法律风险点等尽快出台相关法律法规，实现用硬法兜住底线。同时也要保证有相应的制度保障，针对流域生态环境协同治理，制定与之相衔接且行之有效的运行机制、监督机制、激励机制、责任追究机制、补偿机制等，要用软法规范其发展。

具体而言，为达到流域生态环境协同治理"良法善治"的目标，需构建"形神兼备"的流域生态环境协同治理法律规范体系，塑造"软硬兼施"的流域生态环境协同治理执法体系以及建立"防治结合"的流域生态环境协同治理司法体系。通过制定法律法规，明确政府在流域合作管理中的主导作用，明确企业和公民个人在流域合作管理中的权利和责任；支持法治理念，将流域合作管理中的政府管制和市场调节相结合，引入多元化环境补偿的创新，以完善政府主导、社会参与、市场化运作来实现可持续的流域生态环境协同治理实现路径，[④] 采取多样化模式和路径，积极探索共建共治共享机制，把党的领导和中国特色社会主义制度优势转化成高起点的社会治理效能，完善党委领导、政府负责、社会协同、公众参与、法治保障的社会合作管理模式，[⑤] 以社会治理现代化保障人民安居乐业，促进流域生态环境协同治理绿色发展与共享发展。

---

① 莫吉武著. 转型期国家治理研究 [M]. 吉林大学出版社, 2015.

② 杜庆昊著. 数字经济协同治理 [M]. 湖南人民出版社, 2020.

③ 魏鹏. 流域生态环境协同治理的困境与对策分析 [J]. 工程建设与设计, 2020, (20): 114-115.

④ 努力建设更高水平的平安中国——二论学习贯彻习近平总书记中央政法工作会议重要讲话 [EB/OL]. (2019-01-18) [2019-01-18] http://www.qstheory.cn/zdwz/2019/01/18/c_ 1124006476.html.

⑤ 构建党组织领导的共建共治共享乡村善治新格局 [EB/OL]. (2020-01-21) [2020-01-21] http://theory.people.com.cn/n1/2020/0121/c40531-31557822.html.

6.1.4 明确流域生态环境协同治理的目标定位要求

构建污染源视角下多元主体的流域生态环境协同治理体系、推动流域生态环境协同治理的首要前提是实现流域生态环境协同治理目标的协同。[①] 推动绿色发展与共享发展，突出生态治理职能与治理绩效是流域生态环境协同治理机制的关键目标。加快建设良好的流域生态环境协同治理体系，不断增强我国流域生态环境协同治理的创新力是提升流域生态环境协同治理能力的主攻方向。治理目标的协同不仅与多元主体的协同效果息息相关，也关系着流域生态环境协同治理的最终成效。从一个更广阔的视野出发，流域生态环境协同治理是国家治理系统中重要的一个子系统，流域生态环境协同治理的好坏将会影响国家治理的效果，同时，还会对国家治理体系与治理能力现代化建设产生影响。

第一，推动绿色发展与共享发展，突出生态治理职能与治理绩效是流域生态环境协同治理机制的直接目标。流域生态环境是一个区域生态和跨区域生态的有机结合体，其环境要素存在时空上的连续性与连通性，流域空间集聚性、空间依赖性和空间异质性特性在流域水循环及其跨区域流动中进一步被凸显，[②] 因此，需要整合区域和跨区域的资源和要素，推进协同治理才能达到整体效果。譬如黄河流域，黄河河道长，流域面积广，但多半流域都处于自然条件较差的干旱、半干旱区和青藏高原区，占比高达 53.8%，生态环境极为脆弱。在现有属地管理和行政分割的流域生态治理模式下，必须构建协同治理长效机制，才能实现流域生态环境协同治理目标。[③] 近年来，随着黄河流域生态保护和高质量发展上升为重大国家战略，构建黄河流域生态协同治理长效机制迎来了重大机遇。因此，一个流域的生态环境是一个综合的整体。基于流域生态环境的普遍性、系统性和跨界性特点，流域生态环境治理不能由一个机构或一个地区来承担，而是需要上游、中游和下游支流的协同合作。[④] 习近平总书记强调，推进流域环境与保护管理，必须坚持环境优先、绿色发展，坚持以水定规、因地制宜、分类施策，统筹规划上中下游、干支流、左右岸，共同实施大保护、共同推进大治理。[⑤] 因此，流域生态环境协同治理的本质是让好的流域生态环境成为推动经济向绿色发展，共享发展的底蕴和动力，突出生态治理职能与治理绩效，这是建立健全流域协同治理机制的直接目标。

第二，推进国家治理体系与治理能力现代化是流域生态环境协同治理机制的根本目标。首先，由于信息传递受阻、资源无法分配、利益难以调和，流域内分而治之的传统环境管理模式往往导致流域内生态环境协同治理效果不佳。按照传统的流域生态管理模式，

---

① 紫利群，赵润华. 环境治理中多主体协同困境与出路——以丽江程海湖水污染治理为例 [J]. 四川行政学院学报，2017（04）：10-14.

② 董正爱，张黎晨. 长江流域生态环境修复的空间维度与法治进路——基于空间生产理论的反思与重构 [J]. 中国人口·资源与环境，2023，33（05）：49-59.

③ 贺卫华，张光辉. 黄河流域生态协同治理长效机制构建策略研究 [J]. 中共郑州市委党校学报，2021（06）：40-45.

④ 韩建民，牟杨. 黄河流域生态环境协同治理研究——以甘肃段为例 [J]. 甘肃行政学院学报，2021（02）：112-123+128.

⑤ 习近平：共同抓好大保护协同推进大治理 让黄河成为造福人民的幸福河 [EB/OL]. （2019-09-20）[2022-02-20]. http://cpc.people.com.cn/n1/2019/0920/c64094-31363163.html.

地方政府只负责本行政区域内的流域生态环境治理，其资源投入也仅限于改善本行政区域内的流域生态环境。然而，集水区生态环境的整体性和系统性决定了如果只有个别地区增加贡献，而其他地区不效仿，整体的流域生态环境协同治理的有效性将大大降低。以水污染治理为例，由于地方政府只对本行政区域内的水污染有管辖权，即使在本辖区内投入大量资源进行水污染治理，其净化效果也会被周边地区的污染转移所抵消，影响整个流域水污染治理的整体效果，使水污染问题难以根治。在流域的环境管理中也可以看到类似的问题，地方政府往往喜欢搭便车，① 以使自己的利益最大化，减少环境管理的成本，导致整个流域因缺乏节制污染行为的动力，即由于缺乏控制整个流域的污染者行为的激励机制，导致流域生态环境退化，最终酿成"公地悲剧"。② 构建流域生态环境协同治理机制，可以从整体上规范和约束流域内地方政府的生态管理行为，保证流域生态环境协同治理的信息共享，协调不同治理主体的利益，提高参与流域生态环境协同治理的积极性，从而产生"1+1>2"的协同效应。③ 其次，良好的环境状况是经济和社会可持续发展的重要前提，也是人们更好生活的重要指标。党的十八大以来，党中央把生态文明建设纳入"五位一体"总体布局，习近平总书记多次就生态文明建设发表重要讲话，提出了许多新思想、新论断、新思考，为经济高质量发展、可持续发展提供了指导和理论方向。④ 当前，我国社会的主要矛盾已经成为人民日益增长的美好生活需要和不平衡不充分的发展之间的矛盾。人民群众对流域生态环境协同治理效果即服务的需求大幅增长，"绿水青山就是金山银山"的理念成为发展共识，这直接推动了流域生态环境协同治理机制的建立与完善。在经济发展过程中，各级政府也自觉深入学习贯彻习近平生态文明思想，推动产业绿色转型发展，建立健全流域生态环境协同治理相关体制机制，随着全社会的生态文明意识日渐提高，社会组织、企业和公民个人等社会主体参与流域生态环境协同治理的积极性大幅提升。

第三，增进民生福祉是流域生态环境协同治理机制的最终目标。由于生态环境协同治理的提出是对以往传统的流域生态环境治理的进一步改革，治理的行为主体不再局限于政府，而将企业、社会组织、公众等行为主体纳入流域生态环境协同治理机制中，流域生态环境协同治理机制的最终目标是增进民生福祉，⑤ 进而为实现人的全面自由发展提供重要支撑和保障条件。⑥ 因此，在流域生态环境协同治理中，可以将是否有利于人民福祉的增长和人的全面自由发展作为评价流域生态环境协同治理能力和流域生态环境协同治理机制建设的价值尺度。长期以来，我国政府一直把"促进人的全面发展"作为社会治理理念

---

① 李正升. 从行政分割到协同治理：我国流域水污染治理机制创新［J］. 学术探索，2014（09）：57-61.

② 王俊敏，沈菊琴. 跨域水环境流域政府协同治理：理论框架与实现机制［J］. 江海学刊，2016（05）：214-219，239.

③ 贺卫华，张光辉. 黄河流域生态协同治理长效机制构建策略研究［J］. 中共郑州市委党校学报，2021（06）：40-45.

④ 姜军. 习近平生态文明思想的四重意蕴探析［J］. 世纪桥，2019（02）：4-5+18.

⑤ 陶国根. 多元主体协同治理框架下的生态文明建设［J］. 中南林业科技大学学报（社会科学版），2021，15（05）：7-16.

⑥ 余晓青. 政府网络治理能力现代化：动因、目标及路径［J］. 电子政务，2017（10）：11-19.

及其治理实践的根本目标。将增进人民福祉、实现人的全面发展作为流域生态环境协同治理的价值取向，进一步凸显了流域生态环境协同治理机制中人的主体性。坚持以人民为中心的发展思想，建立健全流域生态环境协同治理机制，持续研发应用性技术，努力为人民享有流域生态环境协同治理红利给予硬件保障，注重流域生态环境协同治理的内容与法治建设，以强化制度支撑，切实增强人民群众获得感。[①] 推进流域生态环境协同治理法治建设，加强相关领域的立法、执法与监管，在确保各类主体享有合法合理的知情权、表达权、参与权、监督权的同时，也要保障多元主体权利的切实应用。最终，为增进人民福祉、实现人的全面发展创造好的环境，让人民群众共享生态环境协同治理发展的红利、提高社会生产水平与人民生活质量。

6.2 强化流域生态环境协同治理的多元参与机制

6.2.1 构建流域生态环境多元主体协同治理格局

党的十八届三中全会提出加快生态文明制度建设，在前者的基础上，党中央与国务院出台了《生态文明体制改革总体方案》，进一步明确要求完善生态文明绩效评价考核和责任追究制度，实行地方党委和政府生态文明建设一岗双责制。2020 年 3 月，中共中央办公厅、国务院办公厅联合印发《关于构建现代环境治理体系的指导意见》，强调"构建党委领导、政府主导、企业主体、社会组织和公众共同参与的现代环境治理体系"。可见，为了推进流域生态环境协同治理，必须积极动员党委、政府、企业、社会组织和公众等行为主体的积极性，实现流域生态环境建设多元主体协同治理。流域生态环境多元主体协同治理既是为了适应行政民主化潮流和公共管理主体多元化发展趋势，亦是推进生态环境治理体系和治理能力现代化的题中应有之义，[②] 同时也是促进"十四五"生态文明建设和生态环境保护目标任务实现的客观需要，[③] 对新时代打好污染防治攻坚战，建设美丽中国具有深刻的意义。

流域生态环境多元主体协同治理反映了政府、企业、社会组织和公众在协同治理流域生态环境方面的积极互动关系。它至少包含了两个层面的含义：一方面，它承认除了政府之外，企业、民间组织和公民个人也是流域生态环境协同治理的重要参与者。另一方面，政府、企业、社会组织和公众等多方角色在流域生态环境协同治理中相互影响，相互制约。流域生态环境协同治理中多个行为体的功能互补，有助于打破政府作为流域生态环境治理单一行为体的传统模式，强化其他管理行为体的重要性，如企业、社会组织和公众等治理主体在流域生态环境协同治理中的地位。

①　周珂，蒋昊君. 整体性视阈下黄河流域生态保护体制机制创新的法治保障［J］. 法学论坛，2023，38（03）：86-96.

②　柴茂. 洞庭湖区生态的政府治理机制建设研究［D］. 湘潭大学，2016.

③　陶国根. 多元主体协同治理框架下的生态文明建设［J］. 中南林业科技大学学报（社会科学版），2021，15（05）：7-16.

依据流域生态环境协同治理机制的新特点，再次设计包含机制体制和法律法规等重要内容在内的制度体系，明确界定不同治理主体的义务、权利、责任和利益关系，强化治理主体之间的协同作用以建立多主体协同治理体系。[①] 在流域生态环境协同治理机制中，政府、企业、社会组织和公民个人等都是协同治理的主体，确保有效发挥政府的公共性、权威性与主导性，充分发挥技术能力强、效率高的企业作用，灵活运用社会组织的公益性、专业性以及公民个体回应快、诉求准等作用，进而充分发挥多元主体的作用优势，构建出流域生态环境协同治理的新范式。

政府作为治理主体，在流域生态环境协同治理体系中肩负战略谋划，牵头设计整体治理架构的作用，因此，需要进一步明确流域生态环境协同治理机制中多元主体的职责权利及其相互关系，避免协同治理主体之间出现权责交叉、缺位错位等现象。同时政府应在流域生态环境协同治理机制中起到主导作用，研商制定法律法规，组织编制相应的发展战略，研究制定相应的激励、奖惩政策和措施，依法规范行业和相关企业的发展，促进流域生态环境的恢复，努力创造良好的市场环境，为推动流域生态环境协同治理机制的完善提供良好的法治环境、政策环境与社会环境。在流域生态环境协同治理机制中，企业不再只是监管的主体，同时也是治理主体，企业要积极发挥自身的信息优势和技术优势，自觉加强自律自治，协助其他社会主体做好行业治理，这在规范行业发展、提高行业发展质量、提升行业企业治理方面发挥重要作用，在流域生态环境协同治理领域形成良好的互补合作关系，实现政企优势叠加。[②] 企业通过制定行业标准，规范行业企业行为准则，企业社会责任标准等营造适宜的行业发展氛围与行业伦理环境，严格遵照排污许可制度标准，依法依规、按质按量地进行污染源排放，并积极参与污染源协同治理工作，积极承担自身主体职责。社会组织则是政府、企业和公众三者之间的桥梁与纽带，需要搭建政府、企业和公众之间协商对话的平台，以畅通不同利益相关者群体的沟通渠道，化解流域生态环境协同治理矛盾，帮助提升政府公信力。并且社会组织应当充当好政府部门、企业和公众之间的"传声筒"角色，将公众的声音及时传递给政府部门，推动相关环境法规政策的顺利落实。同时公民个人要加强培育文化素养，培养诚信意识，通过网上社区等平台反映诉求，反映所在地区在污染源协同治理过程中出现的问题障碍等，加强公民自治，积极参与流域生态环境协同治理。

6.2.2 推动流域生态环境协同治理过程不断深入

实际上，流域生态环境协同治理过程是政府、企业、公众三个行为主体之间相互冲突或不一致的利益得以调和并采取协同行动的一个持续过程。[③] 若要推动流域生态环境治理过程的协同不断深入，除了要求政府、企业、社会组织、公众等主体具有协同共治的观

---

① 轩传树. 互联网时代下的中国国家治理现代化: 实质、条件与路径 [J]. 当代世界与社会主义, 2014 (03): 105–110.

② 杨乐, 付景保, 胡林岩等. 财政政策对黄河流域企业环保投资的影响效果及优化研究 [J]. 生态经济, 2023, 39 (12): 182–190.

③ 周洪双. 全过程协同促进绿色转型 [N]. 光明日报, 2022–03–09.

念，还对具体治理环节中是否具备协同共治的能力有所要求。

第一，决策源头协同[①]，强调参与式管理结构设计，实现规划编制科学化、民主化。参与式管理结构设计的主要代表内容是加强顶层设计，开展流域整体规划编制。总结归纳京津冀协同发展、长江经济带建设、长三角一体化发展以及统筹协调黄河流域重点工作等国家战略的发展经验，中央层面成立相关领导小组，这样，可加强流域生态环境协同治理的整体性和协同性，充分促成中央和地方政府的统筹互动联系，为流域生态环境协同治理提供坚实保障。国家发展改革委、生态环境部、自然资源部、水利部要在中央领导小组的指导下会同各地方制定流域发展规划和相应政策，协调流域生态环境协同治理的重要问题，加强精准分类指导和政策落实的结合，提高空间管理水平。各地方政府应根据流域总体规划制定各自的行动计划，并建立强有力的上下游相邻地区的规划耦合机制，协调解决区域间合作与发展的关键问题，提高流域生态环境协同治理水平。[②] 在参与式管理结构设计过程中，为体现流域生态环境协同治理机制中相关利益主体的共同利益与价值，充分征求环保专家、企业、环保组织群体、社会公民等关心流域生态环境协同治理对象的合理建议和诉求。

第二，治理过程协同，建立健全流域生态协同治理方式与平台。首先是建设完备的参与渠道和方式。目前，流域生态环境协同治理机制中应进一步加强区域信息交流并建立完善相关区域协同合作机制，以确保流域生态环境协同治理和其他工作区域之间合作的正确实施。一是完善政府协商机制，运用长三角一体化开发成功经验中的"三级工作"机制，设置涵盖特定区域的主要领导、主管领导及其相应具体的执行者，引入决策、协调和执行等多层次协商机制。[③] 二是强化具体工作和试点工作的开展，包括努力建立一个高质量的环境和流域发展主管部门，共同讨论和解决重大和紧迫的流域治理问题，提高流域生态环境协同治理效能。在流域生态环境协同治理示范区开展试点工作，通过将规划、政策和执法等多方面工作进行有效衔接，进而克服行政壁垒障碍，将规划、政策、执法和未来应用联系起来，自觉记录并积累形成针对整体流域生态环境协同治理、跨区域流域生态环境协同治理可复制且可推广的经验。三是强化沟通和建立健全信息共享机制，努力建立一个面向多元主体的统一的流域生态环境信息监测的平台，及时发布流域生态环境协同治理的相关信息，建立和培训严重环境问题的预警机制，河流上下游、左右岸之间定期开展包括联合执法、联合监督、联合检察等形式的环境协同保护活动，真正贯彻落实国家协调、区域统筹和地方负责的生态建设管理机制。四是推进流域内区域合作，尝试建立流域生态补偿机制，在借鉴国内外流域生态补偿机制成功经验的基础上，抓住当前机遇，进一步优化形成新的流域区域协同发展机制，通过建立补偿基金和管理基金，对流域上下游之间、左右岸之间的水生态环境质量进行价值化处理，提高流域环境保护的积极性，从而切实体现

① 李海生，谢明辉，李小敏等. 全过程一体化构建减污降碳协同制度体系［J］. 环境保护，2022，50（Z1）：24-29.

② 林永然，张万里. 协同治理：黄河流域生态保护的实践路径［J］. 区域经济评论，2021（02）：154-160.

③ 杨亚辉. 黄河流域生态保护的协同司法机制［N］. 中国社会科学报，2021-11-05.

"绿水青山就是金山银山"的发展理念。[①]其次是信息平台的支撑建设。在建立信息共享机制的基础上，参与治理的个人或组织可以合法合理获得其他个人或团体的权威数据资源，进而有效克服信息不对称和数据资源分散现象，消除不同行为主体之间的分歧与隔阂，增强多元主体之间的信任程度，降低协同成本，提高流域生态环境协同治理质量和效果。[②]主要包括以下四个要点：一是明确数据资源共享机制。数据和信息是流域生态环境协同治理共享平台中最关键的资源，大数据监管是未来政府监管的主要工具。针对目前的数据孤岛等问题，政府要从法律层面对数据的属性、所有权、消费者隐私保护等问题予以明确，同时，要对各个主体间的数据资源共享作出明确的界定，确立数据共享机制与渠道。要特别注意的是，政府层面要率先做出数据公开，对于公开的类型、程度，要从法律上予以明确，通过法律制度消除各主体间的信息不对称问题，打破信息壁垒，降低交易成本，有效提高监管效率。二是提高政府信息数据交换的质量。政府掌握着大量的基本信息资源、公共信息和所有有关企业和个人的信用数据。在某种程度上，政府拥有整个社会的数据资源，而企业只拥有关于自己的部分数据。总之，加强流域生态环境协同治理中信息平台的支撑建设，必然离不开政府的数据资源。然而，从目前来说，政府数据资源共享质量方面存在几点较为突出的问题。一方面，数据更新滞后，需求部门往往通过反复的申请和催促才能获取最新数据；另一方面，数据共享较为单一，数据提供部门有时出于部门利益考虑，往往只提供一部分字段的信息，申请者无法获取全面的数据，往往需要再次申请，但很有可能最终不了了之。另外，共享数据的可读性差。几乎所有部门都不允许申请者读取数据库信息，只提供其加工处理后的数据资源，申请者即使拿到数据资源，也需要进行大量的技术处理，因此，要重点加强政府数据共享平台建设、共享标准建设和共享机制建设，在确定统一的数据平台的前提下，进一步规范数据共享的质量品质和更新要求，确保数据可用、好用、较为完整。三是加强政府数据资源开放。政府要通过网络化的数据开放平台，主动向社会开放数据，提高市场和社会获取数据资源的便捷性，注重政府数据开放的标准化、规范化、流程化，提高数据开放的质量。政府数据开放强调的是政府利用信息技术平台，主动向公众提供无需特别授权，可以机器读取，能够再次开发利用的原始数据。因此，政府不但要开放数据，还要确保数据可直接被企业、公民个人读取或使用。四是促进企业数据资源开放。在流域生态环境协同治理中，企业在经营过程中也产生了大量的数据资源，再加上很多企业往往居于行业垄断地位或处于行业龙头地位。因此，这些企业的数据资源就成了重要的行业数据资源。基于企业数据资源的一个重要推动，企业将运营数据、监管数据等与维护流域生态环境协同治理相关的数据，主动与政府监管部门共享，保证政府能够了解企业在流域生态环境协同治理中发挥的作用，还要推动企业数据向市场和社会适度开放，鼓励其他企业主体根据其开放的数据提供其他增值服务。

第三，末端治理考核评估协同，满足立法保障与法制化推进。在流域生态环境取样测

①　宁国良，杨晓军. 生态功能区政府绩效差异化考评的模式构建[J]. 湖湘论坛，2018，31（06）：133-141.
②　何文盛，蔡泽山. 中国地方政府预算绩效管理改革的组织机制重构——基于CGRs理论的分析[J]. 行政论坛，2020，27（02）：50-57.

验过程中，不同的部门或机构基于水质在时间和地点存在差异的情况下检测结果很有可能会出现差异较大的情况，为了防止流域生态环境检测结果出现上述情况或因为其他因素出现重大纰漏，应当建立健全完善科学的流域生态环境污染治理考核评估体系。① 首先，明确科学的流域水质评估指标，若无重大情况，指标一经修订不会轻易更改，如果确实需要变动，应该提前向社会公众说明并再次公开重新制订的标准，以维护考核评估的权威。其次，考核评估注重多维度主体参与分析与评价。民主参与的积极性和信息公开的程度是政府公信力、权威的真实体现，在评估流域生态环境协同治理时，可以鼓励和吸纳与流域生态环境污染协同治理存在利益关系的各类行为主体积极参与考核评估，引入如环保企业、排污企业、环保卫士、社会公民个人等主体，实现流域生态环境污染协同治理考核多维度评估，增强评估结果的科学化与民主化程度，进而强化考核评估公信力。

2023 年 7 月，习近平总书记在全国生态环境保护大会上强调，要强化法治保障，统筹推进生态环境、资源能源等领域相关法律制修订，实施最严格的地上地下、陆海统筹、区域联动的生态环境治理制度。由此，强化法制保障机制和协同治理长效机制建设是实现流域生态环境协同治理长治久安的关键基础。而要推进法治化建设、增强立法保障主要包括以下三点：第一，建立健全流域生态环境协同治理法律法规制度。在国家层面上，研究制定流域环境保护专项法律，将国家相关法律制度与有关流域的特点和实际情况紧密结合起来，加以具体化，确立流域生态管理的基本规则，使其具有"法律约束力"。譬如 2021 年《中华人民共和国长江保护法》和 2023 年《中华人民共和国黄河保护法》的施行，象征着中国的流域法律真正落到实处，以总揽性的方式全面协同推进"江河战略"法治化。在此基础上，流域各省（区）将制定保护生态红线的地方性法规，加强对违反生态红线行为的处罚。第二，完善流域生态环境协同治理考核机制建设。市政当局很容易局限在自己的利益中忽视对共同利益的考虑。例如在黄河流域的联合治理中，当地政府应利用国内外流域综合治理的理论和实践，建立一个协调有度、系统统筹、有效落实的黄河流域综合治理体系。具体措施诸如建立一种流域范围内针对各级党委和政府的目标责任制和考核评价制度，以此减少地方政府之间的竞争程度和非合作行为，降低其消极影响。② 第三，建立完善的流域生态环境协同治理奖惩机制。加大对重大流域生态环境问题的责任追究和惩处力度，加强对流域生态薄弱环节治理的跟踪和监督；通过建立补偿基金和管理基金，对流域上下游之间、左右岸之间的水生态环境质量进行价值化处理，提高多元主体面对流域生态环境保护的积极性，推动统一流域绿色发展和共享发展战略目标。

6.2.3 强化流域生态环境协同治理的过程多元监督

多元监督即监督主体的多元化，意喻多个监督主体可以独立行使和实现监督职能和效

---

① 紫利群，赵润华 . 环境治理中多主体协同困境与出路——以丽江程海湖水污染治理为例 [J] . 四川行政学院学报，2017（04）：10-14.

② 林永然，张万里 . 协同治理：黄河流域生态保护的实践路径 [J] . 区域经济评论，2021（02）：154-160.

果。① 这里面有两个非常重要的条件，一是独立性。在流域生态治理中，虽然各监督主体在监督系统中具有不同的权重与作用，但独立进行监督的权利是受法律保护的。二是功能性。各类监督主体需要真正的发挥规定的监督功能，而非空为摆设，否则就是伪监督。流域是准公共产品，从中获益的主体众多，为实现流域生态环境协同治理目标，必须强化流域生态环境协同治理多元监督格局，通过协同各级政府之间、政府企业之间以及政府、企业、社会组织和公众等主体之间的监督行为，提升流域生态环境协同治理中各主体间信任、公平与依赖水平，改善主体协同态度与协同能力，② 助力形成以政府为主导、企业为主体、社会组织和公众共同治理的生态环保大格局。

第一，强化流域生态治理领域中包括行政监督、法律监督与司法监督在内的人大监督。我国宪法和法律确立了人大监督在国家监督体系中的至上地位，赋予各级人大及其常委会针对环境治理中的立法权、行政权、审判权、检察权和监察权的运作享有监督权限。作为立法机构，人大将中国流域生态环境协同治理中多方主体的权利和责任在法规执行方面制度化；作为监督机构，人大力求监督相关法律法规的实施，确保在环境管理实践中依法行使立法权、行政权、司法权、检察权和监督权。③ 目前，我国流域生态治理多元监督中的人大监督仍存在监督缺位、监督适用方法单一、监督实施刚性不足等问题，为强化人大监督效力，应该进一步提高监督主体的积极性、增强监督内容的针对性、提升监督实施的时效性以及深化监督体系的全局性。

第二，加强流域生态治理的党内纪检监督。党的十八届三中全会指出，落实党风廉政建设责任制，党委负主体责任，纪委负监督责任。落实纪检监督责任，必须分清主次、突出重点，履行《党章》赋予的执纪、监督、问责三项基本职能，重点要落实惩治和预防腐败工作任务，严明政治纪律、组织纪律、廉洁纪律、群众纪律、工作纪律和生活纪律，持之以恒纠正"四风"。从健全制度着手，围绕环境执法、环评审批、固体废物管理以及"三重一大"、公款消费等开展监督检查，对存在的违纪情形执纪问责。全面落实领导干部"一岗双责"，切实增强领导班子和全体干部职工责任意识，坚持环保业务和党风廉政建设"两手抓，两手都要硬"，用党风廉政建设保障和促进环保业务工作的开展，形成全方位、立体化推进反腐倡廉建设的工作格局。

第三，重视流域生态治理的检察监督。近年来，多地检察院通过共同签署协同检察方案以加强流域生态治理跨区域协作，形成同防同治监督合力，进一步充分发挥公益诉讼检察职能，实现跨界流域的协同治理，为筑牢流域生态屏障、推动流域经济绿色发展提供有力检察保障。如 2020 年 4 月 20 号，重庆市检察院和四川省泸州市检察院联合召开关于长江跨界流域公益诉讼检察协作工作的交流座谈会，两院于会议上交流了近年来公益诉讼开

---

① 蔡林慧，李辉. 由线性叠加到多元耦合：村级公共权力监督模式的嬗变 [J]. 江海学刊，2011 (01)：216-221.

② 赵晶晶，葛颜祥，李颖. 协同引擎、外部环境与流域生态补偿多主体协同行为研究——以山东省大汶河流域为例 [J]. 中国环境管理，2023，15 (04)：130-139.

③ 章楚加. 环境治理中的人大监督：规范构造、实践现状及完善方向 [J]. 环境保护，2020，48 (Z2)：32-36.

展情况，并就两地检察机关建立共同保护长江跨界流域生态环境跨区协作一体化专业办案团队等具体协作内容达成了共识，签署了《关于在长江跨界流域生态环境资源保护中加强公益诉讼检察工作跨区域协作的意见》；① 2023 年 9 月，广水市检察院和安陆市人民检察院共同会签了《关于建立府河流域综合治理跨区域检察公益诉讼协作机制的意见》。上述两个协作机制意见的签订皆明确了协调区域间基层合作工作，建立联合办案机制，及时进行信息传递、通报和反馈，加强调查取证合作，全面交流信息资源，共同监督环境整治，做好新闻宣传，联合开展调研等基本合作内容，有效发挥流域生态治理的检察监督功能，切实增强协作的针对性和监督实效。

第四，增强流域生态治理的政协民主监督效力。民主监督是实现人民民主的保证，人民政协民主监督在国家政治生活中的作用举足轻重，是中国监督体系的重要子系统。② 中共中央办公厅发布的《关于加强和改进人民政协民主监督工作的意见》对人民政协民主监督的工作内容作出明确指示，即政协民主监督的工作重点应当是"党和国家重大方针政策和重要决策部署的贯彻落实情况"。具体来说，首先聚焦中央要求、省委关注、群众关心的重点问题，经过多次征求意见，不断深入研究，进而确定重点监督的对象；继而监督要具有政策依据，没有依据的将不会成为监督内容。政协民主监督之所以成为短板，渠道、平台和载体的缺乏及不规范是重要原因。在法律法规界定的前提下，应当尝试开展多渠道、多平台、多形式、多载体的创新监督形式，例如，湖北省人民政协将新闻监督、群众监督、联动监督等视作政协民主监督的基本手段，全面发力创新有效协同监督的新途径③，推动了湖北汉江流域水污染治理，探索了政协民主监督的有益方法，受到各方面充分肯定。

第五，提升流域生态治理社会监督能力。社会监督是人民参与管理国家事务的重要途径，其监督的主要手段有：建议、批评、检举、控告、申诉等。监督的主要形式又包括社会团体监督、公民监督和舆论监督。为强化流域生态治理社会监督能力，可依托网络媒体等社会受众易接受的方式，搭建公众有序参与平台，拓宽参与途径。完善立法公开和意见收集、反馈制度，公开立法各方面细节，强化立法信息传递。依托基层立法联系点，多层次、多角度征求吸纳公众意见建议，建立完善的意见反馈制度，形成良性互动。健全公众听证制度，对流域保护涉及公众切身利益的立法，可邀请公民报名参加立法听证会，陈述观点，作为立法的重要参考。鼓励公众监督流域治理结果，建立流域保护举报处理机制，对真实举报进行奖励，发挥流域生态环境的社会监督作用。

简而言之，党的十九届四中全会公报明确指出，要坚持和完善党和国家监督体系，加强对权力机关活动的监督和制约。将人大监督纳入国家监督体系，必须将资源和力量充分纳入国家监督体系，强调人大监督、党纪监督、检察监督、政协民主监督和公共媒体监督

---

① 如何实现长江跨界流域协同治理？川渝两地检察机关这样做［EB/OL］.（2020-04-21）［2020-04-21］https：//www.cqcb.com/fazhi/2020-04-21/2345156.html.
② 毛丽萍. 守护汉江生态促进协调发展——湖北省政协首次专项民主监督汉江流域水污染防治纪实［J］. 湖北政协，2018（12）：15-19.
③ 发挥政协民主监督优势和作用助推湖北汉江流域水污染治理［J］. 湖北政协，2018（12）：20-22.

在环境流域管理中的协调与合作，关注公众关注的环境问题，通过沟通交流环境管理信息，根据国家治理体系和治理能力现代化的内在要求，逐步形成以人大监督为中心、多个监督机构广泛合作的一体化权力监督模式，鼓励支持公众通过制度渠道参与权力监督过程。通过优化国家监督体系，参与流域生态环境协同治理多元主体的行为选择和互动轨迹，旨在满足法律规定的要求和期望，最终实现国家生态文明建设重大目标。①

6.2.4 提升流域生态环境协同治理的社会参与能力

强化对流域生态环境治理和环境监督，落实地方在生态环境治理中的主体责任，仅仅依靠单一的地方政府部门是不够的，应当在全社会强化多元力量的共同参与和推动。公众参与是一个不可避免的要求，也是当前民主制度下保护环境的基本手段。② 从世界经验来看，国外一直都非常鼓励社会力量与公众参与生态环境治理，我国也一直强调社会公众参与生态环境保护和生态治理的作用，在《中华人民共和国环境影响评价法》（2018 年）中明确了国家鼓励有关单位、专家和社会公众以适当方式参与环境影响评价。同时，该法律对社会参与生态治理的具体范式和作用途径作了安排。因此，在强化流域生态环境协同治理的多元参与中，须进一步健全公众参与的具体措施与渠道方式。

首先，补充完善流域生态治理公众参与方式与政府回应机制。从公众参与方式来说包括三点：一是不断健全流域生态环境信息公开制度，对流域生态环境状况、环境监测情况，特别是生态污染事件信息（包括污染源、污染程度、污染危害等），作为信息公开制度的一部分，及时、准确地向公众、媒体等公开，以达到满足公众对环境及环境信息的知情权。特别是对突发重大污染事件的信息要更及时、更权威的为公众提供；二是健全流域生态环境保护和环境影响评价的听证制度，面对流域生态环境治理中的重大决策、重大政策和制度，尤其是可能影响流域生态环境的工业企业污染指数的决策，政府应举行专家论证和公众听证会，让社会公众能完全了解流域内生态环境决策政策，并且能在生态保护和评价中表达个人意见，维护公众参与生态环境保护的权利；三是开展流域生态保护公益性活动，构建流域生态保护公益联盟，推动生态保护的公益性发展。从政府回应方面来看，一方面，要明确社会公众对生态环境监督的程序内容，譬如生态环境监督的内容展示、生态监督的具体途径，以及部门处置或解释的方式方法说明等；另一方面，在保证社会工作对流域生态环境监督具有有效性之后，政府机构应及时回应公众的反馈意见，并对社会公众关注的生态问题进行及时的解决，特别是针对一些生态违法行为，要及时地做出相应处理，并公布处理结果，以增强社会公众参与生态环境保护的积极性。

其次，完善公众举报制度，增强社会监督能力。生态保护法律制度和政府生态责任能否得到有效落实，社会公众的监督就是其中一种重要的督促动力。尤其是直接或间接遭受环境污染影响的公众，必定会通过对相应部门进行举报或是选择联系媒体曝光，进而推动政府坚决制裁打击产生污染行为的企业。因此，促进公众的积极参与和改善问责制将鼓励

① 章楚加. 环境治理中的人大监督：规范构造、实践现状及完善方向［J］. 环境保护，2020，48（Z2）：32-36.

② 林震. 生态文明建设中的公众参与［J］. 南京林业大学学报（人文社会科学版），2008，8（02）：14-16.

和迫使政府和企业保护环境。

最后，必须提高社会对环境的责任意识，有效行使公众对政府环境职责的否决权。公众对环境保护意识的强弱以及公众参与的程度是环境保护的重要基础，并且公众作为流域生态环境协同治理和高质量协同发展的直接受益者，最终会实现所处环境的改善和经济的增长。[①] 具体而言，环境保护意识主要代表着大家在认知环境状况和账务环保规制的基础上，遵循基本生态价值观所培养出的环境保护的自觉参与性，会在环境保护的实际行动上有所表现。[②] 目前，我国公众环境保护意识普遍还比较弱，对环境保护认知也有一定程度的偏差，对政府环境保护行为认知较低，由此导致公众对环境保护和生态治理重视不足，虽然近年来公众对政府生态治理责任的监督逐渐加强，但还达不到运用生态否决权的程度。因此，政府应积极对当地居民进行环境保护教育和宣传，激发他们的环境保护意识，提高他们对环境保护的参与度，进一步提高公众的环境权益意识，从而形成对政府环境责任的有力控制。值得注意的是，环保意识应扩展到流域周围的关键区域和关键企业，让他们了解政府在环境治理中也会存在失责行为，也应当承受相应的责任追究，如此才能让政府生态治理责任真正处于阳光下，受所有社会公众监督，自觉接受社会公众质疑与批评。

6.3 强化流域生态环境协同治理的府际合作机制

6.3.1 建立流域生态环境协同治理府际合作沟通机制

流域生态环境治理是建设流域生态文明的社会自觉行为，协同治理是流域生态环境治理发展的客观趋势。建立和完善流域生态环境协同治理机制，是环境治理理论发展的必然要求，也是对党的社会管理理论创新的积极回应。[③] 传统的"行政区"属地管理模式导致一种困境，即地方政府在流域内以自己的方式管理环境和生态，使得政府间协同治理变得困难，甚至某些地方政府的既得利益与其效率相挂钩。在生态环境治理中出现相互推诿或变相保护等行为。因此，在流域生态环境协同治理中必须强化流域内政府的合作共建，实现府际协同治理，构建流域生态环境治理的府际协作协调机制。

第一，建立统一联动的流域协同治理机制。分散的环境治理功能往往会导致环境治理权力和资源的多重性，难以建立起统一协同的治理合力。[④] 在流域生态治理上，建立起由政府主导、市场与社会参与的网络化多元主体协同治理体系。如长江和黄河这样的大流域，中央政府应该出面干预其协同治理。中央政府作为治理政策和治理对策的统筹协调机构，应建立与国家战略相一致的流域生态环境协同治理机制和发展推进机制，制定实施中央层面的流域生态环境协同治理与未来发展政策指导、协调和监督地方流域生态环境协同

①　曲国华，李晨成，李春华等．公众参与下黄河流域生态保护和高质量发展的协同演化机理研究［J］．灾害学，2023，38（03）：7-16．
②　赵泽洪，刘利．和谐社会中的政府生态服务［J］．江汉大学学报（社会科学版），2007（01）：35-38．
③　韩晓莉．生态管理社会协同机制构建［J］．社会科学家，2014（07）：73-77．
④　彭向刚，向俊杰．论生态文明建设中的政府协同［J］．天津社会科学，2015（02）：75-78+154．

治理，通过成立新的流域管理机构或整合现有机构职能，形成全流域统筹管理的体制机制，协助解决流域范围内的省际争端。① 如今，纵观国内外，诸多国家在跨流域生态环境协同治理领域研究并建立了府际协同合作沟通机构，形成了可供借鉴参考的经验。譬如莱茵河流域国家于 1950 年成立的保护莱茵河国际委员会，美国和加拿大政府于 1955 年根据《大湖流域协议》成立的大湖委员会，1979 年中国水利部成立的珠江水利委员会，以及 1992 年墨累-达令流域建构和完善的部长理事会、流域委员会和社区咨询委员会等府际协同合作沟通机构。因此，为优化流域生态环境协同治理机制的机构设置与职能定位，可参考有效经验设立专门的流域管理机构。在提升原单一行政部门管水、治水的水政职能基础上，强化流域保护、发展与治理功能，完善省际、市际等地方层面的协同治理平台，构建跨流域各省的府际协同合作沟通机制，调整优化部门职能设置，建立地方政府推进流域治理的协同机构与机制。

第二，建立科学的流域府际合作沟通机制。推进整个流域的府际协同治理是纾解流域生态治理困境的关键。② 通常情况下，流域内的政府间合作往往涉及省际合作，而省际合作中存在的机遇、争端和挑战，仅依靠上级政府机构的领导难以有效协调。因而需要建立关键的流域生态环境协同治理的府际协调合作机制和沟通体制。流域内的地方当局将在自愿合作的基础上建立和完善流域生态环境协同治理的府际协调合作机制。一是公共事务的协商机制。流域府际间可以建立流域公共事务协商机制，协调流域内的政府决策谈判、生态环境治理和环境政策执行等问题，甚至可以建立一些区域间重大公共事务的联席会议制度，促进流域内环境管理的分工与合作，寻找区域合作的长效机制。二是生态环境信息沟通机制。利用现代技术手段建立流域生态环境信息共享平台，对流域生态信息，涵盖水文信息、水质信息、环境信息等，及时完成信息通报和信息共享，特别是在发生重大污染事件时，要建立污染源、污染区、治理进度等环境信息库，并自觉将信息予以通报公布。三是流域生态补偿机制。生态补偿是我国生态建设和环境保护中的重大关键事项，影响到美丽中国建设以及经济和社会可持续高质量发展，因此，需要进一步提高财政生态补偿资金配置效率。投入流域生态环境协同治理基础设施建设中的资源，譬如污染防治基础设施和废水处理，应按照属地原则和利益共享原则，进行合理分配和组织安排。同时，环境补偿适用于遭受环境损害的企业和个人，包括确定补偿的主体和客体，以及补偿资源的来源和分配等。四是流域生态环境联合执法机制。流域政府要构建针对跨流域生态环境破坏行为的联合执法机制，健全跨区域生态环境保护综合监管协作机制，妥善处理跨区域突发环境事件及污染纠纷，确保流域生态执法整体一盘棋，不推诿、不包庇，实现流域生态执法无死角。

第三，建立系统的河湖长联席会议机制。为完善河湖长制组织体系，应当进一步强化流域生态治理工作，推动流域区域联防联控联治，凝聚治水管水合力，形成流域统筹、区

① 何文盛，岳晓. 黄河流域高质量发展中的跨区域政府协同治理 [J]. 水利发展研究，2021，21（02）：15-19.

② 王江，王鹏. 流域府际生态协同治理优于属地治理的证成与实现——基于动态演化博弈模型 [J]. 自然资源学报，2023，38（05）：1334-1348.

域协同、部门联动的河湖保护管理格局。① 在充分发扬民主的基础上，通过推进跨省流域联防联控联治工作，交流工作经验，围绕流域水域岸线管理保护、水污染防治、水环境治理和执法监管等任务进行研究探讨，组织召开全体成员联席会议、专题联席会议，协商解决河湖长制工作中涉及上下游、左右岸省际的问题，以及其他需要协商解决的事项，进而协调相关省（市）级地方政府，建立健全系统的河湖长联席会议机制。② 系统的河湖长联席会议机制会更明确流域干支流、上下游、左右岸的管理责任，在更高层次、更广范畴研究部署重大事项，协调解决重大问题，统筹推进流域河湖长制有关工作，推动流域与区域、区域与区域之间的协作配合，增强流域生态环境治理的系统性、整体性、协同性，为共同抓好大保护、协同推进大治理，深入推动流域生态保护和高质量发展提供坚实的制度基础。

6.3.2 健全流域生态环境协同治理的府际利益整合机制

在区域一体化的基础上，利用市场机制完成流域生态环境资源和要素的合理配置与整合，是流域生态环境协同治理的一个重要方法。③ 在流域生态治理过程中，各地方政府是独立的利益主体，政府的行为受利益驱动，一切生态治理行动都以各自利益最大化为目标。因此，府际间应构建科学的利益整合机制，避免"合作博弈"失败，以此来推进府际合作进程和流域生态治理的可持续发展。

第一，建立府际利益共享机制。利益关系是政府间合作的根本，只有建立利益共享机制，才能促进政府间合作的顺利实施。为了促进政府间集水区管理的合作，有必要考虑彼此的利益，建立环境管理的长期利益共享机制，确保政府间合作双方能够以平等互利的方式，公平公正地使用环境管理的利益，以实现最大限度的利益共享。④ 流域生态环境协同治理中的利益共享机制是一种公平、合作和互利的安排。同时利益共享机制是一种新型的区域利益关系，它是公平的、合作的、互利的，通过分享区域利益来实现环境管理，最终实现共同富裕。客观上讲，流域生态治理府际合作利益共享机制的建立，有利于保证流域各政府共享合作成果，通过合理的利益分配能够有效提高流域政府在生态治理合作中的积极性和主动性，发挥府际合作的创造性，保证府际合作的长期性，实现流域生态合作治理中的利益共享。

第二，建立府际利益协调机制。首先，应建立一个一致的利益协调机构，通过本地区各级政府之间的共识授权，以确保该机构的权威性，并全权负责政府间的利益协调，处理相关的行政问题，确保利益协调方案的全面实施。该组织由各级政府领导层、企业、媒体

① 张红武，王海，马睿. 我国湖泊治理的瓶颈问题与对策研究 [J]. 水利水电技术（中英文），2022, 53（10）：21-32.

② 蒲飞，张东方，张帆. 黄河流域（片）省级河长制办公室联席会议制度建立 [J]. 人民黄河，2017, 39（06）：151.

③ 王家庭，曹清峰. 京津冀区域生态协同治理：由政府行为与市场机制引申 [J]. 改革，2014（05）：116-123.

④ 毛春梅，王佳琦. 跨域水体治理中的府际控制权共生模式选择——以长三角示范区跨界水体联保专项为例 [J]. 苏州大学学报（哲学社会科学版），2022, 43（03）：29-40.

和公众代表组成，定期开会讨论政府间合作的各个方面。其次，建立一个协调利益的资源交流平台，增加协调利益的机会，加强府际交流，以确保利益协调渠道通畅。最后，还应该通过教育宣传和媒体推广在流域范围内广泛传播流域生态环境协同治理的重要性，以提高政府官员的流域生态环境协同治理责任意识，增强流域内广大民众参与流域生态环境协同治理的热情，减少府际间偏见和隔阂，客观上促进利益协调机制的有效贯彻落实。

第三，建立府际生态补偿机制。中共中央办公厅、国务院办公厅印发的《关于全面推行河长制的意见》（2016 年）强调在加强水生态修复中，积极推进建立生态保护补偿机制。[①] 在流域生态环境协同治理过程中，难以避免会出现一个政府受益，另一个政府失利的情况。为了促进政府间合作，有必要对受损方的经济损失进行补偿，因此，有必要积极建立可靠的府际生态补偿机制。赔偿金的支付应遵循适度原则，充分考虑当事双方的客观需要，努力满足受影响方的需要。利益抵消机制的建立必须遵循几个基本原则。一是遵循"谁受益、谁赔偿"的原则，以减轻财政负担。在流域生态环境协同治理中，谁受益最大，谁就应该负责赔偿受损者。二是必须遵循"公平、公正、公开"的原则。在实施生态补偿机制的各个环节都必须贯彻这一基本原则。三是坚持根据实际需求进行利益抵消。利益抵消可以采取多种形式，包括经济补偿、政治补偿和文化补偿等，采取何种形式的补偿必须根据具体情况决定。四是国家和政府应积极争取支持建立新的国家利益补偿机制，确保合作的受益方以国家财政补贴的形式获得合理的补偿，建议根据演化主体初始意愿、监管效能、支持倾向，动态调整地区水污染治理奖惩策略。[②] 五是制定关于环境补偿的立法。必须以立法的形式明确规定环境补偿的范围、补偿标准和补偿程序，使环境补偿能够在实践中发挥作用。同时，在流域生态环境协同治理中务必增强国家的核心地位和主导作用，基于区域协同理论指导以建立流域生态补偿长效法律机制，继而才能促使流域各参与主体都能协调分配流域转移的增值收益，跨界流域所体现出的总经济价值真正纳入经济社会总体规划与政策之中，达到对跨界流域的整体保护、活态保护、开放性保护、发展中保护和可持续保护的终极目标。[③]

6.3.3 强化流域生态环境协同治理府际联控联动机制

流域生态环境治理作为一项涉及流域范围内的广泛系统工程，在地方政府实施合作治理中，必须建立起政府之间的合作与联动，以改变流域治理低效协同的现状，将属地管理系统和垂直管理系统以及各自的子系统凝聚起来，跨越各自的管理边界，在大的流域范围内跨区域进行生态环境保护政府联合行动，实现以流域为单位的生态环境保护的联动机

① 中共中央办公厅 国务院办公厅印发《关于全面推行河长制的意见》［EB/OL］.（2016-12-11）［2016-12-11］.

② 杨霞，何刚，吴传良等. 生态补偿视角下流域跨界水污染协同治理机制设计及演化博弈分析［J］. 安全与环境学报，2024，24（05）：2033-2042.

③ 邵莉莉. 跨界流域生态系统利益补偿法律机制的构建——以区域协同治理为视角［J］. 政治与法律，2020（11）：90-103.

制，推动全流域形成"大保护、大治理"的格局[①]，具体可以从对流域污染物的联合控制、生态检查的联合执法和生活环境保护的应急联动等着手健全相应机制。

第一，建立区域流域污染物联动控制机制，以优化协同治理机制的源头控制流程。以改善流域生态环境质量为导向，对流域生态环境实行流域污染物协同控制策略。首先，在国家流域生态环境健康评价指标体系基础上进一步增加新的健康指标，探索制定流域生态环境污染排放的区域控制性指标。其次，要严格控制和落实区域排污总量，针对流域生态环境健康状况和污染特点制定特定污染物的减排方案，实现流域协同减排。再者，健全流域生态环境范围内的特别排放限制规定。在具体的流域内实施比国家标准要求更进一步、更具体详细的流域污染物排放标准，根据《重点流域水污染防治规划》《关于加强入河入海排污口监督管理工作的实施意见》等规范性文件，对水泥、钢铁、石化、化工、有色金属等重点行业的污染物设定具体的排放限值，通过区域间设立湿地生态公园等防控措施控制污染物在区域间的转移，控制城市间流域的污染物转移，建立由国家统筹、省负总责、市县抓落实的排污口监督管理工作机制。最后，须加强公众监督，加大对排污口监督管理法律法规和政策的宣传普及力度，建立完善公众监督举报机制，形成全流域、全社会共同监督、协同共治的良好局面。

第二，建立健全流域生态环境污染联合检查交叉执法机制。[②]为了避免流域污染防治中的地方保护行为和跨区域污染监管盲点盲区问题，建议由环境保护部门的相关领导作为联合检查交叉执法小组组长，由流域内（尤其是跨省际流域）的环境保护部门相关领导轮流担任副组长，抽调当地相关部门的执法力量，组建非固定的流域生态污染防治联合执法机构，制定跨区域的流域生态环境污染防治区联动检查执法的工作制度、计划和实施方案组织协调实施。以定期联动检查与交叉执法、非定期联动检查与交叉执法和重度流域污染应急联动执法的方式进行，确保跨区域的流域污染行为得到方便、快捷、高效的处理。流域范围内各地的公安机关、检察机关对流域污染的相关案件加大联合侦办力度，确保相关案件能及时查办侦结。

第三，健全重度流域生态环境污染的联动应急机制。自新中国成立起，国内各地频发流域生态环境重度污染事件，对国家的人力物力财力资源造成了巨大的损失与浪费，国家应当将流域生态环境重度污染防治列入跨区域应急管理计划，各地也应根据国家制定的流域生态环境污染防治计划建立区域联动机制的要求，制定具有可操作性、可评估性的流域生态环境污染防治多元应急主体的实施方案。流域范围内的各相关城市间应建立区域流域生态环境重度污染应急联席会议制度，对流域污染状况及时进行监控和预测，加强联合会商，及时研判、报告流域污染预警信息。在对流域污染监测信息的准确评估基础上预测污染的发展趋势、区域、范围，及时向相关城市告知流域生态环境健康信息和污染程度，及时启动应急响应机制，告知公众相应的预防信息。根据不同地区、不同污染源设立应急联

① 王佃利，滕蕾．流域治理中的跨边界合作类型与行动逻辑——基于黄河流域协同治理的多案例分析［J］．行政论坛，2023，30（04）：143-150.

② 谢宝剑，陈瑞莲．国家治理视野下的大气污染区域联动防治体系研究——以京津冀为例［J］．中国行政管理，2014（09）：6-10.

动小组，包括工业污染源控制组、农业污染源控制组、交通运输污染源控制组、生活污染源控制组、移动污染源控制组等，实施跨地区联动防控。

6.3.4 健全流域生态环境协同治理府际信息共享机制

流域生态环境协同治理的重要优势就是在开放的治理网络中，各行政主体之间打破信息垄断、解决信息闭塞和信息失真，实现信息共享，为政府在生态环境治理实践中的决策提供基础。[①] 信息共享与信息交流是府际合作的基础，是流域生态环境协同治理的重要内容。因此，必须建立流域生态环境协同治理府际信息共享机制，促进信息共享，便于流域生态环境治理信息的公共获取。

第一，畅通流域生态环境协同治理信息交流渠道。为了保证生态治理信息获取及时、快速和准确，必须拓宽信息交流渠道，使广大人民群众能够方便快捷地获取生态治理各项信息资源。在畅通信息交流渠道时，要重点打破"信息孤岛"和"数字鸿沟"的限制，同时还要注重信息交流的有效性。以计算机网络为平台，建设生态治理府际合作的信息管理网络服务系统，譬如生态治理监督数据系统、生态治理协调数据系统、生态治理控制数据系统、生态环境保护基础数据系统、生态治理成果应用数据系统、生态治理政策管理数据系统等。搭建流域政府间合作交流的信息网络，扫清府际合作信息交流的多种障碍，保证流域生态环境协同治理信息交流顺畅，加快流域信息化建设进程，最终实现以信息化带动生态农业和绿色工业的发展，促进流域生态环境的保护与治理，推动流域经济社会的可持续发展。

第二，搭建流域生态治理信息共享平台。信息共享平台的建立是流域政府间沟通和协调的基础，可以改善沟通和进行有效协调。首先，必须发展电子政务服务，并在电子政务服务的基础上，建立流域生态环境协同治理领域政府间合作的专门数据库。参与政府间合作的各方都应能自由获得适当的权利，从共同数据库中发布和上传信息，并随时添加和更正信息。其次，建立一个独立的政府间网站，用于交流共享与流域生态环境协同治理相关的信息。这是一个政府间合作的官方交流平台，向全社会开放，所有人都可以免费访问网站上发布的各种信息来源。这将确保信息资源的合理流动和有效利用，使流域生态环境协同治理更加高效。最后，建立政府间流域生态环境协同治理的内部沟通和信息共享平台，使各级政府能够方便、快捷地获取流域环境治理的各种基础数据。该平台负责网络上的信息传播、信息过滤和选择，以及标准化的信息管理。通过信息交流平台，各管理机构可以从交流平台上的大量信息和数据中选择对自身有用且符合区域发展需要的重要信息与内容。

第三，建立流域生态环境污染监测信息共享与通报机制。[②] 建立信息共享与通报机制，能保障流域生态环境共享数据有效汇集、实时更新和高效共享，以优化协同治理机制的预防保护流程。在信息共享方面，流域生态环境污染区域协同联动防治的前提是流域生

---

① 陶国根. 协同治理：推进生态文明建设的路径选择 [J]. 中国发展观察，2014（02）：30-32.

② 李岸昀，刘莉芳，韦人玮. 国际河流信息共享方法研究——以澜沧江-湄公河为例 [J]. 人民长江，2022，53（06）：45-53.

态环境污染监测信息能够及时、透明和完全共享，这也是不同地区之间实现诚信沟通的保障，只有通过对污染信息的完全把握才能准确研判污染程度和发展趋势，从而发挥区域联动平台和机制的作用。运用现代信息技术和通信技术，建立流域生态污染数据资源中心、信息共享平台和大气污染应急决策支撑平台为一体的综合性区域流域生态环境污染防治网络，为各地区准确把握、分析、研判和预报流域生态环境污染信息提供技术支持。在通报机制方面，可以借鉴欧盟大气污染防治的做法，一是流域范围内的各同级政府之间、各府际政府之间、各环保部门之间定期共享和公开相关城市的流域生态环境污染物报告；二是流域内各级政府环境保护部门在各自城市集水区的污染超过既定警戒线时，将通过网络、电视、多媒体、信息等方式迅速、及时地通知辖区内的公众，以便采取应对措施；三是建立健全流域范围内企业环境信息公开制度，相关重点行业务必定期、定质公布其生态流域污染物排放信息和排放治理信息。

6.4 增强流域生态环境协同治理的支持保障机制

6.4.1 健全流域生态环境协同治理制度体系

完善的法律法规体系是协同治理工作开展的必要行政环境基础，完善且行之有效的法律法规体系能有效解决政府不作为、政府行为不规范、企业行为违法乱纪、公众诉求得不到解决等问题，而这些现象出现的根本原因，则是市场、社会和政府无法协同。[①] 建立立法协同机制，构建与流域生态环境协同治理相关法律法规体系，能将京津冀地区的协同治理法律体系作为一个参照对象，再通过参考国内外经验与实践路径来制定一套既符合地区流域生态环境治理，又符合地区经济发展的完善的法律法规体系。政策体系需要切实将法律法规的协同落到实处，而为了保障地方政府各自的利益，则可以实行司法协同，区域法院、检察院等司法机构实行联动机制，审判协作，创新诉讼审判机制协同，在治理的基础上保证各地区的利益。

第一，完善制度体系和立法体系。政府流域生态环境协同治理的实现除了要树立生态理念，还要有法律和制度的保障，以制度建设推进生态政府治理的规范化和严格化。改革开放以来，生态环境保护立法明显加快，并且对环境污染和生态破坏行为进行了法律上认定与追究。譬如，中国刑法中共有 14 项环境犯罪，其中 3 项涉及污染，11 项涉及破坏自然资源；2015 年生态责任在立法中被明确提及，在《中共中央 国务院关于加快推进生态文明建设的意见》（2015 年）中要求建立领导干部任期生态文明建设责任制等，这初步形成了生态治理的制度体系。同时，地方政府在湖泊生态治理的实践中也逐步实施了相应的环境法律制度，如由江西省制定的《江西省鄱阳湖湿地保护条例》，江苏省制定的《太湖水污染防治条例》，云南省制定的《滇池保护条例》等实践探索，都成功对当地流域的生态环境治理起到了重要作用。由此可见，传统的"涉水治理"的流域治理模式正转变为

---

① 张雪珍. 西北地区黄河流域生态环境协同治理路径研究［D］. 甘肃农业大学，2018.

生态空间调控的全流域"协同治理"模式。政府尝试站在人与自然和谐共生的高度谋划经济社会发展，推动流域的生态保护和高质量发展。① 流域政府应在国家已有的生态立法基础上，借鉴其他地方流域生态环境协同治理立法经验，结合流域实际，制定与流域政府协同治理相适应的法律制度，推进流域生态环境协同政府治理机制建设制度化。

第二，加大执法力度。当前，生态治理和环境保护的法律制度建设不断完善，对政府生态治理责任和生态失责等问题的规制也不断加强，为执法提供了依据。政府应严格执行法律规定，并根据已有的法律体系，完善环境法规的执行。首先，需要整合现有环境管理行政执法的基本职能信息。流域内地方政府和机构之间的执法资源应根据执法需要进一步整合，形成统一的环境执法机构，再进行适当的分工和授权，提高执法活动的效率和协调性。其次，以对流域生态造成危害的重点行业和企业为重点，建立典型的执法机构。对流域周边的化工、造纸、航运等以污染湖泊流域生态环境为主的污染企业，将重点进行专项执法整治，严格依法处罚，达到环境执法的震慑作用。三是加强执法监督。建立政府环境执法的目标责任制和主体责任制，建立政府环境责任清单，向社会公布，建立社会监督，包括媒体、社会民众和第三方组织的实时监督，确保环境管理责任的落实。

第三，强化环境司法功能。环境司法是环境保护的最后一道法律防线。长期以来，由于流域生态环境污染问题具有涉及面广、专业性强等特点，加之一些地方政府重视经济发展，而环境治理导致大量的环境污染行为无法进入司法程序，环境司法无法发挥应有的保驾护航作用。② 强化司法对区域环境污染防治的保障作用，要推进环境司法的专门化以及设置跨区域的环境审判机构。推进环境司法的专门化，需要在各区域内各地方建立和规范环保法庭，建设专业化的审判队伍，并建立环保法庭与环保部门、公安机关、检察机关协同作战的联动机制，这样能够强化环境司法的能动性。跨区域环境审判机关的设置可以有效防止地方保护主义，保持环境司法的独立性，同时提高环境司法的公信力。

第四，实现多主体监督。在公共事务治理过程中，政府往往存在对公共监督的重视程度不足的现象，社会公众诉求难以得到满足，甚至被忽略，从而使决策的精准度降低，法律执行的力度有所松懈。在流域生态环境协同治理中，应当强化公众监督机制的建设，由于水资源流动性的特点，在监督中还需要引入跨域监督，建立跨区域的监督联动平台，公众可通过监督平台直接展开监督和反映诉求，流域内的各省之间、各区域之间务必加强监督过程的透明化，并使监督工作的实效性有所保障。

6.4.2 明确流域生态环境协同治理职能主体

党的十八届三中全会提出，我国在推动经济建设的过程中，也要重视生态文明建设，自觉担负起发展经济和保护生态的双重责任。流域生态环境协同治理属于政府的职能范围，不能完全靠市场的方式来完成。政府作为生态治理的职能主体，应承担生态建设的主

---

① 曹霞，刘宇超.《黄河保护法》实施框架下流域协同治理的法治保障路径［J］. 干旱区资源与环境，2023, 37（07）：184-189.

② 以法治推动京津冀环境污染协同治理［N］. 河北日报，2017-03-22.

体责任。① 同样，我国现行法律法规体系明确规定政府是环境保护和生态治理的责任主体。政府部门作为社会经济发展的主导者和领导核心，已经成为公认的流域生态环境协同治理的中枢力量和行动主体，在流域生态治理中肩负着重大责任。具体来说流域生态治理的政府责任主体主要包括三个方面。

第一，宏观层面需要党委部门的有力领导。正如改造世界是马克思主义的核心任务，同时也是新时代、新征程上党和国家的主要任务和使命。② 党的二十大报告强调，在党和国家各项事业建设中必须坚持党的领导。流域生态治理是我国生态环境建设中的一项重要任务，涉及面广、难度大，是我国生态文明建设的重大战略布局。多年来，中国流域生态治理成绩辉煌，这既是中国共产党统筹推进流域间人与自然协调发展，注重保护和治理系统性、整体性、协同性的成果，也是党充分发挥总揽全局、协调各方领导核心作用，发挥我国社会主义制度集中力量办大事的优越性，不断推进国家治理体系和治理能力现代化的成果。在新时代继续加强流域生态治理，更要坚持党委部门的有力领导，以确保流域治理取得成功。流域内各党委部门需要从区域长远发展的大局出发，深远谋划、布局，把生态保护问题作为党领导社会主义和谐社会和社会主义现代化建设的一项重要政治任务，切实加强对流域生态治理工作的有力领导，确保流域生态治理工作能够按照国家生态文明建设的总路子有效、稳步推进。譬如国家先后出台了《中共中央 国务院关于加快推进生态文明建设的意见》《国务院关于依托黄金水道推动长江经济带发展的指导意见》《国务院关于洞庭湖生态经济区规划的批复》《国家发展改革委关于印发洞庭湖生态经济区规划的通知》《国务院关于长江中游城市群发展规划的批复》《中共中央 国务院关于深入打好污染防治攻坚战的意见》等方案意见，实现宏观布局流域生态环境协同治理工作。

第二，中观层面需要政府部门的执行措施。目前，流域生态治理对经济可持续发展意义重大，生态建设和生态发展已经成为当地重要战略任务。习近平总书记考察云南的重要讲话精神指出，要坚定不移推动生态优先、绿色发展，围绕"截污、治水、固土、增绿、搬迁、转型、共生、协同"八个关键词，深入研究流域生态环境保护治理治本之策。因此，需要政府发挥其重要作用。一是政府要把保护流域生态环境、实现可持续发展作为政府决策的重中之重，并将其纳入政府官员的职责和考核内容。政府要进一步加大人力、物力、财力的投入成本，以维护美丽生态，促进流域生态环境可持续发展。二是政府部门应当积极听取民意。在结合流域经济发展基础上出台有效的产业政策、环境政策、技术政策、投资政策、外贸政策和消费政策等，以引导社会形成积极的流域生态保护意识，实现绿色发展，向可持续发展方向迈进。三是政府通过制定、执行政策和法规，通过对社会和市场的规范和监督，建设生态文明，打造生态流域。

第三，微观层面需要公务人员的积极落实。政策和制度的生命在于执行，协调则是政

① 徐震. 围绕三大责任主体，构建完善环境保护制度体系［EB/OL］.（2014-07-01）［2014-07-22］http：//www.qstheory.cn/zoology/2014-07/22/c_1111745471.htm.

② 金志校，曹孟勤. 全面建设社会主义现代化国家生态向度的三维阐释［J］. 哈尔滨工业大学学报（社会科学版），2023（05）：128-135.

府治理的核心基础，即组织间协调程度会影响流域整体性治理的成功实现。[①] 公务人员作为流域生态环境协同治理责任的具体执行者，必须保持高度的责任感和使命感，切实落实党委、部门的统一部署，落实政府部门的具体要求。为保证公务人员在政策执行上的积极性。首先，需要制定公务员执行生态政策的要求与规定，以制度的形式确定公务员在流域生态治理中的具体任务、执行程序、责任规制等，明确其权责；其次，强调公务员积极履行生态职能和生态管理责任，要深入流域进行生态治理和生态监督，完善流域生态执法。譬如2017年10月，岳阳市召开了"岳阳市洞庭湖、长江水域打击非法采砂违法犯罪专项行动部署会"，要求岳阳市公安、水务、海事等部门组成专项整治办公室，在洞庭湖、长江水域开展为期三个月的打击非法采砂联合执法，创下了湖区流域生态环境整治的新力度纪录。再者，建立科学合理的绩效考评制度，将流域生态协同治理的相关指标纳入地方政府考评体系。构建流域生态环境协同治理合作长效机制，同时把绩效考评结果同激励与约束机制挂钩，通过绩效考评与激励约束，提升地方政府流域生态保护协同治理的动力和决心。

6.4.3 加大流域生态环境协同治理的财政支持

流域生态环境协同治理包括环境保护和生态治理，是需要政府持续财政投入的经济活动，以确保环境的正常和可持续发展。但由于环境治理是一项成本投入极高又很难看到短期效果和效益的工程，地方政府在环境保护和生态治理方面的投入往往较少，严重阻碍了政府正常履行环境治理的职能。因此，要实现生态文明建设和流域生态环境协同治理的科学性和有效性，加大流域生态环境协同治理经费投入至关重要。

第一，完善流域生态环境协同治理资金机制。随着市场经济的发展，经费供给已经成为社会经济资源配置的核心。要确保流域政府生态责任的落实，完善流域生态环境协同治理资金投入机制是关键。生态环境保护是一项以生态效益为目标的公益性事业，必须以政府为主导切实增加对生态建设的财政投入。一是流域地方政府积极争取国家资金支持，提前做好资金预算安排，对流域社会公益事业、高新技术产业、农田水利事业发展，继续给予支持，争取支持生态综合治理重大项目建设。在生态文明建设和发展循环经济的指导下，重点优选资源节约、环境保护、重点污染治理等项目，如洞庭湖湿地保护工程、城陵矶综合水利枢纽工程等，争取制定生态保护补偿政策，争取加大中央财政对粮食主产区一般性转移支付力度；着力支持流域生态保护专项工程建设，包括洞庭湖国际旅游度假区建设、环湖交通和水利设施建设、防洪减灾体系建设等，重点应对重大水旱灾害和地质灾害。二是流域地方政府要建立流域生态治理预算制度，保障政府在环境保护和生态治理中的政策资金供给。流域政府要加大财政投入，对流域生态治理的基础设施建设、污水净化处理、生态补偿等分配合理预算。三是争取获得国家和省内的金融政策支持、建立起完备的金融体系，批准流域投资基金的设立，推进地方村镇银行与民间投融资公司的发展，寻

---

① 伍先斌，张安南，胡森辉. 整体性治理视域下数字赋能水域生态治理——基于河长制的实践路径 [J]. 行政管理改革，2023（03）：33-40.

求国际资本的金融支持，营造生态类建设项目的良好投资环境。

第二，探索流域生态政府治理多元经费筹资模式。一般来说，政府投资是生态治理的主要经费来源，但是仅仅依靠政府的投入是不够的，流域政府要积极利用市场规律、以市场为导向，积极鼓励和引导社会资金进行流域生态治理建设。特别是对于落后地区，引入市场机制能有效提升落后地区的自我发展能力，经由市场实现"绿水青山"向"金山银山"的转化才更具备可持续性和增值性。[①] 一是搭建社会公益资金筹资平台。生态文明建设和生态治理工作已经越来越被社会公益组织或个人所重视，并有着积极参与环境保护的意愿和自觉。因此，流域政府要利用这种良好生态保护自愿氛围，积极与社会组织和个人进行沟通，争取社会团体、公益组织或个人的经费支持或捐助，包括国际性的组织、国家级的社会团体或组织、民间组织等对环保的支持，尤其是对具有全局性影响的生态环境整治或世界濒危珍稀物种栖息地生态环境保护等。譬如岳阳市与国务院三峡办公厅、世界自然基金会等机构和国际组织，加强对接，扩大合作，建设生态保护资金平台。2012 年，东洞庭湖自然保护区通过国务院三峡办公厅再次申报了 2900 多万元的"三峡后续工作库区生态与生物多样性保护"主题项目；2018 年，生态环境部会同农业农村部、水利部制定了《重点流域水生生物多样性保护方案》等，如此种种行为，为推进流域生态秩序和生物多样性保护提供了大量资金支持，切实做好水生生物多样性保护工作。二是积极引导民间资本进入流域生态治理范畴。投资环境保护和生态治理产业是当前国际积极鼓励和倡导，并大力扶持的投资方向，目前很多投资商已经注意到环保产业的潜力和商机，并有所行动。在流域升格为国家级经济区之际，流域生态经济发展有着非常好的前景，流域政府更要善于因地制宜地利用区位优势，以此吸引民间资本的进入。譬如通过流域的产业升级引进环保企业参与流域的生态治理、通过流域的生态旅游商机引进高端有实力的企业打造洞庭湖生态景观旅游产业等。比如，自 2015 年常德市汉寿县利用流域自然生态优势，开展招商引资"百日攻坚"行动以来，100 天时间引进项目 155 个，总投资 126.2 亿元。其中，香港华夏集团考察了位于西洞庭湖地区的湿地，拟投资 80 亿元发展西洞庭湖湿地生态旅游。此外，自 2014 年起，茅台集团连续十年累计出资 5 亿元作为赤水河流域水污染防治生态补偿资金，以实际行动支持赤水河保护事业。

6.4.4 提升流域生态环境协同治理的技术支持

从国内外流域生态环境协同治理实践来看，流域协同治理技术升级与人才队伍的专业化建设是实现流域生态环境科学有效协同治理的重要内容。当前，流域生态环境破坏主要是由工业经济发展中部分污染处理技术不先进，或专业人员缺乏造成的。因此，需对流域内产业进行技术升级和治污能力提升等。

第一，加强技术改造和促进流域地区产业转型升级。当前，以去产能、淘汰落后产业的供给侧改革是政府的重要工作。[②] 供给侧改革必定要求中国经济的产业转型升级，淘汰

---

① 张倩. 黄河流域横向生态补偿的协同治理困境与实践路径 [J]. 人民黄河，2023，45（08）：54-58+67.
② 柴茂. 洞庭湖区生态的政府治理机制建设研究 [D]. 湘潭大学，2016.

高污染、高能耗的工业企业。洞庭湖流域由于经济、历史原因，流域现有石油化工业和造纸业两大对生态环境影响比较大的产业。因此，流域地区必须以石油化工业和造纸业的产业升级为重点，推动流域整个区域的产业转型升级，走科技、生态、效率的产业发展道路。如湖南洞庭湖生态经济区上升为国家战略，更加要求在经济发展中坚持"保护第一，生态优先"的原则，科学开发和合理利用洞庭湖资源，并且对环境污染比较严重的企业进行强制转型。譬如，2006 年湖南省政府在洞庭湖周边的益阳、岳阳、常德三市的参与下，对污染最严重的洞庭湖流域造纸业进行了整治改造措施研究。在深入调研的基础上，出台《关于印发湖南省造纸企业污染整治专项行动方案的通知》（湘政办明电〔2007〕208 号），对洞庭湖流域造纸产业发展进行了科学规划和统筹部署，提出了调整产量、优化增量、优胜劣汰的有序思路，为实现洞庭湖流域造纸产业转型升级和可持续发展提供了智库保障；2019 年 6 月，湖南省港务集团对城陵矶港开展环保提质改造，新建了长江流域第一个"胶囊"形状散货仓库等。

第二，提升流域生态政府治理的技术支持体系。技术是环境问题产生的主要原因之一，技术的发展也有利于环境保护。数字技术对于加快推动生产生活方式绿色转型、赋能生态文明高质量建设具有重要的战略意义。[①] 环保技术的创新和进步将环境保护与经济发展相结合，改变了传统的单一追求经济效率的目标，实现了经济效率、社会效率和生态效率相统一的多目标体系。沿海工业的技术发展以及废渣等生产过程中污染物处理不当，工厂和企业的污水和炉渣造成湖泊污染，是造成流域生态破坏的重要原因。因此，要实现流域生态环境协同治理，必须有先进的生态治理技术。主要包括以下方面内容：一是滨湖工业企业污染物排放治理技术。流域政府应制定严格的污染物排放标准，要求企业采用先进技术对生产过程中产生的污染物进行安全处理，达标后安全排放。二是流域生态修复技术。包括流域内污染水体自净化修复技术，湖泊水体富营养化修复技术，流域土壤重金属污染去除修复技术与流域湿地生态系统修复技术。三是在流域实施清洁生产技术，清洁生产是保护环境的根本。因此，各国政府应通过制定一些适合当地发展情况的政策和措施，鼓励企业优先使用清洁能源；通过税收、对环境损害的补贴和补偿，以及通过使用节能、资源密集和污染物排放低的绿色工业设备、工艺和综合利用技术来减少污染物的产生。

第三，强化流域生态环境协同治理的人才队伍建设。人才是生产要素中最重要的因素，是社会经济发展的宝贵资源，也是流域生态环境协同治理的重要保障。随着国家生态文明建设的推进，流域生态环境治理和生态环境保护人才队伍建设备受重视。2014 年环境保护部印发的《关于加强基层环保人才队伍建设的意见》中明确提出"改善基层环保人才队伍结构"。2018 年中共中央办公厅、国务院办公厅印发的《关于深化生态环境保护综合行政执法改革的指导意见》进一步明确"推进人财物等资源向基层下沉，增强市县级执法力量，配齐配强执法队伍"。但以洞庭湖为例，目前洞庭湖流域专业人才匮乏、总量偏少、结构失衡。譬如，流域某县总人口 79 万，专业人才总量只有 2.3 万人，专业人

---

① 陈伟雄、李宝银、杨婷. 数字技术赋能生态文明建设：理论基础、作用机理与实现路径［J］. 当代经济研究，2023（09）：99-109.

才占比 3%，高层次人才和创新型人才也比较缺乏。环境治理专业技术人才尤其短缺。因此，在生态文明备受关注和洞庭湖流域上升为国家战略的新形势下，流域政府要高度重视生态治理人才队伍建设，要紧紧围绕生态事业发展对人才的需求，强化人才战略。一是要重点加强对流域生态环境协同治理系统党政领导干部和职能部门的人才培养，提高流域生态环境协同治理能力和水平；二是加强流域生态环境协同治理行政执法人才队伍建设，通过业务培训和专业指导，提高生态环境执法水平；三是要大力引进和培养流域生态环境协同治理与环境保护人才，引进流域生态环境协同治理领域的高端人才和技能人才，培养专业化的流域生态环境协同治理队伍等。

6.5 完善流域生态环境协同治理的绩效评价机制

6.5.1 明晰流域生态环境协同治理绩效评价的价值标准

指标体系的构建和评估指标的选取是绩效评估的关键要素，建立流域生态治理的绩效评估体系，涉及如何选指标、选哪些指标等问题，这些问题得不到解决就无法开展绩效评估。[①] 在指标遴选的过程中必须坚持全面性与代表性相结合，系统性与层次性相结合，定性指标与定量指标相结合，独立性与关联性相结合，稳定性与灵活性相结合。

第一，指标选取要坚持全面性与代表性相结合。流域政府管理工作涉及主体多、管理层次多、管理跨度广，因此，在指标选取过程中需要查阅大量资料和文献，深入开展调查研究，确保评价指标的全面性，兼顾显性指标和隐性指标；既要考虑数量指标，也要考虑质量指标；既要考虑指标的稳定性，又要考虑指标的灵活性。当然，随着治理工作的不断深入，要套用所有的评价指标是不现实的，各个指标对于流域生态治理的评价效力也是不一致的，所以指标的选取要考虑在全面性的基础上选出每一层面具有代表性的指标，实现指标少而精，减少评估工作量。

第二，指标选取要坚持系统性与层次性相结合。系统是由两个或两个以上相互联系、相互作用的要素构成的有机整体，具有一定的结构和功能。绩效考核指标体系的建立作为一项系统工程，指标应是一个密集而完整的结构体系；作用于该体系的指标是一个相互作用的有机整体，结合了一定的有序性和相关性。每个指标作为系统的一个组成部分，是参与和影响系统活动的变量。系统在指标的选择上起主导作用，因此，在指标的选择上应采取整体的方法。层次性原则要求指标的选取应该依照评估框架的具体情况划分出不同的层次和若干细分指标，从而反映指标体系的复杂程度和指标本身的权重等。因此，指标体系的构建要考虑其系统性和层次性，保证指标体系的清晰明了。

第三，指标选取要坚持定性指标与定量指标相结合。定性指标和定量指标相结合的绩效评估指标体系才是科学全面的，两者互相补充，增加了评估过程的可操作性和评估结果的可比性。定量指标主要是根据所有相关部门工作中的客观记录收集的。通过收集反映政

---

① 徐志伟. 基于经济空间结构的河流污染跨地区协同治理研究 [M]. 经济管理出版社. 2018.

府实际工作的统计数据来评价政府绩效的量化指标，不需要人为设定，通常不符合管理者的喜好，既能保证评价的客观公正，又能在一定程度上克服主观认识上的错误，提高评价的准确性。虽然量化指标更容易使用，也能客观反映真实情况，但量化指标并不能代替定性指标，定性指标一般用于评价群众满意度等难以量化的指标。

第四，指标选取要坚持独立性与关联性相结合。指标体系的构建是一个相互联系、相互渗透的多层次、多要素的系统。指标体系的构建需要设计若干层级，先从一级指标中细分出二级指标，再从二级指标中细分出三级指标，以此类推，把一级指标分成 N 级指标层，每一层级内部指标的划分必须具有横向关联性，不能将两条相互排斥的指标放在同一系统中，否则就会导致某一层级绩效评估效果失真。指标的独立性要求，无论哪一级指标的横向、纵向细分，都要做到每一指标在具体内容的指向性上实现彼此相互独立，不相互重叠，不具有互为因果关系，当指标间存在明显的相关关系时，应选择负载信息量大的指标，保证既不丢失主要信息又能减少指标数量，便于实际应用。

第五，指标选取要坚持稳定与灵活兼顾。任何指标体系都具有相对稳定性的性质。一套科学可行的绩效评价体系和指标，需要长期相对稳定。建立指标体系是一项复杂的任务，如果没有任何特殊情况，就无法自由调动。稳定的评价指标体系可以提高政府在流域生态治理中的绩效。但由于不同地区的状况不尽一致，不同地方、不同部门所面临的具体环境会不同，并且治理工作是一个动态变化和不断完善的过程，政府的治理工作在时间尺度上随经济的发展而变化。因此，在评估指标的选取和评价指标体系构建的时候，要充分考虑各地政府的发展现状，再根据具体情况进行，践行因地制宜的原则。

6.5.2 构建流域生态环境协同治理绩效评价的指标体系

（1）国内外流域生态环境建设绩效评估主流指标体系。

在国外相关研究领域，与生态环境建设绩效评估相关的主流指标体系主要包括以下几个方面：

第一，可持续发展指标体系。[①] 1992 年，里约热内卢召开了联合国环境与发展大会。此后，世界各国开始将环境问题作为关注焦点。1996 年，由联合国可持续发展委员会与联合国政策协调和可持续发展部牵头，二者基于借鉴"经济、社会、环境和机构四大系统"概念模型和驱使力（Driving force）—状态（State）—响应（Response）概念模型（DSR 模型）的基础上，结合《21 世纪议程》所提出的相关内容总结形成了可持续发展核心指标框架，该指标框架指标共计 134 个。在经过专家评定后，由于具体指标过于庞大，建立和测试全部的指标目标难以实现。为了解决这些问题，联合国可持续发展委员会通过多轮的咨询和测试，于 2001 年再次修正出一个新的指标框架，其中包括社会可持续发展、经济可持续发展、环境可持续发展、机制可持续发展 4 个维度，公平、健康、机制能力等 15 个主题和 38 个子主题，共计 57 个具体指标。

第二，环境可持续指数（ESI）。这是在 2000 年 1 月由世界经济论坛明日环境工作小

---

① 唐斌. 地方政府生态文明建设绩效评估的体系构建与机制创新研究［D］. 湘潭大学，2017.

组（GLT）、美国耶鲁大学和哥伦比亚大学联合提出的环境可持续指数（Environmental Sustainability Index，简称 ESI），旨在从最初的"发现最有效衡量环境可持续性前景的计量方法"延伸转换为"创建能从国家层面进行比较的一套环境可持续性指数，同时提供一种使环境管理政策更加量化的机制，使其更具实证性与系统性"。具体而言，环境可持续指数在拓展生态可持续性的含义的基础上，建立了由 5 个准则层、21 项指标组成的综合性指标体系，每一个指标由若干变量组成。

第三，环境绩效指数（EPI）。基于之前提出的环境可持续指数（ESI），2006 年美国耶鲁大学和哥伦比亚大学联合修补并进一步提出了新的环境绩效指数（Environmental Performance Index，EPI），在指标数不变的情况下，该环境绩效指数设定了 9 个政策领域和 20 个具体指标，大体上延续了 ESI 的评价方法。

在国内相关研究领域，与生态环境建设绩效评估相关的主流指标体系主要包括以下几个方面：

第一，在国家层面。2016 年 12 月，国家发展改革委、国家统计局、环境保护部、中央组织部联合印发《绿色发展指标体系》和《生态文明建设考核目标体系》，作为生态文明建设评价考核的依据，《绿色发展指标体系》共计有 56 个二级指标，7 个一级指标（资源利用、环境治理、环境质量、生态保护、增长质量、绿色生活、公众满意程度），《生态文明建设考核目标体系》则由 5 个一级指标和 23 个二级指标构成。前者映照了全面绿色发展的本质，后者则是为了促进各级党委和政府树立正确的政绩观，落实生态文明建设的主体责任和党中央、国务院生态文明建设的决策部署。两个指标体系在借鉴国内外先进经验的基础上，结合我国具体国情实事求是，总结形成了具有中国特色、完整系统的生态文明建设考核评价指标体系，两者相得益彰、各有侧重地推动各地区落实生态文明建设和绿色发展的重点工作。2022 年，中国特色生态文明建设报告提出了一个新的绩效评估指标体系，即中国特色生态文明建设评价指标体系。该指标体系从结果维度和路径维度出发，构建了绿色发展、自然生态高质量、绿色生产、绿色生活、环境治理、生态保护 6 个准则层及 64 个具体指标，以促进人与自然和谐共生的现代化。

第二，在省域层面。这主要指形成成熟的生态环境建设绩效评估的指标体系且广泛推广使用的特定城市生态文明建设模式，最具代表性的有"贵阳模式"和"浙江模式"。2004 年底，贵阳市以发展"循环经济"为战略途径来建设生态经济城市，并以建设生态经济城市作为战略定位。2007 年，在贵州提出"环境立省"战略之时，贵阳市出台了《中共贵阳市委关于建设生态文明城市的决定》。贵阳市在生态文明建设方面经过长期的实践探索，取得了显著成效，积累了宝贵的建设经验，被人们称之为"贵阳模式"，贵阳先行先试起到了示范、推动作用。贵阳市根据自身发展现状，结合国家指标围绕生态文明建设确定了由 6 项一级指标和 33 项二级指标构成的《贵阳市建设生态文明城市指标体系及监测方法》。"浙江模式"同理，改革开放以来，浙江经济高速发展，资源小省一跃成为经济大省，但是环境污染和生态恶化问题也随之而至。为了改变生态环境污染问题，2003 年，浙江省开始实施生态省建设战略，2010 年，中共浙江省委为了引导各地加快推进生态文明建设，督促各市积极有序进行生态文明建设，出台了《中共浙江省委关于推进生态文明建设的决定》，之后又在专题研究的基础上形成了《浙江生态文明建设评价指标体系》，该体系由 4 大领域 37 项评价指标构成，定期发布全省各市县（市、区）生态文明建设量化评价情况。经过多年的持续治理，浙江省可持续发展能力、GDP 发展质量、绿色发展水平保持全国前列。

（2）流域生态环境协同治理绩效指标遴选。

全面检察与流域生态环境及其协同治理绩效评估相关的专业文献，对其进行文献搜集与整理，全面深入调查分析影响流域生态环境协同治理的因素与途径，查询相关文献资料和实践案例，结合目前流域生态环境协同治理的现状、问题与发展趋势及其相互关系，初步构建出流域生态环境协同治理绩效评估指标体系。以下是指标选取与确定的过程：

首先是海选指标。定性与定量相结合。譬如，在干部年度考核中最为常用的是定量测评和定性研判相结合的考核方法，运用定性与定量相结合的方式从业绩、能力和素质等方面综合考察干部的政治建设、作风建设、科学决策能力、履职绩效、协同成效等细节指标，以便参评人员理解并客观公正地进行评价。

其次是筛选指标。根据坚持全面性与代表性相结合，坚持系统性与层次性相结合，坚持定性指标与定量指标相结合，坚持独立性与关联性相结合，坚持稳定性与灵活性相结合的原则，剔除无法获取相关数据的指标，利用一定的研究方法选取主要指标。

再次是补充指标。利用定量分析方法计算出指标体系，咨询专家意见，定性弥补定量，选取具有典型性和代表性的指标。

最后是修正指标。分析指标的合理性，然后进行修正。

（3）使用科学的流域生态环境协同治理绩效评估方法。

为克服传统的评估分析方法缺点，应该运用多指标定量综合评估方法科学评估分析地方政府的绩效水平。因此，有必要综合数理统计、系统工程、运筹学、人工智能技术和企业绩效评估，以构建科学的流域生态环境协同治理绩效评估方法。例如，当使用数据分析统计方法评估流域生态环境灾难的紧急治理时，需要在应急管理过程中量化和计算一系列情况，并根据诸多因素（例如政府行为、企业利益、形象、公众认可和社会利益）以找出成功的经验和失败的教训。再例如，可以使用实际调查的方法当场访问当事方，从不同当事方的角度来分析和评估应急管理方法和措施的成本收益和损失，并了解应急管理的实际管理效果。

（4）流域生态环境协同治理绩效评估体系构建。

生态环境绩效是一种能够有效测算和评估政府实施环境政策效果的工具①，流域生态环境协同治理绩效评估是对流域生态环境协同治理政策实施后取得的效果进行测量的一种系统程序，而且多采用综合评价法，即建立指标体系、选择评价模型、确定权重对流域生态环境协同治理绩效进行综合评价的方法。为了能够准确地评估流域生态环境协同治理绩效，起始条件是建立符合实际的反映流域生态环境协同治理绩效的指标体系，同时，这也

---

① 鲁仕宝，廉志端，尚毅梓等．黄河流域经济带生态环境绩效评估及其提升路径［J］．水土保持学报，2023，37（04）：235-242+249.

是流域生态环境协同治理绩效评估面临的第一个重难点。

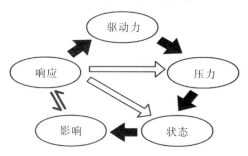

图 6.1　流域生态政府治理机制运行结构模型

DPSIR 模型即驱动力-压力-状态-影响-响应模型，1993 年，经济合作与发展组织提出该模型框架（图 6.1），自从 DPSIR 模型框架被欧洲环境署（EEA）采用以构建环境指标体系，DPSIR 模型框架开始逐渐成为环境绩效评估的一种重要模型。在 DPSIR 模型中，"驱动力"是推动环境保护和流域建设的最原始的因素。"驱动力"因素是环境变化的潜在原因，它描述了由于经济社会发展和人口增长等人类生产和生活方式的变化而导致的环境保护和流域建设的驱动力。"压力"是指人类生产和生活中自然资源的使用和污染物的排放对自然环境和人类居住地造成的威胁和压力，即表示在社会经济发展过程中产业发展及各种经济活动形式产生与之对应的生活消费形式及生产形式。"压力"指标是通过生活、生产和其他消费形式的变化而导致环境条件的变化。压力源可以直观地揭示环境变化的各种原因，从而显示环境可持续性的当前状态。压力指标会直接导致环境发生变化，是人类生产生活活动对生态环境造成的影响，而驱动力指标对环境的影响是潜在的，在某种因素刺激下，容易使环境发生变化，这是驱动力指标与压力指标的根本区别。"状态"是指在特定时间和环境压力条件下发生的化学、生物和物理现象的质量和数量，表现为生态环境在压力影响下的现象；社会现状的变化会对许多方面产生影响，尤其是对整个生态系统造成巨大动荡，以及会对人类健康、社会福利和社会经济产生相应影响。"影响"则代表生态环境的变化对社会经济和人类生产生活形成的影响结果。所谓"响应"是为了防止、减少和适应环境变化而实施的措施，主要是通过相关部门采取包含经济、政治、技术以及法律等措施的宏观管理体系；通过加大对生态技术保护投入，增强科研能力，增大执法力度，建设生态环境检测体系等方式，切实降低破坏环境所带来的压力，改善流域生态环境发展情况。

习近平总书记在对黄河流域的治理中强调"坚持生态优先、绿色发展，以水而定、量水而行""着力加强生态保护治理、保障黄河长治久安、促进全流域高质量发展、改善人民群众生活""黄河生态系统是一个有机整体，要更加注重保护和治理的系统性、整体性、协同性"。这些思想强调了系统治理、源头治理、统筹治理、协同治理理念，能够更好地实现经济、社会和生态的可持续发展，故流域生态环境协同治理绩效评估指标体系构建也应充分体现并贯彻这些思想。因此，在参考了前人研究的基础之上（①李胜，2016；②吴辉煌等，2022；③吴艳霞等，2022；④赵金辉等，2022；⑤鲁仕宝等，2023），通过查阅现全面推行的河长制实施的主要任务和目标，以 DPSIR 模型理论为依据。从驱动力、压力、状态、影响、响应这 5 个方面选取了 34 个指标，构建了流域生态环境协同治理绩效评估指标体系，如表 6.1 所示。

表 6.1　《水污染防治行动计划》中关于污染源治理的具体措施和要求

目标层	准则层	指标层	指标意义	指标属性
流域生态环境协同治理绩效评估指标体系	驱动力	人均 GDP	反映人民生活水平的重要指标	正
		城镇居民人均可支配收入	反映城镇居民生活水平	正
		农村居民人均可支配收入	反映农村居民生活水平	正
		第三产业增加值占 GDP 比重	反映第三产业发展现状	正
	压力	单位 GDP 能耗（吨标准煤/万元）	反映辖区内能源消耗对地区生产总值的影响	逆
		单位规模工业增加值能耗（吨标准煤/万元）	反映能源消耗对单位生产的规模工业增加值的影响	逆
		单位 GDP 电耗	反映每生产一个单位的地区生产总值所消耗的电力程度	逆
		每万人拥有公共交通车辆（标台）	反映每万人平均拥有的公共交通车辆标台数	正
		单位 GDP 水耗	反映每生产一个单位的地区生产总值所消耗的水量	逆

①　李胜．跨行政区流域污染协同治理的实现路径分析［J］．中国农村水利水电，2016（01）：89-93．

②　吴辉煌，范冰雄，张雪婷等．面向水环境现代化治理的绩效评估与优先区识别——以九龙江流域-厦门湾为例［J］．中国环境科学，2022，42（05）：2471-2480．

③　吴艳霞，魏志斌，王爱琼．基于 DPSIR 模型的黄河流域生态安全评价及影响因素研究［J］．水土保持通报，2022，42（06）：322-331．

④　赵金辉，修浩然，王梦等．基于改进 DPSIR 模型的黄河流域高质量发展评价［J］．人民黄河，2022，44（02）：16-20．

⑤　鲁仕宝，廉志端，尚毅梓等．黄河流域经济带生态环境绩效评估及其提升路径［J］．水土保持学报，2023，37（04）：235-242+249．

续表

目标层	准则层	指标层	指标意义	指标属性
流域生态环境协同治理绩效评估指标体系	状态	森林覆盖率	反映森林面积覆盖现状	正
		活立木总蓄积量	反映一定范围内土地上全部树木蓄积总量现状	正
		耕地保有量	反映耕种的土地面积保有程度	正
		生物多样性	反映流域范围内生物种类	正
		人均水资源量	反映（流域）每个人平均占有的水资源量	正
		单位 GDP 二氧化硫排放量	反映每生产一个单位的地区生产总值的二氧化硫排放量	逆
		单位 GDP 氨氮排放量	反映每生产一个单位的地区生产总值的氨氮排放量	逆
		单位 GDP 氮氧化物排放量	反映每生产一个单位的地区生产总值的氮氧化物排放量	逆
		单位 GDPCOD 排放量	反映每生产一个单位的地区生产总值的 COD 排放量	逆
		单位 GDP 建设用地利用率	反映每生产一个单位的地区生产总值的建设用地面积	正
	影响	空气质量优良天数比率	反映空气质量水平	正
		地表水达到或好于Ⅲ类水体比例	反映流域水体健康程度	正
		城市建成区绿地率	反映城市建成区绿地面积占城市建成区总面积的比率	正
		环境污染事件	反映突发环境污染或生态破坏事件发生的频率	逆
		环境纠纷案件	反映流域协同治理机制非耦合程度	逆
	响应	年度联席会议频率/次数	反映政府主体协同情况	正
		流域协同治理平台建设数量	反映保障机制稳健程度	正
		流域生态补偿资金投入	反映国家/政府重视程度	正
		废水处理率/量	反映工业生产废水处理状况	正
		环境污染治理投入占 GDP 比重	反映流域污染防治、生态环境保护与建设投资资金投入现状	正
		生活垃圾无害化处理率	反映生活垃圾无害化处理量与生活垃圾产生量比率	正
		集中式饮用水水源地水质达标率	反映居民用水安全	正
		公众流域生态环境协同治理参与度	反映公众协同参与程度	正
		公众流域生态环境获得感	反映流域协同治理实际效果	正
		公众流域生态环境满意度	反映公众对当地生态环境的满意程度	正

6.5.3 优化流域生态环境协同治理绩效评价的方法模型

好的评估程序和方法是良好评价体系的重要基础，这有利于促进评价工作的有序和科学开展。通过多种渠道和方式进一步优化流域生态环境协同治理绩效评估的程序方法，有助于提高其评价结果的科学性和权威性。

步骤一：选取合适的流域生态环境协同治理绩效评价方式和方法。

评价方法是指运用相关指标来对特定对象进行科学考评的方法，其基本思路是将若干指标组合成能够反映流域生态环境协同治理情况的指标体系。具体的评价方法有模糊评价法、主成分分析法、生命周期评估法、BP 神经网络分析法、灰色关联法、SWOT 评价分析法、多层次分析法、数据包络分析法和平衡积分卡分析法等，不同的评价分析方法优劣各异，在很大程度上会受到评估价值标准、评估指标和评估对象等影响。对于流域生态环境协同治理绩效的评价，必须选取一个可以进行科学评价的方法，确保方法便捷和容易操作、评价结果客观正确等。具体来说，国内外常用的评价方法主要分为客观评价方法与主观评价方法两大类。下面对相关的绩效评估方法进行简单介绍：

客观评价方法类。具体有主成分分析法、模糊综合评价法、生命周期评估法、灰色关联法、数据包络分析法和熵权法。

主成分分析法（PCA）。主成分分析法（Principal Component Analysis），简称 PCA，是一种关于挑选重点进行分析的统计方法。[1] 主成分分析首先是由 K. 皮尔森对非随机变量引入的，而后 H. 霍特林将此方法推广到随机向量的情形，信息的大小通常用离差平方和或方差来衡量。通俗地说，主成分分析法的原理是设法将原来的变量重新组合成一组新的相互无关的几个综合变量，同时根据实际需要从中可以取出几个较少的总和变量尽可能多地反映原来变量的信息，即设法将原来众多具有一定相关性的指标（比如 P 个指标），重新组合成一组新的互相无关的综合指标来代替原来的指标。

模糊综合评价法（FCE）。1965 年，美国自动控制专家查德教授首次提出模糊集合理论的概念，用以表达事物的不确定性。而模糊综合评价法是一种基于模糊数学的综合评价方法。这种综合评价方法根据模糊数学的隶属度理论，将定性评价转化为定量评价，即利用模糊数学对事物或对象进行多因素的综合评价。它的特点是结果清晰、系统，它适合解决模糊和难以量化的问题，也适合解决各种非确定性问题。

生命周期评估法（LCA）。生命周期评估（Life Cycle Assessment，LCA）产生于 1969 年，美国中西部研究所受可口可乐公司委托，对饮料容器从原材料采掘到废弃物最终处理的全过程进行跟踪与定量分析。LCA 已经被纳入 ISO14000 环境管理系列标准，根据其定义，LCA 是指对一个产品系统的生命周期中输入、输出及其潜在环境影响的汇编和评价，具体包括互相联系、不断重复进行的四个步骤：目的与范围的确定、清单分析、影响评价和结果解释。作为新的环境管理工具和预防性的环境保护手段，LCA 主要应用在通过确定和定量化研究能量和物质利用及废弃物的环境排放来评估一种产品、工序和生产活动造

---

① 杨巍 . 基于主成分分析下的广西区内城市竞争力综合评价 [J] . 中国商论，2021（08）：171-173.

成的环境负载，评价能源材料利用和废弃物排放的影响以及评价环境改善的方法。

灰色关联法（GRA）。[①] 灰色关联法又称灰色关联度模型，是通过对系统的动态发展过程进行量化分析，以考察系统各因素之间的联系是否紧密，从而识别影响系统发展状态的主次因素的重要方法，对描述系统两个因素间随时间变化而变化的关联性大小的量度，叫作关联度。关联度的实质是指曲线间几何形状的差别，若曲线间的几何形状越相似，则说明关联度越高，反之则说明关联度不高。灰色关联度分析的实质是灰色关联系数，用来描述参考序列与比较序列的关系程度，根据灰色关联系数得到关联度的高低，再按关联度的高低来分析结果和得出结论。

数据包络分析法（DEA）。[②] 数据包络分析法基于线性规划，评价同类型多输入多输出决策块的相对效率，属于交叉学科研究，包含运筹学、管理科学和数理经济学等交叉研究的领域理论，面向多输入多输出决策单元时，数据包络分析是最有效的评估方法之一。相比于其他国内外常见的评估法，如主成分分析法、模糊综合评价法、熵权法等，DEA具有以下优势：一是无需了解或人为设置变量之间的函数关系即可进行评估；二是无需对投入与产出指标进行量化统一处理，很好地克服了主成分分析法、随机前沿法等评估方法的缺点，适合对多地区单元、长时间跨度尺度上生态绩效评估进行研究。

熵权法。"熵"这一术语在 1865 年由德国物理学家 Clausius 提出，是一个与物理量有关的新术语，主要用以描述系统状态。根据信息论基本原理的解释，信息是系统有序度的度量，熵是系统扰动程度的度量。根据信息熵的定义，给定指标，熵值可以用来评价给定指标的方差程度。如果所有指标值都相同，则该指标对整体评价没有影响。因此，可以利用信息熵工具计算各个指标的权重，为综合评价多个指标提供依据。熵权法的基本思路是根据指标变异性的大小来确定客观权重。一般来说，若某个指标的信息熵越小，表明指标值的变异程度越大，提供的信息量越多，在综合评价中所能起到的作用也越大，其权重也就越大。相反，某个指标的信息熵越大，表明指标值的变异程度越小，提供的信息量也越少，在综合评价中所起到的作用也越小，其权重也就越小。

主观评价方法类。具体有层次分析法和德尔菲法。

层次分析法。层次分析法（即 AHP）是一种定性和定量相结合的、系统的、层次化的分析方法。这种方法的特点就是在对复杂决策问题的本质、影响因素及其内在关系等进行深入研究的基础上，利用较少的定量信息使决策的思维过程数学化，从而为多目标、多准则或无结构特性的复杂决策问题提供简便的决策方法，同时也是对难以完全定量的复杂系统做出决策的模型和方法。根据问题的性质和要达到的总体目标分解成各种构成因素，并根据因素之间相互关联的影响和归属，将不同层次的因素进行组合形成分析结构的多层次模型，因此，可以将任务简化为确定较低层次（用于决策的计划、活动等），相对于最高层次的相对重要性目标或相对优先级的顺序。使用层次分析法建立系统模型时，主要有四个步骤：首先，构建层次结构模型；其次，构建判断矩阵（成对比较）；再次，进行层

① 沈科杰，沈最意．交通运输发展对产业结构影响的灰色关联分析［J］．特区经济，2022（03）：110-113.
② 刘子晨．黄河流域生态治理绩效评估及影响因素研究［J］．中国软科学，2022（02）：11-21.

次单排序及其一致性检验；最后是层次的整体排名及其一致性检验。[①]

德尔菲法。德尔菲法也称专家调查法，广泛地应用于商业、军事、教育、卫生保健、管理等领域。德尔菲法本质上是一种反馈匿名函询法。其大致流程是：在对所要预测的问题征得专家的意见之后，进行整理、归纳、统计，再匿名反馈给各专家，再次征求意见，再集中，再反馈，直至得到一致的意见。其过程可简单表示为：

"匿名征求专家意见—归纳、统计—匿名反馈—归纳、统计若干轮后停止。"由此可见，德尔菲法是一种利用函询形式进行的集体匿名思想交流过程。它有三个明显区别于其他专家预测方法的特点，即匿名性、多次反馈、小组的统计回答。

关于流域生态环境协同治理绩效评估框架模型，通过查阅文献研究发现，与流域生态环境协同治理绩效评估相关的框架模型大体上可分为三大类：主题关联类、因果联系类和"投入—产出—结果—影响"IOOI框架模型。

第一，主题关联类。主题关联类主要是根据各种环境主题构建指标体系。指标体系构建可以围绕环境问题、环境质量、环境目标和目标或环境治理等主题，一级主题也可以分为二级子主题，一个主题内的同级主题之间存在平行关系，一级主题和二级子主题之间存在总分关系。[②]主题框架可以体现环境政策的重点领域，也可以突出当前的重点环保工作或主要环境问题。

第二，因果联系类。因果联系类是以指标间的因果关系为基础建立的框架模型。这里将选取最具代表性的因果联系类框架模型PSR模型、DSR模型和DPSIR模型进行简要介绍。

（1）PSR（压力—状态—响应）模型。

PSR模型最初是1979年由加拿大统计学家提出，后于1991年由经济合作与发展组织和联合国环境规划署共同研究将其发展成熟。具体而言，P指人类活动引起的资源环境及社会的压力因素；S指资源环境及社会经济所处的状态或趋势；R指人类在环境、社会经济活动中的主观能动性的反映，人类在促进资源环境保护活动中所采取的一系列的有效措施等，如图6.2所示。

---

① 王志超，史海滨，李仙岳等．基于层次分析法的呼和浩特市再生水工业利用决策分析［J］．内蒙古农业大学学报（自然科学版），2015，36（02）：100-106.

② 唐菲．协同治理视角下银川市环境绩效评估研究［D］．宁夏大学，2021.

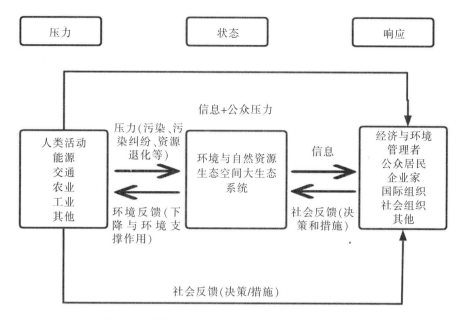

图 6.2　世界经济合作与发展组织的 PSR 框架模型

PSR 模型具有清楚的因果关系，当人类活动对环境施加了一定的压力时，环境状态也会随之发生相应的变化，而社会活动会针对此环境变化作出响应，以恢复生态环境质量或防止生态环境继续恶化。PSR 模型框架有着显著的优点，首先，PSR 模型强调环境压力的来源，所以能够直观表示出导致主要环境问题产生的原因是什么；其次，PSR 模型还具有其他优点如可操作性强、灵活性大、系统性强等。然而，PSR 模型也存在不足，在指标选择的时候往往难以判断该指标是属于压力指标还是状态指标。

（2）DSR（驱动力—状态—响应）模型。

为深入研究 PSR 模型，联合国可持续发展委员会 1996 年重新提出了驱动力—状态—响应框架模型（简称 DSR），DSR 模型是在 PSR 框架模型的基础上发展而来的，DSR 模型框架中有不同于 PSR 的"驱动力"指标，它泛指人类活动的多重影响，与环境状态之间的相互作用会促使环境质量发生变化。驱动力指标可以描述人类生产力水平、经济发展、社会文化、人口结构发展导致的人类生产生活方式的改变而引起的环境变化。运用"驱动力"指标代替"压力"指标，是因为前者涵盖范围更加广泛，可以实现对环境状态的描述从环境本身扩展至表征社会、经济和非制度等方面，同时可以由被动适应状态转换为主动调适状态，更具积极性。

（3）DPSIR 模型。

驱动力—压力—状态—影响—响应模型（即 DPSIR），该模型的原理及内涵在前文已进行解释，此处不再赘述。DPSIR 模型是在参考 PSR 框架模型和 DSR 框架模型的基础上提出的，基本上延续了前二者的因果逻辑关系，进一步确定生态环境与人类活动的互动关系，社会经济发展的"动力"对生态环境的安全造成"压力"，导致生态环境"状态"的变化，进而"影响"人类活动，一系列"应对"措施旨在形成完整的因果链条。

第三，"投入—产出—结果—影响"IOOI框架模型。在IOOI框架中，"投入"是指提供的财力、技术、人力和物质支持，"产出"是指投入后获得的产品和服务，"结果"是取得的效果，如减少污染物排放、改善空气质量等。"影响"是指环境质量的长期和可持续改善所产生的影响。在实际运用中，人们往往会将"结果"和"影响"两者合并，如图6.3所示。

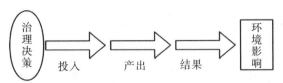

图6.3 欧洲环境署的IOOI框架模型

步骤二：确保流域生态环境协同治理绩效评估过程透明有序。

程序的正当性是科学评估的基本要义，无疑会对评价结果的有效性和科学性产生影响，一般来说，流域生态环境协同治理绩效评价程序包括确定价值导向、制定评价计划、确定评价方法、确立评价标准，建立指标体系、收集相关信息、分析评价结果、成果运用等阶段，这些程序步骤构成了一个完整的评价系统，每一个环节都必不可少，在具体的实践中，政府务必保证评估工作有序、及时开展，且评估过程坚持公平、公正、公开原则，对流域生态环境协同治理绩效评价结果要通过社交媒体、文书等形式进行公开发布，自觉接受社会监督。

步骤三：及时调整流域生态环境协同治理绩效评价程序和方法。

针对同一对象的评价方法不是一成不变的，流域生态环境协同治理工作是一个动态的行动过程，不能固定用一套方法和程序对其进行评价考核，必须及时结合治理工作不断推进的实际状况适当做出调整，譬如在构建的指标体系中可以设置一些固定指标和浮动指标，浮动指标可以根据现实工作推进情况做出相应调整。此外，流域生态环境协同治理是一个宏大的任务，需要分阶段展开治理工作，每一个阶段的目标导向很有可能会发生变化，这必然导致评估主体、评价方式方法、评估体系等随之产生变化，这些都必须适当做出对应调整。因此，在进行流域生态环境协同治理绩效评价的整个过程中，都要严格依据实际需要，不断优化评价程序和方法，对政府的治理工作做出科学的评价，督促政府落实流域生态环境协同治理责任。

6.5.4 强化流域生态环境协同治理绩效评价的实施机制

"绩效"是问责的基本依据和根本标准，流域生态环境协同治理的绩效优劣需要通过环境问责机制的落实才能得以评估。按照绩效管理原理，绩效评估需要坚持结果导向的原则，通过使用绩效评估方法与模型对协同治理的效果进行科学评估，以评估结果作为奖惩的依据。其中，要实现绩效问责的主要依据是要保证绩效评价结果和区域整体性治理目标的一致性。流域生态环境协同治理绩效问责则意味着在压力型体制下，通过问责强化地方政府及行政人员的环境治理意识，以压力和约束为抓手，给予地方政府及行政人员流域生态环境协同治理的目标，进而促使流域生态环境治理绩效不断提升。[①] 强化流域生态环境协同治理绩效评估实施的环境问责机制分为常规式环境问责机制和垂直化环境问责机制两类。

第一，常规式环境问责机制：

（1）环境规制。

以保护环境为目的，对污染公共环境的行为进行规制的活动就是环境规制。环境污染是一种负外部性行为，因此，对环境污染进行规制就是要将整个社会为其承担的成本转化为其自身承担的私人成本。环境规制可分为命令控制型环境规制（主要包括制定环境标准、污染物的排放标准以及技术标准等）和市场激励型环境规制（主要包括建立排污收费或征税制度、排污权交易制度等）两种方式。

新中国成立至今，我国的环境规制政策体系实现了从无到有、从萌芽起步到全面提升的发展。从改革开放前工业污染防治的初步探索、改革开放初期的"预防为主、防治结合"，到 20 世纪 90 年代的"污染防治和生态保护并重"、21 世纪的"在发展中保护，在保护中发展"，再到党的十八大以来的"坚持生态优先"，环境规制政策体系实现了多次重大战略转型；[②] 政策理念从"污染防治观"演变为"生态文明观"，政策类别则经历了从政府干预到市场激励，再到公众参与和全社会共同监督的演进。

（2）环境考核。

2016 年 12 月，中共中央办公厅、国务院办公厅印发《生态文明建设目标评价考核办法》，将地方党委和政府领导成员生态文明建设考核结果作为地方党政领导班子和领导干部综合考核评价、干部奖惩任免的重要依据，环境考核制度由此产生。这种考核式的问责制度本质上是一种属地化的环境治理，通过强化问责，强调地方官员和一把手加强生态环境治理的绩效考核，将平时生态环境治理绩效的考核结果作为官员奖惩和晋升的重要依据，进而提高地方官员对于政策执行的力度与环境治理意识，最终减少社会经济活动的环境污染行为，降低环境污染影响。

（3）河湖长制。

河湖长制即河长制、湖长制的统称，是由各级党政负责同志担任河湖长，负责组织领导相应河湖治理和保护的一项生态文明建设制度创新。[③] 责任明确、协调有序、监管严格的河湖管理保护机制，有利于维护流域生态环境健康，为实现流域生态环境可持续发展提供制度保障。

河长制是我国一项重大改革战略。中共中央办公厅与国务院办公厅于 2016 年印发的《关于全面推行河长制的意见》成为河长制正式建立并推行的实施纲领。2017 年，习近平总书记在新年贺词中用"每条河流要有'河长'了"这一话语为河湖长制的全面启动拉

① 刘强强，包国宪. 环境问责政策提升了环境治理绩效吗？——一项 Meta 分析［J］. 东北大学学报（社会科学版），2022，24（02）：71-80.

② 张小筠，刘戒骄. 新中国 70 年环境规制政策变迁与取向观察［J］. 改革，2019（10）：16-25.

③ 河长制词语释义及基本原则［J］. 水利科技与经济，2022，28（01）：150.

开了序幕。① 水利部于 2021 年 5 月印发了《全面推行河湖长制工作部际联席会议工作规则》《全面推行河湖长制工作部际联席会议办公室工作规则》《全面推行河湖长制工作部际联席会议 2021 年工作要点》《河长湖长履职规范（试行）》一系列法规办法，由此全国开始全面推行河湖长制。然而，河湖长制在不同流域的政策效果，需结合流域区域差异展开精准评估，并根据"中国场景"进行流域管理体制机制创新。② 河湖长制在绩效问责方面的关键作用是通过强化考核，压实地方党政领导水环境治理责任，在解决过去水环境治理中存在的资源分散、职能碎片化、统筹权威缺失等问题上发挥正向的影响作用。

（4）领导干部自然资源资产离任审计。

习近平总书记强调，生态环境保护能否落到实处，关键在于领导干部是否真正落实生态文明建设责任，因此要针对领导干部实行自然资源资产离任审计。③ 2013 年 11 月，党的十八届三中全会通过了《中共中央关于全面深化改革若干重大问题的决定》，该文件明确部署了领导干部自然资源资产离任审计工作应该如何开展。2015 年 4 月，中共中央、国务院印发的《关于加快推进生态文明建设的意见》第 25 条提出"对领导干部实行自然资源资产和环境责任离任审计"。2015 年 9 月，中共中央、国务院印发的《生态文明体制改革总体方案》第 50 条提出"对领导干部实行自然资源资产离任审计"。

2015 年以来，按照党中央、国务院决策部署和中共中央办公厅、国务院办公厅印发的《开展领导干部自然资源资产离任审计试点方案》要求，审计署围绕建立规范的领导干部自然资源资产离任审计制度，坚持边试点、边探索、边总结、边完善。

2017 年 6 月，中央全面深化改革领导小组第三十六次会议审议通过了《领导干部自然资源资产离任审计暂行规定》，9 月 19 日中共中央办公厅、国务院办公厅印发了《领导干部自然资源资产离任审计规定（试行）》，标志着这项工作由试点到全面铺开，走向规范化、制度化、科学化。同时，领导干部自然资源资产离任审计对完善生态文明绩效评价考核和责任追究制度，推动领导干部切实履行自然资源资产管理和生态环境保护责任等方面具有重要意义。

（5）生态环境损害责任终身追究制。

2013 年 11 月，党的十八届三中全会首次明确提出"建立生态环境损害责任终身追究制"，2014 年 10 月，党的十八届四中全会再次提出"建立重大决策终身责任追究制度及责任倒查机制"。2015 年 8 月，中共中央办公厅、国务院办公厅印发的《党政领导干部生态环境损害责任追究办法（试行）》（以下简称《办法》），是中央层面继《关于加快推进生态文明建设的意见》印发之后在生态文明建设领域推出的又一重大制度安排④，《办法》对生态环境损害的追责主体、责任情形、追究形式、追责程序等作出了规定，总体

① 全面推行河湖长制五周年成效显著［J］. 中国水利，2021（24）：20-21.
② 黄万华，王婷婷，谭志东等. 长江流域"政区单元"河长制政策效应的实证检验［J］. 统计与决策，2023，39（13）：95-100.
③ 刁生虎. 习近平生态文明思想对中华传统生态智慧的传承与发展［J］. 江苏社会科学，2022（02）：12-25+241-242.
④ 高世楫，王海芹，李维明. 改革开放 40 年生态文明体制改革历程与取向观察［J］. 改革，2018（08）：49-63.

上形成了比较完善的制度框架体系，同时也给地方细化落实规定留足了空间。2019 年 11 月 5 日发布的《中共中央关于坚持和完善中国特色社会主义制度 推进国家治理体系和治理能力现代化若干重大问题的决定》提出，实行最严格的生态环境保护制度，包括构建以排污许可制为核心的固定污染源监管制度体系，完善污染防治区域联动机制和陆海统筹的生态环境治理体系，完善生态环境保护法律体系和执法司法制度。

生态环境损害责任终身追究制，在倒逼领导干部转变政绩观，从源头重视生态文明建设方面起到重要作用。[①] 生态环境损害责任终身追究制，关键体现在"终身"二字上，这是实现生态文明的一项特别重要的措施。这一制度有助于促进领导干部政绩观的有益转变。只有领导干部的政绩观也积极向生态文明迈进，地方生态文明建设才能进行，而不仅仅是政治口号。同时，按照环境损害责任终身追究制，如果发生具有环境损害的事故，在事故原因查明后，将追究相关责任人的责任，即使责任人已经离职，也将追究相应的法律责任。这一制度犹如一把高悬的利剑，可以警示更多的领导干部时时刻刻重视生态环境保护问题。毋庸置疑，生态环境损害责任终身追究制更好地推动了环境决策科学化、民主化和法治化。

第二，垂直化环境问责机制：

（1）环保督察。

2016 年，在原先主要由地方政府督察企业违规行为的制度基础上，中共中央委员会和国务院共同推出中央环保督察制，强化环境保护工作中"党政同责"和"一岗双责"，由中央政府直接向地方派出督察组对基层环境治理开展监察。环保督察关注地方政府执行环保法律法规、落实环保执行情况，它的管理方式表现在督察进驻期间的调查取证、群众来访、边督边改和"回头看"等方面，是环境监管制度的一大创新。

（2）环保约谈。

2014 年 5 月，国家环境保护部制定《环境保护部约谈暂行办法》，对环保约谈的概念、启动原因、约谈程序、约谈实施主体、约谈列席主体以及责任机制作了明确的规定。2020 年 8 月，生态环境部印发实施新修订的《生态环境部约谈办法》（以下简称《约谈办法》），《约谈办法》深入贯彻落实习近平生态文明思想，服务于打赢污染防治攻坚战需要，立足于进一步夯实生态环境保护责任，着眼于新形势、新任务、新要求和生态环境部职能调整，与时俱进地对《环境保护部约谈暂行办法》进行了修订完善。新修订的《约谈办法》确立了约谈原则、梳理了约谈情形、规范了约谈流程、明确了约谈新要求，同时进一步明确了约谈省级、地市级、县级人民政府和国有企业具体要求。

具体而言，环保约谈是指环保部约谈未履行环境保护职责或履行职责不到位的地方政府及其相关部门有关责任人，对其进行训导，指出问题，提出整改要求，督促整改到位的行政措施。[②] 环境保护约谈通常是因企业存在环境信访、环境违法、环境责任不履行、环境指令不执行、环境隐患未消除等问题而被环保部约谈的一种行政监督过程。综合来看，

---

① 高桂林，陈云俊．论生态环境损害责任终身追究制的法制构建［J］．广西社会科学，2015（05）：93-97.

② 张新文，张国磊．环保约谈、环保督查与地方环境治理约束力［J］．北京理工大学学报（社会科学版），2019，21（04）：39-46.

环保约谈是出于监督和警示的一种柔性执法手段，不仅可以在环保系统内部和外部进行，也可以在事前、事中和事后进行，灵活性较强，虽然外部效力不高，但却对违法企业或个人具有极强的威慑力。

（3）环保垂改。

党的十八届五中全会明确提出的环境治理基础性改革，其中一项便是"实行省以下环保机构监测监察执法垂直管理制度"。中共中央办公厅、国务院办公厅于 2016 年印发《关于省以下环保机构监测监察执法垂直管理制度改革试点工作的指导意见》（以下简称《指导意见》），部署启动制度改革工作。根据新闻报道，《指导意见》印发后，上海、重庆、河北、河南、江苏等 12 个省（市）纷纷提出了改革试点申请，并积极着手开展了改革实施方案起草等工作。① 试点省份将通过上收市县两级生态环境部门的环境监察职能建立起一个专司"督政"的环境监察体系，以强化对市县两级党委政府及其相关部门的监督。

强化"督政"，是环保垂直管理制度改革的主要特点之一。从各省市印发的实施方案来看，不同省（区、市）强化"督政"主要有两种提法：一种是建立健全新型生态环境监察体系；另一种是建立健全生态环境保护督察体系。在建立健全新型生态环境监察体系，强化"督政"方面，如北京在《北京市生态环境机构监测监察执法垂直管理制度改革实施方案》（2019 年 3 月印发）中提到要加强生态环境监察工作。构建新型生态环境监察体系，市级生态环境部门统一行使生态环境监察职能。② 在建立健全生态环境保护督察体系方面，具体则如河南省《河南省生态环境机构监测监察执法垂直管理制度改革实施方案》（2019 年 2 月印发）中的提法，要强化生态环境保护督察职能，建立健全生态环境保护督察体系，加强对生态环境保护督察工作的组织领导和综合协调。

一个省级以下环保机构监测监督执法垂直管理的变化，是党中央在生态环境保护领域作出的重大决策，是我国环境管理体制的重大改革，同时是改革和完善流域生态环境协同治理体制的基础。③ 面对区县生态环境监测站在管理模式、职责界定、履职保障等方面因变化而产生的问题，应明确区县站的机构属性、职责范围，结合实际确定可委托社会化监测机构开展的业务范围，并优化区县站的建设与运行模式，进一步完善国家流域生态环境协同治理体系和提升治理能力。

① 河南省生态环境机构监测监察执法垂直管理制度改革实施方案［N］. 河南日报，2019-03-27.
② 环保部部长陈吉宁就"加强生态环境保护"答记者问［N］. 三秦都市报，2016-03-12.
③ 潘庆，陈远航，陈传忠等. 深化省以下生态环境机构垂改背景下优化区县生态环境监测站管理模式的思考［J］. 环境保护，2023，51（Z2）：36-40.

第7章 污染源视角下流域生态环境协同治理责任追究机制的完善

生态环境作为公共物品，其主要由政府负责向社会提供，政府也就理所当然地成为生态环境建设的责任承担主体。在生态环境治理中，进一步强化政府的主体责任并严格落实政府生态问责制，是推动生态文明建设与建设责任型政府的重要内容，也是责任型政府建设的内在要求。2013年《中共中央关于全面深化改革若干重大问题的决定》明确指出，要建立生态环境损害责任终身追究制；2015年中共中央、国务院《关于加快推进生态文明建设的意见》，再次指明要完善政府生态责任追究制度；2015年8月，随着《党政领导干部生态环境损害责任追究办法（试行）》的正式施行，更加明晰了对领导干部生态环境损害责任追究，要求"坚持依法依规、客观公正、科学认定、权责一致、终身追究的原则"，该办法的出台也成为追究领导干部生态责任的最有力的依据；2019年《中央生态环境保护督察工作规定》实施，要求对相关地区和部门实施组织开展生态环境保护督察等。充分体现党和政府对生态文明建设的重视，体现了政府在生态环境治理中责任落实和责任追究的重要性。在流域生态环境治理中，不仅要对生态责任做好科学的评价，更要对生态责任履行过程中的失职行为或造成生态环境损害的行为进行严格的责任追究，因此，不断构建和完善污染源视角下流域生态环境治理的责任追究机制，是生态政府生态文明建设的重要内容。

7.1 流域生态环境协同治理责任实施的政策依据

流域生态环境治理责任实施的依据与原则主要源于法律制度对政府生态责任的规制。中国的环境法治建设起步于20世纪70年代。1979年，我国出台的《中华人民共和国环境保护法》使环保工作开始走上法治道路，此后相继出台了水污染防治相关法律法规、规章制度等。我国关于流域生态环境保护的法律主要散存于各法律中，并且生态环境保护法律法规建设已取得了长足的进步。其中对于流域生态环境治理的责任也有相关的规定。以《中华人民共和国水法》为代表，到国家出台一系列法律法规以及部门规章和规范性文件，立法数量庞大，有针对性地对流域生态环境中不同的事项，按不同的要求予以规范，都不同程度地涉及流域生态环境保护内容。此外还有大量的计划、通知、意见等政策性文件，其制定和实施也为今后的流域生态立法提供了大量实证资料，奠定了法治基础。

7.1.1 中央层面政策法规

目前，在中央立法层面，我国针对流域环境污染已建立起相对完善的生态治理的法律体系，形成了多元化的环境治理的责任机制。在自然资源保护法律方面，有《中华人民共和国环境保护法》《中华人民共和国水法》《中华人民共和国水污染防治法》等法律法规。[①]

《中华人民共和国环境保护法》[②]（2014 年）中的第四条："保护环境是国家的基本国策。国家采取有利于节约和循环利用资源、保护和改善环境、促进人与自然和谐的经济、技术政策和措施，使经济社会发展与环境保护相协调。"第六条："一切单位和个人都有保护环境的义务。地方各级人民政府应当对本行政区域的环境质量负责。企业事业单位和其他生产经营者应当防止、减少环境污染和生态破坏，对所造成的损害依法承担责任。公民应当增强环境保护意识，采取低碳、节俭的生活方式，自觉履行环境保护义务。"这两条分别明确了国家、地方政府、企业、公民都有保护生态环境的责任与义务。

《中华人民共和国水法》（2016 年）第十二条指出："国家对水资源实行流域管理与行政区域管理相结合的管理体制。"其中明确规定了国务院水行政主管部门负责全国水资源的统一管理和监督工作。国务院水行政主管部门在国家确定的重要江河、湖泊设立的流域管理机构（以下简称流域管理机构），在所管辖的范围内行使法律、行政法规规定的和国务院水行政主管部门授予的水资源管理和监督职责。县级以上地方人民政府水行政主管部门按照规定的权限，负责本行政区域内水资源的统一管理和监督工作。第十三条："国务院有关部门按照职责分工，负责水资源开发、利用、节约和保护的有关工作。县级以上地方人民政府有关部门按照职责分工，负责本行政区域内水资源开发、利用、节约和保护的有关工作。"该法明确指出了国家及县级以上的地方人民政府水行政部门负责流域资源管理开发、利用、节约和保护等有关工作，在各流域设置流域管理机构负责流域生态环境保护与污染防治等工作。

《中华人民共和国水污染防治法》（2017 年）第四条："县级以上人民政府应当将水环境保护工作纳入国民经济和社会发展规划。地方各级人民政府对本行政区域的水环境质量负责，应当及时采取措施防治水污染。"第五条："省、市、县、乡建立河长制，分级分段组织领导本行政区域内江河、湖泊的水资源保护、水域岸线管理、水污染防治、水环境治理等工作。"其中明确了政府保护水环境，对水污染及时采取防治措施等方面的责任。

除了上述的几部主要法律以外，从国家宏观层面来说，还有一些法律制度对政府生态环境责任追究的对象、情形、承担方式等有规定。文章通过对部分法律制度进行梳理，整理了如下部分的政府生态环境的相关责任条款，如附录 1 所示。

---

① 孟甜. 环境纠纷解决机制的理论分析与实践检视［J］. 法学评论，2015，33（02）：171-180.
② 中华人民共和国环境保护法［N］. 人民日报，2014-07-25.

7.1.2 地方政府政策法规

地方政府为了保护本区域内生态环境，实现生态文明建设，在国家颁布的法律制度基础上，也依据本地区实际情况制定了地方性关于流域生态环境治理的法律法规，通过梳理列举了我国地方立法中长江流域的各省法律法规情况，如附录 2 所示。

7.1.3 流域层面政策法规

（1）《中华人民共和国长江保护法》。

2020 年 12 月 26 日在第十三届全国人民代表大会常务委员会审议通过《中华人民共和国长江保护法》[①]，该法是我国第一部流域法律，长江保护法的出台为加强对长江流域生态环境的保护和修复，促进流域内的资源合理开发与利用，保障长江的生态安全与流域生态可持续健康发展提供了最坚强的法律保障。该法主要包括规划与管控、资源保护、水污染防治、生态环境修复、绿色发展、保护与监督等方面，也对国务院相关行政部门、地方政府的责任作了规定，如第五条："国务院有关部门和长江流域省级人民政府负责落实国家长江流域协调机制的决策，按照职责分工负责长江保护相关工作。长江流域地方各级人民政府应当落实本行政区域的生态环境保护和修复、促进资源合理高效利用、优化产业结构和布局、维护长江流域生态安全的责任。长江流域各级河湖长负责长江保护相关工作。"其中就明确了长江流域内的各省级政府都应协同开展对长江流域的管理保护的工作。

（2）《黄河流域生态保护和高质量发展规划纲要》。

2021 年 10 月 8 日中共中央、国务院出台了推进黄河流域生态保护与发展工作的重要文件，即《黄河流域生态保护和高质量发展规划纲要》[②]，该纲要要求黄河流域中的各地区各部门结合区域实际认真贯彻落实。其中就从农业、工业与生活污染三个层面提出了对强化黄河流域环境污染系统治理的要求。

首先，针对农业面源污染的综合治理，从在黄河流域内使用化肥与农药、实行农田退水污染及对耕地土壤环境质量分类管理这几方面提出具体规定。具体来说，要根据各地实际情况推进多元化且适当的规模经营，积极推广使用先进的农业生产与清洁技术与设备，提高农业的现代化水平，同时要保证科学地施肥、安全地用药、提高对农作物投入品的有效利用率，提高对禽畜粪污、农作物秸秆这些农业废弃物的综合回收利用水平，不断完善无害化处理体系。在宁蒙河套、汾渭、青海湟水河和大通河、甘肃沿黄、中下游引黄灌区等区域实施农田退水污染综合治理，建设生态沟道、污水净塘、人工湿地等氮、磷高效生态拦截净化设施，加强农田退水循环利用。对耕地土壤的环境质量实行分类管理，集中推进受污染耕地安全利用示范。推进农田残留地膜、农药化肥塑料包装等清理整治工作。协同推进黄河中下游的山西、河南、山东等地区总氮污染控制，减少对黄河入海口海域的环

---

①　中华人民共和国长江保护法［N］. 人民日报，2020-12-30.
②　黄河流域生态保护和高质量发展规划纲要［N］. 人民日报，2021-10-09.

境污染。

第二，针对工业污染方面要加大协同治理的力度。对黄河流域污染严重的河段沿线内的高耗水、高污染企业实行迁移，将其尽快迁入合规的工业园区，对耗能高的钢铁、煤电产业进行超低排放改造，采取强制性措施敦促煤炭、火电、钢铁、焦化、化工、有色等重污染行业进行清洁生产，综合治理工业炉窑和重点行业产生的挥发性有机物，对生态敏感脆弱区的工业行业污染物实行特别排放的限值要求。"两高一资"项目及相关产业园区不得新建在黄河干流及主要支流临岸一定范围内。严格落实排污许可制度，沿黄所有的固定排污源必须依法持证排污。沿黄的所有工业园都要建成污水集中处理设施并达标排放，严厉打击对未经处理或未有效处理的工业废水直接排入城镇污水处理系统的行为，按相关法律法规严格追责。对流域内的工业废弃物与历史遗留的重金属污染，要加强风险管控和区域治理，以危险废物为重点开展固体废物综合整治行动。要加强生态环境风险防范，有效应对突发环境事件。健全环境信息强制性披露制度。

第三，统筹推进城乡生活污染治理。加强城镇环境基础设施在污水排放、垃圾处理、医疗废物、危险废物处理等方面的建设。完善城镇污水收集管网的铺设，根据当地流域水环境保护的任务目标提高污水处理的准确度及标准，确保流域内各沿线城镇提高污水收集处理的效率，努力做到达标排放。进一步提高污水、污泥的利用效率，在符合条件的区域，因地制宜地采取最合适的工艺和措施，确保资源的有效利用。同时，要不断巩固提升城市黑臭水体治理成效，处理好"厕所革命"与农村生活污水治理的衔接问题。在沿黄的各市、县与镇实行垃圾分类，完善垃圾焚烧的无害化处理、垃圾收运系统等相关配套的基础设施。积极推动市场主体参与，为污水、垃圾的处理等提供资金与技术的支持，探索建立污水、垃圾处理服务按量按效付费机制，保障污水垃圾处理系统的有效运行。对冬季取暖进行清洁改造工作、保障新型供暖方式，在城市群、都市圈和城乡人口密集区普及集中供暖。

（3）《关于全面推行河长制的意见》。

2016 年 12 月中共中央办公厅、国务院办公厅印发《关于全面推行河长制的意见》①，意见中明确规定了河长由各级党政领导担任，各级河长要依法依规落实好地方主体责任，负责组织与领导好管辖区域内的河湖管理及保护工作，具体工作内容包括保护水资源、管理水域岸线、防治水污染、治理水环境这几个重要方面，组织对突出的河内问题进行清理整治活动，防止侵占河道、围垦湖泊、超标排污、非法采砂、破坏航道、电毒炸鱼等问题造成河流生态环境的破坏，协调各级力量解决重大问题；同时，也要明晰跨行政区域的河湖管理责任，对跨域河流实行联防联控，协调好上下游、左右岸之间的管理；其次，上级河长义务对相关部门与下一级河长的履行职责的情况进行督导，对完成目标任务的情况进行考核，强化激励问责。设立专门的河长制办公室负责承担河长制推行与实施的具体工作、落实各项相关事项，其他协同参与的各有关部门和单位按照各自的职能性质分工，共同推进河流管理与保护的工作。

---

① 水利部环保部贯彻落实《关于全面推行河长制的意见》实施方案［N］. 中国水利报，2016-12-14.

（4）《关于在湖泊实施湖长制的指导意见》。

2018 年 1 月中共中央办公厅、国务院办公厅印发《关于在湖泊实施湖长制的指导意见》①。意见中主要包括对湖泊实施湖长制的重要意义、湖长体系、职责、主要任务和保障措施 5 个部分。明确了湖泊的第一责任人是最高层级的湖长，对湖泊的管理保护负总责，湖长负责协调组织湖泊与入湖河流的管理及保护工作，确定管理保护的目标任务，因湖制宜，有针对性地组织制定"一湖一策"的方案；河（湖）长制的运行要想取得长效，实现水环境保护和治理的目标，问责是必不可少的措施，有利于督促行政人员树立责任意识，依法行使职权，② 其对在本辖区内的湖泊管理保护负有直接的责任，协调解决辖区内的湖泊的重大生态问题，组织对突出的湖泊内问题进行清理整理活动，严防围垦湖泊、侵占水域、超标排污、违法养殖、非法采砂等破坏湖泊生态安全的问题。设立的各级湖长流域管理机构要充分发挥协调、指导和监督等作用，按职责分工组织实施湖泊管理保护工作。对跨省级行政区域的湖泊，流域管理机构要按照水功能区监督管理要求，组织划定入河排污口禁止设置和限制设置区域，督促各省（自治区、直辖市）落实入湖排污总量管控责任。要与各省（自治区、直辖市）建立沟通协商机制，强化流域规划对流域内各湖泊管制的约束力度，切实加强对湖长制工作的综合协调、监督检查和监测评估。③

7.2 健全流域生态环境协同治理责任的认定机制

在流域生态环境治理责任追究中，首先需要对政府生态责任实施认定，明确地方政府在流域生态环境治理中的主客体要素，以及政府流域生态环境治理的责任范围与失责标准，明确责任认定的程序，以及确认由此产生的流域生态环境破坏的责任归属。因此，责任认定机制是政府生态治理责任追究的重要环节与内容。

7.2.1 生态责任认定的主体明确

生态责任追究作为一种对生态环境保护和治理的责任认定和问责行为，必须有特定的生态治理主体负责。④ 缺乏明确的生态治理责任主体，则当生态环境保护与治理行为失责后，可能出现在责任认定与追究中缺乏明确的责任人，或者说没有主体来承担生态失责后果，导致责任追究真空，无具体的责任主体，甚至出现政府部门之间有功相争，有错相推的现象。根据责任政府建设要求与国家公务人员管理相关制度，责任的主体包括所有的在政府部门中有职位并担任了职务的工作人员，无论他们的级别是高是低、职务或轻或重、

① 中共中央办公厅 国务院办公厅印发《关于在湖泊实施湖长制的指导意见》［EB/OL］．（2018-01-04）［2018-01-04］http：//www.gov.cn/xinwen/2018/01/04/content_ 5253253. htm.

② 徐军，邓源萍．环境问责在全面推行河（湖）长制中的运用——基于规范层面的分析［J］．生态经济，2019，35（06）：170-174.

③ 中共中央办公厅 国务院办公厅印发《关于在湖泊实施湖长制的指导意见》［J］．中国水利，2018（01）：1-2+6.

④ 司林波，乔花云．地方政府生态问责制：理论基础、基本原则与建构路径［J］．西北工业大学学报（社会科学版），2015，35（03）：7-12+20.

权力大还是小，都应当承担与职位职责相应的责任，都将可以是责任追究对象，任何组织和个人都没有免受责任追究的特权。① 因此，在流域生态环境治理中，对流域内地方政府生态责任的认定，首先必须通过法律制度或行政规则等形式要件对生态责任的主体及其权责进行确认，进一步明确生态治理责任追究的权责体系，将流域生态环境治理的具体权责、职能内容与任务落实到流域系统的各地方政府、各个部门和具体人员，构建层次清晰、主体明确的流域生态治理责任主体和责任清单，特别是对地方政府的"一把手"更加要将其列入生态治理责任体系之中，并且要成为所在的流域管辖区域内的第一责任人。例如，在鄱阳湖流域生态环境治理中，江西省就对相关的治理责任主体和责任内容进行了明确界定，其中江西省林业厅就负责湿地的保护与恢复工程，并设定了任务达成的具体目标要求，如未能按要求完成相关任务，将对林业厅部门及其主要负责人进行追责。

在我国，各级党委、政府、社会公众、企业等都有保护生态环境和治理生态环境的责任与义务，为贯彻落实党的十九大部署，中共中央办公厅、国务院办公厅2020年3月3日印发了《关于构建现代环境治理体系的指导意见》（以下简称《意见》），构建以党委领导、政府主导、企业主体、社会组织和公众共同参与的现代环境治理体系。② 《意见》明确了坚持党的领导、多方共治、市场导向、依法治理的基本原则，力争到2025年，建立健全环境治理的领导责任体系、企业责任体系、全民行动体系、监管体系、市场体系、信用体系、法律法规政策体系，落实各类主体责任，提高市场主体和公众参与的积极性，形成导向清晰、决策科学、执行有力、激励有效、多元参与、良性互动的环境治理体系。③ 在该《意见》的指导下，以此为基础，对我国流域生态环境治理的责任进一步完善，建立流域生态环境治理责任清单，明确各主体的责任，依照清单各自履职尽责。因此，可以根据相关法律制度和政策要求，对流域系统内各地方政府及相关职能部门建立责任清单，明确在生态治理中的责任主体及其责任内容，这是实现生态责任追究的前提基础。

与此同时，对企业等责任主体的认定，可以依据《中华人民共和国环境保护法》《中华人民共和国水污染防治法》《中华人民共和国固体废物污染环境防治法》《中华人民共和国民法典》等对造成污染的企业进行责任追究，一般包括四个方面的责任问题。一是明确污染者付费原则，是指对环境造成污染的单位或个人必须按照法律的规定，采取有效措施对污染源和被污染的环境进行治理，并赔偿或补偿因此造成的损失。二是强调开发者保护原则，即对环境进行了开发利用的单位或个人，都有责任和义务保护、恢复和整治好环境资源。三是利用者补偿原则，也称"谁利用谁补偿"，是指开发利用环境资源的单位或个人应当按照国家有关规定承担经济补偿责任。四是破坏者恢复原则，也称"谁破坏谁恢复"，是指对生态环境和自然环境造成了破坏的单位和个人，必须对造成破坏的环境

① 张晓磊. 我国行政政治问责的问题与对策［J］. 中国行政管理，2010（01）：22-25.
② 中共中央办公厅 国务院办公厅印发《关于构建现代环境治理体系的指导意见》［EB/OL］.（2020-03-03）［2020-03-03］. 新华社. https://www.gov.cn/gongbao/content/2020/content_5492489.htm? ivk_sa=1024320u.
③ 包存宽. 全面加强生态文明建设，坚持走中国式现代化新道路［J］. 理论导报，2021（11）：23-25.

资源承担起予以恢复和整治的责任。①

7.2.2 生态责任认定的程序分析

在流域生态环境治理过程中，在根据责任清单明确了责任主体后，就是对责任的程序认定，一般来说，主要包括以下程序：

第一，责任明确。流域生态治理责任认定主要是指生态治理责任主体在落实和履行生态治理目标过程中对其所承担责任的认可和接受。对于政府部门而言，生态治理职能作为当前政府一项重要职能任务，在生态治理目标确定以后，各政府部门应该根据职能性质和分工对湖泊流域生态治理的职能任务进行分解认领，从而达成一种生态治理责任的认定。一般来说，流域生态政府治理责任认定就是责任部门或责任人对于委托人的意愿的一种认可接受的过程，是流域生态治理的前提和基础性环节，只有在对生态责任和生态职能的认可和接受基础上，才可能对此采取相应行政行为。在责任认定环节中，委托人和责任人一般有某种形式的认定方式，如生态治理委托责任书、生态保护和生态安全事故责任书等，也就是通过责任认定环节把生态治理目标任务与生态治理履行主体结合起来，确定流域生态政府治理的主体和任务。对于企业而言，其责任是依法保护生态环境，如实行排污许可管理制度、推进生产服务绿色化、提高治污能力和水平、公开环境治理信息等，若因违法违规违纪对生态环境造成破坏后伤害到他人的合法权益，可以根据相关法律法规对企业或个人进行追责。公民应自觉保护生态环境，对政府和企业的行为进行监督，及时举报其违法违规行为，积极履行法律赋予公民的监督权利和义务。

第二，责任分解。流域生态治理的责任实施主要是指将其认定的生态治理责任和治理任务具体落实到行为的过程。责任实施是责任履行机制的关键环节，其最终目的是将生态目标和生态责任落实到具体的行动上来。一般来说，流域生态治理的政府的责任实施包括以下方面：一是生态治理机构的设立，地方政府可以根据生态治理目标要求和职能任务成立专门的工作小组或机构以推动相关任务要求的履行与落实；二是生态治理规划的制定，根据生态文明建设总体要求和流域生态的实际情况，制定流域生态治理长期、中期和短期的规划和方案，并设定生态治理目标、任务、标准；三是生态治理政策的出台，在制定规划方案基础上，颁布流域生态政府治理的具体政策，包括法律法规、治理方案与策略等；四是严格生态治理执行，明确流域生态政府治理的责任人和责任单位，做到责任清晰、分工明确、归属具体，并确保生态治理的具体落实和执行。企业的责任实施主要包括依法实行排污许可管理制度、坚持生产服务的绿色化、对技术技艺进行更新换代，提高治污能力和水平、及时公开环境治理信息等，这是落实其生态治理责任的重要途径。公民个人实施生态治理责任就是要在日常生活中减少污染物排放、践行绿色健康生活，同时积极监督好政府和企业行为。一般而言，责任追究程序中的调查责任即包括对责任实施过程进行调查与评估，在此过程中是否按照规定的责任履行。

第三，责任监督。为确保生态治理目标和生态治理任务的有效履行，需要对责任落实

---

① 凌江. 对环境责任与环境权益界定的探讨［J］. 环境保护，2014，42（24）：42-44.

情况展开监督，流域生态治理的责任监督主要是指政府作为生态治理责任主体将接受来自委托人和社会公众的检查、督导。在政府部门认定并接受了流域生态治理的责任和任务后，就要接受来自人大、上级部门以及社会第三方机构等的监督，以保障政府在实施生态治理职能过程中是按照目标要求、任务内容、既定政策等执行的，也只有经常性的监督检查、巡视和质询等，才能推动政府在流域生态治理中的积极性和主动性，并且也能通过监督检查程序调整在生态治理中的不当行为或行政失范等。此外，通过流域生态治理的责任监督机制，将生态治理的责任履行与生态治理的问责两个环节紧密联系起来，提高推动生态治理的成效。

第四，责任考核。责任考核实质上就是对政府在生态环境治理中的责任实施情况进行评价，这是责任追究中最为重要的环节。政府的一切权力都是人民赋予的，政府必须始终保持对人民负责，同时要接受人民对政府及其官员的监督。[1] 因此，将生态责任的落实通过考核的形式强化，有利于流域生态环境治理的责任建设朝着规范化的方向发展与限制政府生态治理违法行为，也有利于为政府生态环境治理责任的追究提供合法性基础与依据，进而能推动政府实质性的实现履责。具体包括三个内容：一是将流域生态环境责任考核与流域实际情况结合起来，根据流域系统内容、生态特征以及生态功能要求，设置科学的责任考核指标体系，使指标体系能准确表达流域生态功能建设需求和地方政府职能要求，客观体现政府生态治理行为的合理性，甚至有些突发性的流域生态环境破坏与市政府行为无法执行的，可列为应激性指标，不做具体的考核，譬如突发性重大自然灾害对流域生态的破坏，可不纳入指标体系中。二是将流域生态环境责任考核与政府行政监察、审计和巡视等相关措施结合起来，进行系统性、全面性的考核评价，并且将生态环境责任考评结果、对象以及责任追究惩处方式等向社会进行公布，以形成全社会对考评结果的监督。三是将考核结果与晋升激励相挂钩，对公职人员的生态环境责任落实情况进行考核，将考核结果评价作为公务人员绩效奖励、晋升考核的依据，形成考核结果的科学运用，一方面强化考核的有效性，另一方面强化考核的持续性，把生态履职情况作为干部职务晋升的重要依据，防止政府的生态责任缺失和缺位。[2]

7.2.3 生态责任认定的归责确认

流域生态环境治理责任中的归责确认主要是对生态责任归属划分，也就是说在生态环境失责行为中具体是谁的责任，由谁来进行承担的问题，这是责任追究的核心问题，任何责任的追究都需要有特定的主体来进行承担。一般来说，责任认定的归责确认包括两个方面的关键内容，一是流域生态环境责任归责的构成要件分析，也就是政府承担生态环境治理责任或被追究所承担的对象如何确定，这是责任追究的要件之一。关于生态环境治理责任构件认定，主要考察内容包括，须有特定的生态环境治理责任失当行为的发生，并且该行为导致了生态环境损害问题或者是生态环境破坏问题；应该要有明确的法律规定和制度

① 杨菲. 公共卫生事件的行政问责制研究［J］. 黑龙江省政法管理干部学院学报，2021（05）：16-19.
② 陈建斌，柴茂. 湖泊流域生态治理政府责任机制建设探究［J］. 湘潭大学学报（哲学社会科学版），2016，40（03）：19-23.

规定能认定这一生态失范行为，这样责任追究才具有法律依据和法律认可与授权；在生态环境治理中其行为导致了一定的生态损害后果，并且其中有着相应的因果关系，这种关系可以是直接的，也可以是间接的，这种归责构建充分后才可以实行责任的归属确认。简言之，即存在特定的生态责任失范行为发生，并导致一定程度上的生态破坏或环境污染；须有与失责行为相对应的明确的法律条例与制度规则，有法可依是实施责任追究的基础；须有在生态治理行为和造成的实际后果中存在直接或间接的因果联系。

二是流域生态环境责任归责原则问题，主要就是如何保障生态环境治理责任归属划分的统一性与公正性，具体是归责标准问题，指在责任认定和责任追究过程中，所采取的统一评价标准，并根据评价标准与结果，将责任事项所涉及的具体责任固定到具体的责任人。生态责任追究的归责原则一般可分为过错责任原则和无过错原则，一般是考察政府在流域生态环境治理中是否因为行政不作为或者行政不适当，而造成的流域生态环境的实质性损害，既可实现对政府生态治理的不作为行为追责，也可实现对政府生态治理的乱作为行为追责。需有一个公正一致的生态责任过错的确定标准，并能在责任认定和责任追究过程中根据一致的评价标准，将责任事项涉及的责任准确具体到责任人，才能确保责任归责的公正合理。

7.3 强化流域生态环境协同治理责任的监督机制

在实现流域生态环境治理责任的执行与落实上，其基本的手段就是对生态责任进行全程全方位监督，以监督促进生态责任的执行，并在监督中形成对流域生态环境治理责任追究的实施。

7.3.1 生态责任监督的步骤与安排

一个完整且规范的流域生态环境的监督程序应包括事前、事中与事后三方面的监督。事前事中事后是对流域生态治理的全过程监督，通过完整的监督程序，保证治理过程的科学性、合法性与治理的有效性。

生态责任的事前监督就是要在污染的源头做好控制，防止污染源的产生。为了控制污染源的产生，首先需要了解存在哪些污染。目前我国已开展了两次全国范围内的污染源大普查工作，通过污染源的普查掌握我国污染源的种类与数量及其在各行业与地区中的分布情况，了解农业、工业与生活中主要污染物的产生、排放和处理情况，从而建立起重点污染源档案、污染源信息数据库和环境统计平台，[①] 利用从数据平台获取到的数据能更精准地判断我国当前环境形势，并能有针对性地制定符合当前社会经济发展趋势和有利于生态环境治理的政策措施与工作计划，这不仅对提高社会各界人士对于流域生态污染的认识有重要意义，也为进一步更加精确掌握污染物产生的前中后全过程相关信息数据，加强流域

---

① 王平，朱翔，邱飞等．云南省第二次全国污染源普查的清查阶段工作分析［J］．中国资源综合利用，2022，40（01）：125-127.

生态治理的全过程监督提供重要的依据。污染源的普查为抓准源头污染打下了坚实基础，从源头着手，才能做到有的放矢，有针对性地对重点污染源进行实时监控，通过大数据平台及时关注污染变化情况，及时对新增的污染和重大污染进行排查，要在造成更严重污染之前控制住继续恶化的形势。

事中的监督主要是对已经造成的污染采取相应的措施减少污染的严重态势，使大污染化小，小污染尽量化无。事中的监督主要包括监督污染物的排放情况，确认社会各主体的排污行为是否合法合规，确保污染物的达标排放、防止滥排滥放的行为。社会经济发展进步的同时必然会带来污染，而当前污染产生的来源主要是农业、工业与生活污染三方面。农业污染物常常是农业生产过程中化肥、农药、地膜等化学投入品不合理使用，以及畜禽水产养殖废弃物、农作物秸秆等处理不及时或不当造成的。工业用水污染指工业生产过程中使用的生产用水及厂区内职工生活用水的总称。长期以来我国重视机械设备、钢铁、建材、化工、汽车、造船等重化工业的发展，这些工业耗能高、污染重，对生态造成了极大的破坏。生活污水是居民日常生活中排出的废水，主要来源于居住建筑和公共建筑，日常洗衣、做饭、① 洗浴及其他零散用水是生活污水的主要来源途径。社会的发展离不开经济，但是以破坏生态为代价，必将对人类社会带来不可预估的损伤。因此，对农业、工业与生活中这些污染排放行为要加以严格管控，事中的监督是转变当下生态环境状况的最重要一环。企业排污净污装备升级、技术更新、创新研发污染更小的商品是必然要求，农户和日常生活中的民众提高环保意识，践行绿色生产生活更是必然趋势。

事后监督则是对已经造成污染的区域进行治理与修护及事后的问责。事后的监督是防止污染进一步扩大，及时止损，将破坏与损失尽量控制在最小范围。监督造成污染的主体责任人，按照"谁污染，谁负责"的原则，按要求在规定时间内对污染进行治理与修护，同时对其造成的污染后果在调查确认后展开必要的问责与追究。事后监督就是要认真抓整改，精准施策。对突出的环境污染问题要明确，同时要针对实际情况制定整改方案，采取有力的改进措施，才是打赢污染防治攻坚战的重要法宝。同时，对造成污染的责任主体要严抓严惩，对其他还未按要求进行绿色生产生活的予以警示，督促其不敢乱排滥排。

7.3.2 生态责任监督的主体与形式

生态责任的监督主体主要是指那些拥有监督政府生态治理行为权利的所有主体，主要包括政府及相应的生态环境保护行政主管机关、司法机关、监察机关以及社会公众等。监督方式则是指监督主体采取何种方式实现对政府的监督，可能包括党内相关处分、监察机关开展环保督察、司法机关参与相关的案件审理、社会公众积极举报、曝光等形式对政府的生态治理责任进行全面的监督。

第一，中国共产党的监督。党的监督主要通过工作报告以及根据 2015 年 8 月中共中央办公厅、国务院办公厅印发《党政领导干部生态环境损害责任追究办法（试行）》②

---

① 张东祺．甘肃农村生活污水处理现状及展望［J］．农业科技与信息，2021（06）：17-18+21.

② 中共中央办公厅、国务院办公厅印发《党政领导干部生态环境损害责任追究办法（试行）》［J］．中国应急管理，2015（08）：37-38.

中的规定对生态治理中存在违规行为的党政领导干部进行问责实现监督。该文件的出台，体现了国家对生态文明建设的高度重视，充分显示出完善生态文明制度体系的决心，成为夯实党政领导干部落实生态环境治理责任意识的重要举措与敦促其认真履行职责的重要法宝。县级以上地方各级党委和政府及其有关工作部门的领导成员，中央和国家机关有关工作部门领导成员；上列工作部门的有关机构领导人员都在该办法的适用范围之内。在党的监督下，各级政府领导成员在生态治理过程中若出现失职失责失范行为，据此办法在依法依规、客观公正、科学认定、权责一致与终身追究的原则下对其进行党内问责追责。同时，该办法中的第12条明确指出："实行生态环境损害责任终身追究制。对违背科学发展要求、造成生态环境和资源严重破坏的，责任人不论是否已调离、提拔或者退休，都必须严格追责。"可看出，党的监督的十分严格，可追究对生态环境和资源造成破坏的责任主体终身责任，这对领导干部认真履职具有极大约束力。同时，在党的领导下设置了专门的监察机关，监察机关是对所有拥有公权力的公职人员是否存在职务违法与犯罪行为进行监察，作为国家的拥有监察职能的专责机构而存在，在生态治理过程中监察机关会展开精准有效的问责与调查处置。

第二，政府行政机关的监督。生态环境治理责任的行政机关的监督主要是行政机关内部的一种自我监督。《中央生态环境保护督察工作规定》① 第14条规定了中央环保督察的对象，包括省、自治区、直辖市党委和政府及有关部门；有关地市级党委和政府及其有关部门；承担重要生态环境保护职责的国务院有关部门。这里的政府行政机关主要包括国务院；省、市地级政府；生态环境行政主管部门，主要指行使生态环境行政监管职责的自然资源部门以及生态环境部门；办公室设在各省生态环境局由各类国家机关组成的改革领导小组以及财政部门。第28条规定："加强督察问责工作。对不履行或者不正确履行职责而造成生态环境损害的地方和单位党政领导干部，应当依纪依法严肃、精准、有效问责；对该问责而不问责的，应当追究相关人员责任。"政府行政机关主要通过下列方式实现对政府生态治理责任落实过程的监督：在行政部门间建立联络员制度及信息共享机制，通过内部的沟通和信息共享及定期的工作报告方便各成员单位了解生态环境治理的现状与具体情况；《中华人民共和国环境保护法》第67条规定："发现有关工作人员有违法行为，依法应当给予处分的，应当向其任免机关或者监察机关提出处分建议。"第68条明确规定负有监督职责的政府部门在生态治理的监督行为规范："地方各级人民政府、县级以上人民政府环境保护主管部门和其他负有环境保护监督管理职责的部门有下列行为之一的，对直接负责的主管人员和其他直接责任人员给予记过、记大过或者降级处分；造成严重后果的，给予撤职或者开除处分，其主要负责人应当引咎辞职。"这对政府内部开展公平公正的监督行为与规范政府行政部门的监督行为提供了法律依据。

第三，司法机关的监督。这里的司法机关主要包括法院和检察院，司法机关的监督主要是在确认已造成生态损害责任后对责任人与责任部门有关赔偿及涉及司法程序的过程中

---

① 中共中央办公厅 国务院办公厅印发《中央生态环境保护督察工作规定》［J］．中华人民共和国国务院公报，2019（18）：24-29.

的监督。一旦索赔调查程序启动后主要负责政府索赔的部门可以同时告知法院与检察院。通常情况下，法院主要通过受邀参与到生态环境损害赔偿磋商及生态修复的过程之中的形式行使其监督职责，审查赔偿协议的内容及对生态环境损害赔偿案件的审理实现监督。开展监督的具体方式有：发出检察建议，督促索赔，包括督促磋商或提起民事索赔诉讼。在履行环境公益诉讼职责时，检察机关可以通过检察建议的方式告知负责该类案件的索赔工作的生态环境行政主管部门，督促其及时开展对生态环境损害行为的索赔工作。其次，检察机关以支持起诉人起诉的方式，作为支持者的身份参与到赔偿诉讼的过程中，以监督政府行政机关的索赔行为。其三，检察机关、法院派出人员参与到磋商过程中，实现对磋商过程的监督，并督促索赔双方在达成赔偿协议之后就赔偿协议申请司法确认。

第四，社会公众的监督。公民拥有法律所赋予的监督权，在流域生态环境治理中应充分发挥社会公众的力量，也鼓励社会公众对日常生活中发现的破坏生态环境的不法行为进行监督与检举。主要包括专家、社会组织、利益相关的公民、新闻媒体等在内的全体社会公众，公众通过政府信息的公开了解生态治理的相关情况，同时在日常生活中若发现政府、企业等存在与破坏并污染生态环境和在生态治理中存在失职失责失范等违法行为可以及时向相关行政部门反映举报，也可以向检察机关举报；同时，也可以通过受邀参与到磋商、诉讼审理、生态修复的过程中，对索赔工作的流程进行监督。① 此外，社会公众还可以借助互联网等媒介，通过网上曝光的形式，揭露违法违规行为，通过舆论的方式督促政府不敢乱作为与不敢不作为。

第五，人大的监督。宪法和法律赋予全国人大常委会重要职权，主要包括监督宪法与法律的实施、监督国家行政、监察、审判、检察机关的工作。党的十八大以来，在以习近平同志为核心的党中央坚强领导下，全国人大常委会紧紧围绕党中央重大决策部署和改革发展大局，积极贯彻落实新发展理念，依法科学有效进行法律监督和工作监督，通过召开五级人大代表座谈会、实地检查与随机抽查、问卷调查、网络调研等多种形式有机结合创新监督形式，② 同时，在监督检查引进"智囊团"、外部专家学者等第三方对法律实施情况进行评估来提高监督的科学性。正如，全国人大常委会在 2019 年开展对水污染防治法实施情况执法检查中，打出了人大监督工作的"组合拳"。在这次执法检查中，全国各级人大结合执法检查、听取报告、专题询问三种监督形式认真开展监督行动。坚持全国上下"一盘棋"理念，保持上下联动，同频共振，同时紧追细问，实事求是重实效，对照法规一条条进行检查，并结合审议执法检查报告开展专题询问，充分展现出了人大监督工作的与时俱进。③

第六，民主监督。政协作为民主监督的主要主体之一，通过听取政府工作报告、视察政府工作、对社会、经济等各领域的发展方针政策和各项重要工作进行讨论，提出建议与意见等形式，行使其对行政权力运行和政府工作的有效监督。鉴于民主监督的群体构成极

---

① 苏悦心. 生态环境损害政府索赔监督机制研究［D］. 广西大学，2021.
② 新征程赶考路上的人大答卷［J］. 吉林人大，2022（01）：4-15.
③ 全国人大常委会召开水污染防治法实施情况专家评估座谈会 栗战书出席并讲话［EB/OL］.（2019-03-26）［2019-03-26］http：//politics. people. cn/n1/2019/0326/c1024-30996897. html.

具特殊性，成为现阶段我国各种监督方式中不可或缺的一种有效的监督方式，尤其在生态文明建设、生态治理等方面涉及人类生存发展的重大社会公共事务问题更加需要民主监督，在促进生态治理的科学性、有效性方面发挥重要作用。

以上各主体都有权按照法律所赋予的权力，按规定行使监督权，有效的监督是确保责任追究科学、公正、合理的基石。

7.3.3　生态责任监督的执行与实施

一是丰富生态责任监督主体。强化党内监督、人大监督、行政监督并鼓励司法监督和公众监督，形成科学有效的监督体系，增强监督实效。依据《中华人民共和国环境影响评价法》《中央生态环境保护督察工作规定》等相关法律法规依法开展严格的生态监督，坚持紧盯三个"关键"、规范监督流程、灵活运用七种监督方式开展日常的监督工作。其中三个关键主要指关键的人、关键的事、关键的时间；七种监督方式为"指导式监督""提醒式监督""参与式监督""督促式监督""抽查式监督""核查式监督"与"问责式监督"。通过党的监督、人大的监督、行政的监督、司法的监督、公众的监督从全方位多形式对生态治理进行监督，有利于保证生态治理主体责任的有效落实，利于及时对失责失范等违法行为进行纠正，也有利于保证生态环境治理工作的顺利开展。

二是完善生态责任监督程序。从当前的监督现状来看，我国更注重对生态治理的事中事后监督，而事前监督的力度还有待进一步加强。事前监督是控制污染源产生的关键，做好前端的监督工作，对污染从源头处就采取措施进行有效遏制，才更加有利于生态环境的健康可持续发展，而不仅仅是对已造成的污染采取事后的补救措施。并且，生态修复工作的难度，所需投入的人力、物力、财力相较于控制与减少污染产生的成本要多得多，因此加强对污染的前端控制工作是十分有必要的。日常重视的事中事后监督也存在一定的问题，在事中与事后的监督中，一些"搭便车""权钱交易"等违法乱纪行为并不少见，因此，应当继续完善并规范监督的过程与程序，正确认识到绿水青山才是真正的金山银山，应杜绝一切对生态文明建设不利行为的产生。对生态治理的监督和生态治理失责事后问责监督都应符合程序和符合规定，才能打好污染防治攻坚战，实现流域内生态的可持续发展。

三是完善生态责任审计监督，实行生态离任审计。中共中央办公厅、国务院办公厅印发《领导干部自然资源资产离任审计规定（试行）》，这一规定的出台，成为领导干部落实生态治理责任的有效武器。对于所有离任的干部通过对其任期内是否按要求达成了生态治理责任目标进行考察，主要对资源、环境、生态等内容开展离任审计工作。若在审计后，发现存在问题则依旧会对该干部进行责任追究，并且是可以对其终身追责的。因此，这一制度的实行是通过最严格的审计来压实领导干部对自然资源资产管理和生态环境保护的责任，抓住了生态治理的核心与关键。[①] 我国从最初的监督污染企业到现在的监督政府治理，从"引咎辞职"到"党政同责、终身追责"这一生态治理理念的转变，是为了进

---

① 李昂．检视与完善：对我国河长制的制度化研究［D］．西南大学，2018.

一步加强生态文明建设，更好地解决人民日益增长的对美好环境的需求。这项全新的、经常性的制度正式建立，对政府领导干部提出了更严的要求，其最终目的是真正压实生态环境治理责任，抓住了生态治理的重中之重，才能更好地推进美丽中国的建设。

7.4 严格流域生态环境协同治理责任的问责机制

责任追究归根到底就是实行对生态失责行为的问责，问责是责任追究的基本内容和关键环节，备受关注。从国内外生态环境治理实践中来看，生态问责是生态责任建设抓手，普遍运用，并且效果良好。生态责任追究最后是通过问责来实现，问责的目的就是要对政府责任认定后的追究，以实现对责任失范的警示，督促政府部门及其工作人员引以为戒并强化生态责任落实。具体包括以下三个方面内容。

7.4.1 生态问责的制度与清单

生态环境问题是紧系民生的重大话题，也是全党践行使命与宗旨的重大政治问题。实行最严格、最科学的生态问责，是激励全党全社会重视生态问题，落实生态责任的重要措施。如何高效高质量进行生态问责，需要进一步完善以下几个方面：

第一，完善流域内政府的生态问责制度体系。建立健全相关的配套制度是实行生态问责的基础工作，流域内各级政府要有序且正常的实现生态责任追究的问责，离不开相应配套制度的支持。在国家现有的生态制度和法律基础上，政府要继续做好顶层的制度设计，积极推进相关制度体系的完善工作，首先，流域内各级政府应建立起政府生态治理目标责任制。流域内的各级政府应根据各自所管辖区域范围内的具体生态情况，生态损害现状等实际状况建立起相应生态治理目标责任制，通过确定生态治理目标，明确生态治理的目标要求和职能任务，制定流域生态治理短期、中期和长期的规划，设立专门的治理机构和行动小组办公室以履行和落实治理任务。其次，设置生态治理成果的量化考评制度。考核生态治理的成果与成效，把目标实现与否作为考核地方政府生态职能和生态责任的重要指标，切实履行"党政一把手亲自抓、负总责"。将考评的结果与公职人员的激励和惩罚密切联系起来，可将评价结果作为升职加薪与责任追究的重要依据，对生态治理作出突出贡献的予以嘉奖，对生态治理中因存在失职、失责、失范行为对流域生态产生持续恶化的情况也将展开严格的问责与追责。最后，实行生态离任审计与生态损害责任终身制。对流域内各级领导干部实行离任生态审计制，考察治理的成果是否达标，责任是否完全落实到位，对审计后出现问题的领导干部，实行严格的生态损害责任的终身追究，实行这一严苛的追究责任的制度是因为生态环境的破坏很多时候表现出滞后性和潜在性，生态破坏的修复工作也是长期性的，因此，要通过追究其终身责任倒逼其认真的落实职责，同时促使领导干部转变错误的政绩观，抛弃"唯政绩"这一错误观念，树立"功成不必在我"观念。健全的生态问责制度体系是推进生态治理工作，形成生态治理的良性循环的重要保障。

第二，完善政府生态治理责任清单制。对流域内生态治理的各项内容根据职能分工划分到具体的政府、部门和人员，明确责任单位和参与单位，并对具体要求进行量化，确定考核标准和责任追究措施。依据《关于构建现代环境治理体系的指导意见》明确各级党委、政府、社会公众、企业在保护生态环境和治理生态环境中应履行的责任与义务，以清单的形式将生态治理责任固定下来，全面且逐条的分解和厘清各主体的各项责任，有效避免出现"多龙治水""责任真空""权责利模糊"的现象。责任清单不仅使责任更加明晰，也是推动流域内各主体各部门压实责任，传导工作压力、防范生态治理中的乱作为、不作为、不敢为、慢作为等问题的出现。根据 2015 年 8 月印发的《党政领导干部生态环境损害责任追究办法》，对照其中所提出的领导干部追责清单，按照"应该做的要做好"和"不该做的不要做"原则，制定出合理的流域内政府领导干部生态损害责任追究的有关条例。责任清单的制定也是为了强化政府领导干部生态责任，对未按清单履职的领导干部展开更为精准的追责与问责。

7.4.2　生态问责的途径与方式

生态问责作为生态环境治理的一套实体性规范，也极具程序性的规范。在推进生态领域的治理体系现代化和治理能力现代化过程中，应积极拓展生态政府问责途径，不断完善问责的途径和手段。从当前治理现状来看，"异体问责"成为治理后问责的一种更具公信力与有效性的方式，逐渐被认可且广泛应用于处理社会治理问题之中。[①] 因此，流域内各政府应进一步强化在生态问责实施过程中的异体问责，不断地扩宽问责渠道和方式。一是要强化人大问责。正确认识人大在流域生态治理中作为重要的问责主体之一的权力，他们通过监督、调查、质询和罢免等方式对政府各部门及其工作人员在生态治理中的行政行为进行问责。二是须确保司法问责。司法问责作为生态问责的最后一道防线，应不断完善健全司法问责的体制机制，确保其在合法范围内能充分行使对政府生态治理行为的监督，积极促进各级检查、纪检和监察部门参与对政府的生态责任监督，提高监察检查部门对积极公正地行使其严抓违法乱纪行为的重要性的认识，对任何领导干部的犯错行为都不可包庇，做到一视同仁。三是加强媒体问责。媒体作为政府与公众之间的桥梁，应充分发挥"传声筒"的作用，通过对存在问题的社会事件的调查与报道，向社会公众传播生态环境污染、治理与修复中的实际状况，监督政府工作的实施情况，为政府科学决策提供最贴近民情民意的信息，也为回应公众、保障广大人民群众的利益与政府进行正面交锋。政府要给予其充分的自由发言权，并适当让媒体介入到生态治理中的决策、执行、监督等行政过程，使其有机会发挥桥梁的作用。第四是促使公民问责，公民及社会舆论是一种自下而上的问责方式，政府要积极培养社会公众有序参与的监督意识，完善公众参与问责的机制，设置更多鼓励参与的奖励机制，鼓励他们通过网络、信访、听证，甚至举报等形式行使其监督权与参与问责过程。

与此同时，应设置科学的政府生态问责方式。所谓问责方式主要是指通过采用何种方法对政府的生态治理责任进行追究，即问责的形式和方法。应不断完善与创新对流域内各

---

① 陈明清. 加强异体问责健全环境行政问责主体制度 [J]. 黑龙江省政法管理干部学院学报，2020（01）：103-108.

政府生态责任的追究方式，主要包括以下方面：一是加强行政问责。行政问责作为政府生态问责的主要实施方式之一，通过上级部门或机关的权力约束力对下级部门或机关的行政不当行为展开的自上而下的等级问责，属于行政责任范畴。行政问责主要是对政府相关部门在生态治理过程中存在的责任缺位、错位的行为可依据相关行政法规给予行政处分。譬如，监察部在2013年通报了10起环境责任追究的典型案例，其中天津市大港巨龙造纸厂等6家企业未经过政府环评验收，工业废水未经处理直接向外排放，造成了周边生态环境严重破坏，大港管委会经济发展局副局长等3人受到政纪处分。① 二是严格实施法律问责。该问责手段主要是依据国家相关的法律条款对政府生态治理责任履行中的违法违规行为进行责任追究，政府对生态治理中存在某些部门或个人进行了"权钱交易"、徇私舞弊等涉嫌违法犯罪行为的可以移送司法机关，并依法追究法律责任。譬如，广西贺州市由于政府部门的忽视生态建设，徇私枉法，放松监督，促使汇威综合选矿厂和上百家采选矿小作坊违法恶意排污，造成下游生态环境严重受损，广西相关纪检监察机关给予贺州市副市长等27人党纪政纪处分，4人被移送司法机关处理。2019年7月11日，云南省普洱市纪委监委对部分单位在推进水污染防治工作中存在形式主义、官僚主义问题的责任追究情况进行了通报，共有22名责任人受到责任追究。此外，还可以加强对政府领导在生态治理中的不当行为的道德问责和政治问责，多方式对政府领导的生态责任进行问责，不断敦促其责任的履行和确保生态文明建设工作的提质增效。②

7.4.3 生态问责的救济与修正

救济与修正是政府在问责机制建设中的重要内容。一个完整责任政府建设在问责过程中应该要包含对责任追究的救济与修正。在我国法律制度体系建设中，也明确规定了政府或工作人员被问责后，可按照相关程序与要求对责任进行权利救济，主要可以通过申诉、纠正、免责等途径进行。因此，在流域生态环境治理责任追究机制建设中，可适当合理运用问责救济与修正，以促进流域生态环境治理更加科学、更加协同。具体包括三个方面内容。

第一，不断完善问责救济法律法规。目前，国外对于政府行政机关或公务员在被追究行政责任后可以申请的救济出台了相应的法律规定，明确了行政责任人在被追究责任后拥有通过合法途径进行申诉或申请救济的权利。例如，美国颁布了司法审查制度，通过"正当法律程序"要求实现了对政府工作人员权益的保障；法国在行政法律中明确规定，政府行政人员若对行政机关的行政责任追究或行政处分不服从的，可向行政法院提起撤销和损害赔偿诉讼；日本《国家公务员法》规定："公务员如果对人事院作出的不服申诉的判定不服，可向法院提起行政案件诉讼。"我国现阶段也针对行政救济和司法救济出台了相关法规条例，但现行的条例下，行政救济与司法救济程序上还需进一步规范以及对生态损害后的修复治理工作中的起到的效用有限，因此，政府在生态治理责任追究中，还需要

① 钟纪闻. 监察部通报10起破坏生态环境责任追究典型案例［N］. 中国纪检监察报，2013-10-25.
② 伍晓慧，高彩仙. 严肃追责问责　压实打牢环保责任［N］. 中国纪检监察报，2019-07-31.

继续也应该完善生态责任追究行政和司法救济制度，借鉴国内外经验，在我国现有行政或法律制度指导下，立足国家生态环境治理现状，既要保障政府部门或工作人员的合法性权利，也要确保生态治理责任落实到位。

第二，不断探索问责救济途径渠道。从目前我国责任追究的救济情况来看，包括申诉、控告和信访三种主要的救济方式。申诉主要是指不服从国家行政机关做出的涉及本人权益的责任处分决定的，① 行政责任人可依据相关法律规定，向处理机关、政府部门或行政监察部门提出重新处理的行为；控告是指行政责任人的合法权益受到行政机关及其领导人侵害时，可以向上级机关或者有关专门机关告发并要求其依法进行处理的行为和制度规定；信访则是当行政责任人认为行政责任的追究对其合法权益造成了侵害的，可以依据《信访工作条例》向有关行政机关提出信访事项。流域生态治理过程中，涉及的行政人员的责任多且复杂，政府不仅要继续完善上述三种责任救济途径，还应该积极探讨新的救济途径，扩大权利救济范畴，包括以下方面：一是赋予政府及其工作人员提起诉讼的权利。政府部门及其行政人员不服行政处分或其他责任追究时，当行政救济不起作用且事情严重时，也应拥有通过走司法途径提起诉讼解决纠纷的权利。二是建立行政处分听证制度。听证是指当事人可以通过发表意见、提出证据、质证和辩论的形式参与和介入到听证过程中，以保障个人合法权利，确保行政决定和责任追究更为客观公正，尽量避免侵权行为的发生。

第三，不断创新问责救济方式方法。生态责任救济方式主要包括以下三个方面：一是生态治理责任纠正机制。责任纠正是对责任实施的一种补救措施，可通过责令履行的方式来实现。责令履行主要是指经国家有关机关审查并认定责任主体还存有未履行的生态治理责任且该责任仍有履行的可能性和必要性的，将命令其在一定期限内继续履行完该责任的一种救济方式。二是生态治理责任免责机制。责任免责是指在生态治理行动中，虽然是由于一些不可抗力因素对生态治理造成了一定的影响或未达到预期成效的，或符合法律所规定的免责条件的，可以依据相关规定不再追究其责任。加强生态治理责任免责机制建设，必须符合现代法治建设和责任政府要求，制定严格且明确的责任免除的条件和程序，防止免责机制的滥用乱用。三是生态治理责任复出机制。要进一步健全生态治理责任人的复出机制，杜绝"一地失职，异地为官""高调问责，低调复出"等被追责官员复出现象的发生。一方面要提高被追责官员复出的透明度，对追责对象的后续赔偿或处罚等情况要及时公布相关信息，保证信息的透明；另一方面要完善被问责官员复出的程序，要建立对追责对象的跟踪制度和追责官员复出制度，对已经复出的官员要继续跟踪监督和积极引导，防范流域生态治理中失职失责失范等行为再出现。②

　　① 唐秋玲，王丽梅 . 被追究行政责任的公务员救济途径的扩大 ［J］. 湖南工业大学学报（社会科学），2009，14（01）：14-17.

　　② 柴茂 . 洞庭湖区生态的政府治理机制建设研究 ［D］. 湘潭大学，2016.

参考文献

一、著作类

[1]谢尼阔夫著,王汶译. 植物生态学[M]. 新农出版社,1953.

[2]梅多斯著,于树生译. 增长的极限[M]. 商务印书馆,1984.

[3]邓缓林主编. 地学辞典. 石家庄:河北教育出版社. 1992.

[4]全球治理委员会. 我们的全球伙伴关系[M]. 中国人民大学出版社,1995.

[5]皮尔 D. W,沃福德 J. J. 世界无末日:经济学,环境与可持续发展[M]. 中国财政经济出版社,1996.

[6]蕾切尔·卡逊著,吕瑞兰,李长生译. 寂静的春天[M]. 吉林人民出版社,1997.

[7]世界环境与发展委员会著. 我们共同的未来[M]. 吉林人民出版社, 1997.

[8]刘宗超著,生态文明观与中国可持续发展走向[M]. 中国科学技术出版社,1997.

[9]刘湘溶编. 生态文明论[M]. 湖南教育出版社,1999.

[10]刘国彬,胡春胜,WALKER J 等. 生态环境健康诊断指南[M]. Canberra: CSIRO Land and Water,1999.

[11]洛夫. 著,胡志红,王敬民,徐常勇译. 实用生态批评:文学、生物学及环境[M]. 北京大学出版社,2010.

[12]夏征农. 辞海[M]. 上海辞书出版社,2002.

[13]许士国. 环境水利学[M]. 中央广播电视大学出版社,2005.

[14]董哲仁. 莱茵河:治理保护与国际合作[M]. 黄河水利出版社,2005.

[15][澳]德雷泽克.协商民主及其超越:自由与批判的视角[M].中央编译出版社,2006.

[16]余晓新等. 景观生态学[M]. 高等教育出版社,2006.

[17]陈瑞莲. 区域公共管理理论与实践研究[M]. 中国社会科学出版社,2008.

[18]埃莉诺·奥斯特罗姆. 公共事物的治理之道集体行动制度的演进[M]. 上海译文出版社,2012.

[19]雷蒙·威廉斯.希望的源泉——文化、民主、社会主义[M]. 祁阿红,吴晓妹,译. 译林出版社,2014.

［20］冯玉军. 新编法经济学原理、图解、案例［M］. 法律出版社,2018.

二、期刊类

［1］郑少华. 论环境法上的代内公平［J］. 法商研究,2002(4):94-100.

［2］许晖,邹德秀. 中国古代生态环境与经济社会发展史话［J］. 生态经济,2000 (04):33-37.

［3］冯玲,李志远. 中国城市社区治理结构变迁的过程分析——基于资源配置视角 ［J］. 人文杂志,2003,(1):134.

［4］沈大军,王浩,蒋云钟. 流域管理机构:国际比较分析及对我国的建议［J］. 自然资 源学报,2004,(19):86-95

［5］宋言奇. 浅析"生态"内涵及主体的演变［J］. 自然辩证法研究,2005(6).

［6］刘晓丹,孙英兰. "生态环境"内涵界定探讨［J］. 生态学杂志,2006(5).

［7］刘恒,陈霁巍,胡素萍.莱茵河水污染事件回顾与启示［J］. 中国水利,2006(07): 55-58

［8］伍立,张硕辅,王玲玲,曾光明,刘鸿亮. 日本琵琶湖治理经验对洞庭湖的启示［J］. 水利经济,2007(06):46-48+83.

［9］王健. 我国生态补偿机制的现状及管理体制创新［J］. 中国行政管理,2007(11): 87-91.

［10］俞可平. 中国治理变迁30年(1978—2008)［J］. 吉林大学社会科学学报,2008 (03):5-17+159.

［11］王如松. 生态文明与绿色北京的科学内涵和建设方略［J］. 中国特色社会主义研 究,2009(03):52-54.

［12］王勇. 论流域政府间横向协调机制——流域水资源消费负外部性治理的视阈 ［J］. 公共管理学报,2009,6(01):84-93+126-127.

［13］姬鹏程,孙长学. 完善流域水污染防治体制机制的建议［J］. 宏观经济研究,2009 (07):33-37.

［14］陈乐,刘晓星. "河长制":破解中国水污染治理困境［J］. 环境保护,2009(9).

［15］王勇. 澳大利亚流域治理的政府间横向协调机制探析——以墨累-达令流域为例 ［J］. 天府新论,2010(01):99-102.

［16］冯慧娟,罗宏,吕连宏. 流域环境经济学:一个新的学科增长点［J］. 中国人口·资 源与环境,2010(3).

［17］郑海霞. 关于流域生态补偿机制与模式研究［J］. 云南师范大学学报(哲学社会 科学版),2010,42(05):54-60.

［18］王耕,高香玲,高红娟,丁晓静,王利. 基于灾害视角的区域生态安全评价机理与 方法——以辽河流域为例［J］. 生态学报,2010,30(13):3511-3525.

［19］张晓磊. 我国行政政治问责的问题与对策［J］. 中国行政管理,2010(01):22-25.

［20］余敏江．论生态治理中的中央与地方政府间利益协调［J］．社会科学，2011（9）：23-32.

［21］潘家华，张丽峰．我国碳生产率区域差异性研究［J］．中国工业经济，2011（05）：47-57.

［22］赵兵，邓玲．和谐流域建设的理论基础和基本路径［J］．长江流域资源与环境，2012,21（S1）:1-4.

［23］丁晓雯，沈珍瑶．涪江流域农业非点源污染空间分布及污染源识别［J］．环境科学,2012,33（11）:4025-4032.

［24］夏军，翟晓燕，张永勇．水环境非点源污染模型研究进展［J］．地理科学进展，2012,31（07）:941-952.

［25］金太军，沈承诚．政府生态治理、地方政府核心行动者与政治锦标赛［J］．南京社会科学,2012（06）:65-70+77.

［26］李健，钟惠波，徐辉．多元小集体共同治理:流域生态治理的经济逻辑［J］．中国人口·资源与环境,2012,22（12）:26-31.

［27］詹玉华．生态文明建设中的政府责任研究［J］．科学社会主义,2012（02）:70-73.

［28］江楠．生态文明视阈中的政府生态责任探析［J］．领导科学,2012（29）:40-41.

［29］牛文元．可持续发展理论的内涵认知——纪念联合国里约环发大会20周年［J］．中国人口·资源与环境,2012,22（05）:9-14.

［30］王爱华．公平观视角下的生态文明建设［J］．毛泽东邓小平理论研究,2012（12）:22-26+109.

［31］文正邦，曹明德．生态文明建设的法哲学思考——生态法治构建刍议［J］．东方法,2013（6）.

［32］王佃利，史越．跨域治理视角下的中国式流域治理［J］．新视野,2013（05）:51-54.

［33］俞慰刚．琵琶湖环境整治对太湖治理的启示——基于理念、过程和内容的思考［J］．华东理工大学学报,2013（9）.

［34］唐艳冬，王树堂，杨玉川，陈坤．借鉴国际经验 推动我国重点流域综合管理［J］．环境保护,2013,41（13）:30-33.

［35］徐艳晴，周志忍．水环境治理中的跨部门协同机制探析——分析框架与未来研究方向［J］．江苏行政学院学报,2014（06）:110-115.

［36］李正升．从行政分割到协同治理:我国流域水污染治理机制创新［J］．学术探索,2014（9）:57-61.

［37］张峰，杨俊，席建超等．基于DPSIRM健康距离法的南四湖湖泊生态系统健康评价［J］．资源科学, 2014,36（4）: 831-839.

［38］张艳会，杨桂山，万荣荣．湖泊水生态系统健康评价指标研究［J］．资源科学,2014,36（06）:1306-1315.

［39］曾祉祥，张洪，单保庆，杨红刚．汉江中下游流域工业污染源解析［J］．长江流域资

源与环境,2014,23(2):252-259.

[40]王灿发.论生态文明建设法律保障体系的构建[J].中国法学,2014(03):34-53.

[41]周鑫.当代中国生态治理的制度建设[J].理论视野,2014(11):80-82.

[42]马志娟,韦小泉.生态文明背景下政府环境责任审计与问责路径研究[J].审计研究,2014(06):16-22.

[43]曹明德.生态红线责任制度探析——以政治责任和法律责任为视角[J].新疆师范大学学报(哲学社会科学版),2014,35(06):71-78..

[44]凌江.对环境责任与环境权益界定的探讨[J].环境保护,2014,42(24):42-44.

[45]余辉.日本琵琶湖污染源系统控制及其对我国湖泊治理的启示[J].环境科学研究,2014,27(11):1243-1250.

[46]汪旻艳.生态文明视野的政府责任:体系建构与制度设计[J].重庆社会科学,2014(5).

[47]彭向刚,向俊杰.论生态文明建设中的政府协同[J].天津社会科学,2015(2).

[48]左其亭,陈豪,张永勇.淮河中上游水生态健康影响因子及其健康评价[J].水利学报,2015,46(09):1019-1027.

[49]刘孝富,邵艳莹,崔书红,王文杰,李元钊,田石强.基于PSFR模型的东江湖流域生态安全评价[J].长江流域资源与环境,2015,24(S1):197-205.

[50]张彦波,佟林杰,孟卫东.政府协同视角下京津冀区域生态治理问题研究[J].经济与管理,2015,29(03):23-26.

[51]李晓西,赵峥,李卫锋.完善国家生态治理体系和治理能力现代化的四大关系——基于实地调研及微观数据的分析[J].管理世界,2015(05):1-5.

[52]刘湘溶,罗常军.生态环境的治理与责任[J].伦理学研究,2015(03):98-102.

[53]盛明科,朱玉梅.生态文明建设导向下创新政绩考评体系的建议[J].中国行政管理,2015(07):156.

[54]高桂林,陈云俊.论生态环境损害责任终身追究制的法制构建[J].广西社会科学,2015(05):93-97.

[55]孟甜.环境纠纷解决机制的理论分析与实践检视[J].法学评论,2015,33(02):171-180.

[56]司林波,乔花云.地方政府生态问责制:理论基础、基本原则与建构路径[J].西北工业大学学报(社会科学版),2015,35(03):7-12+20.

[57]胡其图.生态文明建设中的政府治理问题研究[J].西南民族大学学报(人文社科版),2015(3):89-92.

[58]王新生,齐艳红.西方协商民主理论的内在演进[J].中国高校社会科学,2015(6):116-130.

[59]李胜.跨行政区流域污染协同治理的实现路径分析[J].中国农村水利水电,2016(01):89-93.

[60]李林子,傅泽强,沈鹏,高宝,谢园园.基于复合生态系统原理的流域水生态承载

力内涵解析[J]．生态经济，2016，32（02）：147-151．

[61]李卫明，艾志强，刘德富，周晓明．基于水电梯级开发的河流生态健康研究[J]．长江流域资源与环境，2016，25（06）：957-964．

[62]李丹，冯民权，白继中，苟婷．基于 SWAT 的汾河运城段非点源污染模拟与研究[J]．西北农林科技大学学报（自然科学版），2016，44（11）：111-118．

[63]周文翠，刘经纬．生态责任的虚置及其克服[J]．学术交流，2016（01）：78-82．

[64]陈建斌，柴茂．湖泊流域生态治理政府责任机制建设探究[J]．湘潭大学学报（哲学社会科学版），2016，40（03）：19-23．

[65]肖峰．我国公共治理视野下"公众"的法律定位评析[J]．中国行政管理，2016，（10）：68-73．

[66]王树义，蔡文灿．论我国环境治理的权力结构[J]．法制与社会发展，2016，22（03）：155-166．

[67]李锋，王浦劬．基层公务员公共服务动机的结构与前因分析[J]．华中师范大学学报（人文社会科学版），2016，55（01）：29-38．

[68]韩春辉，左其亭．适应最严格水资源管理的政府责任机制构建[J]．华北水利水电大学学报（自然科学版），2016，37（04）：27-33．

[69]黄爱宝．政府生态责任终身追究制的释读与构建[J]．江苏行政学院学报，2016（01）：108-113．

[70]常玉苗．基于物质流分析的区域水资源环境承载力与结构关联效应评价[J]．水利水电技术，2017，48（12）：34-40．

[71]王军锋，吴雅晴，姜银萍，张墨．基于补偿标准设计的流域生态补偿制度运行机制和补偿模式研究[J]．环境保护，2017，45（07）：38-43．

[72]李益敏，朱军，余艳红．基于 GIS 和几何平均数模型的流域生态安全评估及在各因子中的分异特征——以星云湖流域为例[J]．水土保持研究，2017，24（03）：198-205．

[73]范俊韬，张依章，张远等．流域土地利用变化的水生态响应研究[J]．环境科学研究，2017，30（7）：981-990．

[74]谭文华，李妹珍．论生态文明建设主体的生态责任[J]．生态经济，2017，33（07）：222-225．

[75]朱喜群．生态治理的多元协同：太湖流域个案[J]．改革，2017（02）：96-107．

[76]黄艺娜，倪学新．国内流域开发史研究综述——以"历史流域学"为视角[J]．内蒙古师范大学学报（哲学社会科学版），2018，47（05）：84-87．

[77]杨雯，敖天其，王文章，黎小东，史小春．基于输出系数模型的琼江流域（安居段）农村非点源污染负荷评估[J]．环境工程，2018，36（10）：140-144．

[78]姚王信，曾照云，程敏．淮河流域绿色发展国际对标研究——利益冲突与协调制度视角[J]．西部论坛，2018，28（06）：84-91．

[79]唐瑭．生态文明视阈下政府环境责任主体的细分与重构[J]．江西社会科学，2018，38（07）：172-180．

[80]盛明科,李代明. 生态政绩考评失灵与环保督察——规制地方政府间"共谋"关系的制度改革逻辑[J]. 吉首大学学报(社会科学版),2018,39(04):48-56.

[81]莫张勤. 生态保护红线法律责任的实践样态与未来走向[J]. 中国人口·资源与环境,2018,28(11):112-119.

[82]杨万平,赵金凯. 政府环境信息公开有助于生态环境质量改善吗?[J]. 经济管理,2018,40(08):5-22.

[83]张保伟,樊琳琳. 论生态文明建设与协商民主的协调发展[J]. 河南师范大学学报(哲学社会科学版),2018,45(02):23-29.

[84]王金南,董战峰,蒋洪强等. 中国环境保护战略政策70年历史变迁与改革方向[J]. 环境科学研究,2019,32(10):1636-1644.

[85]操小娟,龙新梅. 从地方分治到协同共治:流域治理的经验及思考——以湘渝黔交界地区清水江水污染治理为例[J]. 广西社会科学,2019,(12):54-58.

[86]徐红玲,潘继征,徐力刚,路学军,赵敏,杨鸿山,吴晓东. 太湖流域湖荡湿地生态系统健康评价[J]. 湖泊科学,2019,31(05):1279-1288.

[87]刘丹,王烜,曾维华,李春晖,蔡宴朋. 基于ARMA模型的水环境承载力超载预警研究[J]. 水资源保护,2019,35(01):52-55+69.

[88]辛庆玲. 生态文明背景下政府环境责任审计与问责的路径探析[J]. 青海社会科学,2019(02):73-79.

[89]徐军,邓源萍. 环境问责在全面推行河(湖)长制中的运用——基于规范层面的分析[J]. 生态经济,2019,35(06):170-174.

[90]陈家建,赵阳. "低治理权"与基层购买公共服务困境研究[J]. 社会学研究,2019,34(01):132-155+244-245.

[91]胡长英,李飞,董锁成. 一个政府—企业双层优化环境治理模型[J]. 中国环境管理,2019,11(06):69-74.

[92]石磊,樊瀞琳,柳思勉,张津悦. 国外雨洪管理对我国海绵城市建设的启示——以日本为例[J]. 环境保护,2019,47(16):59-65.

[93]李奇伟. 流域综合管理法治的历史逻辑与现实启示[J]. 华侨大学学报(哲学社会科学版),2019(03):92-101.

[94]贾先文,李周. 北美五大湖JSP管理模式及对我国河湖流域管理的启示[J]. 环境保护,2020,48(10):70-74.

[95]黄燕芬,张志开,杨宜勇. 协同治理视域下黄河流域生态保护和高质量发展——欧洲莱茵河流域治理的经验和启示[J]. 中州学刊,2020(02):18-25.

[96]杰克·图侯斯基,宋京霖. 美国流域治理与公益诉讼司法实践及其启示[J]. 国家检察官学院学报,2020,28(01):162-176.

[97]吴勇. 我国流域环境司法协作的意蕴、发展与机制完善[J]. 湖南师范大学社会科学学报,2020,49(02):39-47.

[98]锁利铭,阚艳秋,李雪. 制度性集体行动、领域差异与府际协作治理[J]. 公共管理

与政策评论,2020,9(04):3-14.

[99]顾向一,曾丽渲.从"单一主导"走向"协商共治"——长江流域生态环境治理模式之变[J].南京工业大学学报(社会科学版),2020,19(05):24-36+115.

[100]荣枢.论中国特色社会主义生态文明的认识趋向[J].思想理论教育导刊,2020(01):45-49.

[101]杨中文,张萌,郝彩莲,后希康,王璐,夏瑞,尹京晨,马驰,王强,张远.基于源汇过程模拟的鄱阳湖流域总磷污染源解析[J].环境科学研究,2020,33(11):2493-2506.

[102]李娇,宋永会,蒋进元,洪尉淞,贾萌远,谭伟.水污染治理技术综合评估方法研究[J].北京师范大学学报(自然科学版),2020,56(02):250-256.

[103]吕志奎,蒋洋,石术.制度激励与积极性治理体制建构——以河长制为例[J].上海行政学院学报,2020,21(02):46-54.

[104]刘佳奇.论空间视角下的流域治理法律机制[J].法学论坛,2020,35(01):31-39.

[105]时润哲,李长健.空间正义视角下长江经济带水资源生态补偿利益协同机制探索[J].江西社会科学,2020,40(03):49-59+254-255.

[106]邓晓雅,龙爱华,高海峰,张继,於嘉闻,任才,马真臻.塔里木河流域绿色生态空间与景观格局变化研究[J].中国水利水电科学研究院学报,2020,18(05):369-376.

[107]梁静波.协同治理视阈下黄河流域绿色发展的困境与破解[J].青海社会科学,2020(04):36-41.

[108]阎喜凤.绿色发展理念下地方政府的生态责任[J].行政论坛,2020,27(05):140-145.

[109]陈明清.加强异体问责健全环境行政问责主体制度[J].黑龙江省政法管理干部学院学报,2020(01):103-108.

[110]李昌凤.完善我国生态文明建设目标评价考核制度的路径研究[J].学习论坛,2020(03):89-96.

[111]苗青,赵一星.社会企业如何参与社会治理?一个环保领域的案例研究及启示[J].东南学术,2020(06):130-139.

[112]张悦,上官绪红,杨志鹏.公私合作和衷共济:PPP模式发展格局及资本风险管理综述[J].征信,2020,38(06):71-78.

[113]王景群,郗永勤.我国地方政府生态行政动力机制研究[J].电子科技大学学报(社科版),2020,22(03):61-67.

[114]王清军,胡开杰.我国流域环境管理的法治路径:挑战与应对[J].南京工业大学学报(社会科学版),2020,19(05):10-23+115.

[115]胡洪彬.新时代我国科技决策问责制的解构和完善——一个整体性分析框架[J].湖北社会科学,2020(03):34-41.

[116]于文轩.生态环境协同治理的理论溯源与制度回应——以自然保护地法制为例[J].中国地质大学学报(社会科学版),2020,20(02):10-19.

［117］朱弈,陈浩,丁国平,孙晓楠,刘辉,叶建锋.城镇与城郊污染河道中 DOM 成分分布与影响因素［J］.环境科学,2021,42(11):5264-5274.

［118］刘雪梅.乡村振兴中的公共价值实现［J］.行政管理改革,2021(08):39-47.

［119］朱仁显,李佩姿.跨区流域生态补偿如何实现横向协同?——基于 13 个流域生态补偿案例的定性比较分析［J］.公共行政评论,2021,14(01):170-190+224-225.

［120］宋艳玲,夏飞朋.权力制约:中国问责制的形成与演变［J］.学术交流,2021(09):19-29+191.

［121］林永然,张万里.协同治理:黄河流域生态保护的实践路径［J］.区域经济评论,2021(02):154-160.

［122］于铭.以水质标准为中心完善水污染防治法律制度体系［J］.浙江工商大学学报,2021(05):56-65.

［123］吕志奎.流域治理体系现代化的关键议题与路径选择［J］.人民论坛,2021(Z1):74-77.

［124］司林波,裴索亚.跨行政区生态环境协同治理的绩效问责过程及镜鉴——基于国外典型环境治理事件的比较分析［J］.河南师范大学学报(哲学社会科学版),2021,48(02):16-26.

［125］罗文君.融合与创新:《长江保护法》的保障、监督与法律责任体系［J］.环境保护,2021,49(Z1):48-53.

［126］徐宗学,刘麟菲.渭河流域水生态系统健康评价［J］.人民黄河,2021,43(10).

［127］田盼,吴基昌,宋林旭等.茅洲河流域河流类别及生态修复模式研究［J］.中国农村水利水电,2021:13-18,24.

［128］刘洋,李丽娟,李九一.面向区域管理的非点源污染负荷估算——以浙江省嵊州市为例［J］.环境科学学报,2021,41(10):3938-3946.

［129］宋成镇,陈延斌,侯毅鸣,唐永超,刘曰庆.中国城市工业集聚与污染排放空间关联性及其影响因素［J］.济南大学学报(自然科学版),2021,35(05):452-461.

［130］白璐,乔琦,张玥,李雪迎,刘景洋,许文,孙园园.工业污染源产排污核算模型及参数量化方法［J］.环境科学研究,2021,34(09):2273-2284.

［131］刘鸿志,王光镇,马军,闫政,沈苏南.黄河流域水质和工业污染源研究［J］.中国环境监测,2021,37(03):18-27.

［132］朱艳丽.长江流域协调机制创新性落实的法律路径研究［J］.中国软科学,2021(06):91-102.

［133］张明,宋妍.环保政绩:从软性约束到实质问责考核［J］.中国人口·资源与环境,2021,31(02):34-43.

［134］司林波,裴索亚.跨行政区生态环境协同治理绩效问责模式及实践情境——基于国内外典型案例的分析［J］.北京行政学院学报,2021(03):49-61.

［135］许素菊,支克蓉.基于整体性视域的流域生态文明建设［J］.理论视野,2021(06):62-67.

[136]刘康,李涛,马中.中国污水处理费政策分析与改革研究——基于污染者付费原则视角[J].价格月刊,2021(12):1-9.

[137]许素菊,支克蓉.基于整体性视域的流域生态文明建设[J].理论视野,2021(06):62-67.

[138]司林波,王伟伟.跨行政区生态环境协同治理绩效问责机制构建与应用——基于目标管理过程的分析框架[J].长白学刊,2021(01):73-81.

[139]陈海嵩.生态环境治理体系的规范构造与法典化表达[J].苏州大学学报(法学版),2021,8(04):27-41.

[140]胡中华,周振新.区域环境治理:从运动式协作到常态化协同[J].中国人口·资源与环境,2021,31(03):66-74.

[141]房平,马云,申杰,张泽.延河流域水生态环境存在问题及对策[J].人民黄河,2022,44(01):80-82+88.

[142]李若飔,辛存林,陈宁,肖凯文,辛顺杰.三生空间视角下大夏河流域水生态安全评价与预测[J/OL].水利水电技术(中英文),2022,53(07):82-93.

[143]杨帆,谌洁琼,雷婷,蒋超,雷军,向娟.流域型城市生态安全关键性空间识别与管控研究——以岳阳市为例[J].城市发展研究,2022,29(05):14-20+42.

[144]吴辉煌,范冰雄,张雪婷等.面向水环境现代化治理的绩效评估与优先区识别——以九龙江流域-厦门湾为例[J].中国环境科学,2022,42(05):2471-2480.

[145]王立萍,张晓瑾,李贺等.基于SWAT的泗河流域非点源污染物时空分布特征[J/OL].山东大学学报(工学版):1-7[2022-06-20].

[146]王凯,陈磊,杨念,陆海明,习斌,沈珍瑶.从田块到水体:基于源-流-汇理念的非点源污染全过程核算方法[J].环境科学学报,2022,42(01):269-279.

[147]谢慧钰,胡梅,嵇晓燕,曹炳伟,贾世琪,徐建,金小伟.2011~2019年鄱阳湖水质演化特征及主要污染因子解析[J/OL].环境科学:1-17[2022-06-21].

[148]杨旭,孟凡坤.黄河流域生态协同治理视域下国家自主性的嵌入与调适[J].青海社会科学,2022(05):53-62.

[149]杨志云.新时代环境治理体制改革的面向:实践逻辑与理论争论[J].行政管理改革,2022(04):95-104.

[150]司林波,张盼.黄河流域生态协同保护的现实困境与治理策略——基于制度性集体行动理论[J].青海社会科学,2022(01):29-40.

[151]刘若江,金博,贺姣姣.黄河流域绿色发展战略及其实现机制研究[J].西安财经大学学报,2022,35(01):15-27.

[152]金安平,王格非.水治理中的国家与社会"共治"——以明清水利碑刻为观察对象[J].北京行政学院学报,2022(03):28-39.

[153]潘越,龚健,杨建新,杨婷,王玉.基于生态重要性和MSPA核心区连通性的生态安全格局构建——以桂江流域为例[J].中国土地科学,2022,36(04):86-95.

[154]盛明科,岳洁.生态治理体系现代化视域下地方环境治理逻辑的重塑——以环

保督察制度创新为例[J]. 湘潭大学学报(哲学社会科学版),2022,46(03):99-104.

[155]陈文婷,夏青,苏婧,郑明霞,席北斗,向维. 基于时差相关分析和模糊神经网络的白洋淀流域水环境承载力评价预警[J/OL]. 环境工程:1-14[2022-06-20].

[156]赵金辉,修浩然,王梦等. 基于改进DPSIR模型的黄河流域高质量发展评价[J]. 人民黄河,2022,44(02):16-20.

[157]刘志仁,王嘉奇. 黄河流域政府生态环境保护责任的立法规定与践行研究[J]. 中国软科学,2022(03):47-57.

[158]王春,王毅杰. 政府购买服务中公益生态转型与草根公益组织的行动适应[J]. 学术交流,2022(03):144-155.

[159]吴艳霞,魏志斌,王爱琼. 基于DPSIR模型的黄河流域生态安全评价及影响因素研究[J]. 水土保持通报,2022,42(06):322-331.

[160]王小娜. 环保社会组织参与生态环境治理的实践及建议—以内蒙古为例[J]. 环境保护,2022,50(14):49-51.

[161]齐晓亮,阎小操. 生态安全视阈下跨区域城市环境协同治理[J]. 城市发展研究,2022,29(09):7-10+16.

[162]张红武,王海,马睿. 我国湖泊治理的瓶颈问题与对策研究[J]. 水利水电技术,2022,07(18):1-14.

[163]伍先斌,张安南,胡森辉. 整体性治理视域下数字赋能水域生态治理——基于河长制的实践路径[J]. 行政管理改革,2023(03):33-40.

[164]李艳翠,袁金国,刘博涵等. 滹沱河流域生态环境动态遥感评价[J/OL]. 环境科学:1-18[2023-09-18].

[165]张倩,巢世军,杨晓丽,李发娟,胡健. 基于SWAT模型的沙塘川流域非点源氮磷污染特征及关键源区识别[J]. 地球环境学报,2022,13(01):86-99.

[166]陈进. 流域横向生态补偿进展及发展趋势[J]. 长江科学院院报,2022,39(02):1-6+20.

[167]徐利,郝桂珍,李思敏,等. 滦河上游流域水质特征及污染源解析[J]. 科学技术与工程,2023,23(16):7136-7144.

[168]陈海嵩. 证成与规范:地方政府生态修复责任论纲[J]. 求索,2023(04):146-153.

[169]古小超,王子璐,赵兴华等. 河流生态环境健康评价技术体系构建及应用[J]. 中国环境监测,2023,39(03):87-98.

[170]黄燏,阙思思,罗晗郁等. 长江流域重点断面水质时空变异特征及污染源解析[J]. 环境工程学报,2023,17(8):2468-2483.

[171]王俊杰,何寿奎,梁功雯. 跨界流域生态环境脆弱性及协同治理策略研究[J]. 人民长江,2023,54(07):22-31.

[172]杨俊毅,关潇,李俊生等. 乌江流域生物多样性与生态系统服务的空间格局及相互关系[J]. 生物多样性,2023,31(07):132-141.

［173］陈芳,郝婧．长江经济带跨界污染协同治理动力机制分析——基于扎根理论［J］．生态经济,2023:1-19.

［174］柴茂,刘璇．跨域水污染协同治理SFIC修正模型研究——来自太湖流域的证据［J］．湘潭大学学报(哲学社会科学版),2023,47(01):98-105.

［175］黄爱宝．新时代中国共产党如何追究政府生态责任——职能阐析与优化路径［J］．河海大学学报(哲学社会科学版),2023,25(01):41-50.

［176］张宪丽．协商民主、公共善与辩证行动主义［J］．行政论坛,2023,30(01):44-51.

［177］张贤明．社会主义协商民主的价值定位、体系建构与基本进路［J］．政治学研究,2023(01).

［178］王佃利,滕蕾．流域治理中的跨边界合作类型与行动逻辑——基于黄河流域协同治理的多案例分析［J］．行政论坛,2023,30(04):143-150.

［179］陈冠宇,王佃利．迈向协同:跨界公共治理的政策执行过程——基于长江流域生态治理的考察［J］．河南师范大学学报(哲学社会科学版),2023,50(01):32-38.

［180］王江,王鹏．流域府际生态协同治理优于属地治理的证成与实现——基于动态演化博弈模型［J］．自然资源学报,2023,38(05):1334-1348.

［181］杨霞,何刚,吴传良等．生态补偿视角下流域跨界水污染协同治理机制设计及演化博弈分析［J/OL］．安全与环境学报:1-10［2023-09-21］.

［182］周珂,蒋昊君．整体性视阈下黄河流域生态保护体制机制创新的法治保障［J］．法学论坛,2023,38(03):86-96.

［183］曲国华,李晨成,李春华等．公众参与下黄河流域生态保护和高质量发展的协同演化机理研究［J］．灾害学,2023,38(03):7-16.

［184］赵晶晶,葛颜祥,李颖．协同引擎、外部环境与流域生态补偿多主体协同行为研究——以山东省大汶河流域为例［J］．中国环境管理,2023,15(04):130-139.

［185］鲁仕宝,廉志端,尚毅梓等．黄河流域经济带生态环境绩效评估及其提升路径［J］．水土保持学报,2023,37(04):235-242+249.

［186］董正爱,张黎晨．长江流域生态环境修复的空间维度与法治进路——基于空间生产理论的反思与重构［J］．中国人口·资源与环境,2023,33(05):49-59.

［187］金志校,曹孟勤．全面建设社会主义现代化国家生态向度的三维阐释［J］．哈尔滨工业大学学报(社会科学版),2023(05):128-135.

［188］王宗涛,王勇．多元主体参与黄河流域生态环境修复的困境与纾解［J］．人民黄河,2023,45(07):19-23+57.

［189］曹霞,刘宇超.《黄河保护法》实施框架下流域协同治理的法治保障路径［J］．干旱区资源与环境,2023,37(07):184-189.

［190］张倩．黄河流域横向生态补偿的协同治理困境与实践路径［J］．人民黄河,2023,45(08):54-58+67.

［191］陈伟雄,李宝银,杨婷．数字技术赋能生态文明建设:理论基础、作用机理与实现

路径[J].当代经济研究,2023(09):99-109.

[192]黄万华,王婷婷,谭志东等.长江流域"政区单元"河长制政策效应的实证检验[J].统计与决策,2023,39(13):95-100.

[193]徐利,郝桂珍,李思敏等.滦河上游流域水质特征及污染源解析[J].科学技术与工程,2023,23(16):7136-7144.

[194]张祖增.整体系统观下黄河流域生态保护的法治进路:梗阻、法理与向度[J].重庆大学学报(社会科学版),2023,09(19):1-15.

[195]杨霞,何刚,吴传良等.生态补偿视角下流域跨界水污染协同治理机制设计及演化博弈分析[J].安全与环境学报:1-10[2023-09-19].

[196]潘庆,陈远航,陈传忠等.深化省以下生态环境机构垂改背景下优化区县生态环境监测站管理模式的思考[J].环境保护,2023,51(Z2):36-40.

三、硕博论文类

[1]陆畅.我国生态文明建设中政府职能与责任研究[D].东北师范大学博士论文,2012.

[2]任慧莉.中国政府环境责任制度变迁研究[D].南京农业大学博士论文,2015.

[3]向俊杰.我国生态文明建设的协同治理体系研究[D].吉林大学博士论文,2015.

[4]柴茂.洞庭湖区生态的政府治理机制建设研究[D].湘潭大学博士论文,2016.

[5]闫亭豫.辽宁生态环境协同治理研究[D].东北大学博士论文,2016.

[6]刘成军.城镇化进程中政府的生态责任研究[D].东北师范大学博士论文,2016.

[7]底志欣.京津冀协同发展中流域生态共治研究[D].中国社会科学院研究生院博士论文,2017.

[8]王俊燕.流域管理中社区和农户参与机制研究[D].中国农业大学博士论文,2017.

[9]唐斌.地方政府生态文明建设绩效评估的体系构建与机制创新研究[D].湘潭大学博士论文,2017.

[10]韩莉.杭州西湖龙泓涧流域非点源污染源解析及控制措施研究[D].华东师范大学博士论文,2017.

[11]贾晓烨.流域生态环境整体性治理机制研究[D].福建师范大学,2017.

[12]唐洋.我国水污染治理绩效审计评价体系构建与应用研究[D].中南财经政法大学博士论文,2018.

[13]陈新明.我国流域水资源治理协同绩效及实现机制研究[D].中央财经大学博士论文,2018.

[14]刘娟.跨行政区环境治理中地方政府合作研究[D].吉林大学博士论文,2019.

[15]陈学凯.湖泊流域非点源污染分区精细化模拟与多级优先控制区识别[D].中国水利水电科学研究院博士论文,2019.

[16]郑云辰．流域生态补偿多元主体责任分担及其协同效应研究[D]．山东农业大学博士论文,2019.

[17]刘国琳．协同治理视角下钦江流域水污染治理研究[D]．广西大学,2019.

[18]杨若愚．环境污染的空间相关性、影响因素及治理模式构建[D]．天津大学博士论文,2020.

[19]刘子龙．长江流域涉水权利冲突的法律规制[D]．中南财政政法大学博士论文,2020.

[20]何勇．长江经济带环境协同治理研究[D]．武汉人学博士论文,2020.

[21]陈小艺．我国跨区域水污染治理的法律对策研究[D]．河北经贸大学,2020.

[22]张婕．跨区域流域环境府际协同治理研究[D]．福建师范大学,2020.

[23]丁鑫磊．京津冀水污染联防联控法律问题研究[D]．河北经贸大学,2020.

[24]杨茗皓．宪法上地方国家机关生态治理义务研究[D]．西南政法大学博士论文,2021.

[25]倪琪．基于公众参与和逐级协商的跨区域流域生态补偿机制研究[D]．西北农林科技大学博士论文,2021.

四、报纸、网络类

[1]钟纪闻．监察部通报10起破坏生态环境责任追究典型案例[N]．中国纪检监察报,2013-10-25.

[2]王新生．社会主义协商民主:中国民主政治的重要形式[N]．光明日报,2013-10-29.

[3]郭静.生态文明建设需超越资本逻辑[N]．中国社会科学报,2013-06-24.

[4]中华人民共和国环境保护法[N]．人民日报,2014-07-25.

[5]中共中央国务院印发《生态文明体制改革总体方案》[N]．经济日报,2015-09-22.

[6]冯蕾．生态问责:如何落细落实——五部门解析《关于加快推进生态文明建设的意见》[N]．光明日报,2015-05-08.

[7]中共中央办公厅、国务院办公厅印发《党政领导干部生态环境损害责任追究办法(试行)》[EB/OL]．(2015-08-17)[2022-04-01]．http://www.gov.cn/xinwen/2015-08/17/content_2914417.htm.

[8]国务院关于印发水污染防治行动计划的通知[EB/OL]．(2015-04-16)[2023-09-01]http://www.gov.cn/zhengce/content/2015-04/16/content_9613.htm.2015-4-2.

[9]中共中央办公厅国务院办公厅印发《关于全面推行河长制的意见》[EB/OL]．(2016-12-11)[2022-04-28]http://www.gov.cn/zhengce/2016-12/11/content_5146628.htm.

[10]习近平:决胜全面建成小康社会夺取新时代中国特色社会主义伟大胜利——在中国共产党第十九次全国代表大会上的报告[N]．新华社,2017-10-27.

［11］习近平：共同抓好大保护协同推进大治理让黄河成为造福人民的幸福河［EB/OL］.（2019－09－20）［2022－02－20］http：//cpc. people. com. cn/n1/2019/0920/c64094－31363163. html.

［12］中共中央办公厅 国务院办公厅印发《中央生态环境保护督察工作规定》［EB/OL］.（2019－06－17）［2022－3－20］http：//www. gov. cn/zhengce/2019－06/17/content_5401085. htm.

［13］中共中央办公厅 国务院办公厅印发《关于构建现代环境治理体系的指导意见》［EB/OL］.（2020－03－03）［2022－04－03］.

［14］中华人民共和国长江保护法［EB/OL］.（2020－12－27）［2022－06－12］http：//www. gov. cn/xinwen/2020－12/27/content_5573658. htm.

［15］全国污染源普查条例［EB/OL］.（2020－12－27）［2022－06－20］https：//www. mee. gov. cn/ywgz/fgbz/xzfg/202006/t20200610_783571. shtml.

［16］中华人民共和国国民经济和社会发展第十四个五年规划和2035年远景目标纲要［EB/OL］.（2021－03－13）［2022－07－31］http：//www. gov. cn/xinwen/2021－03/13/content_5592681. htm.

［17］中共中央国务院印发《黄河流域生态保护和高质量发展规划纲要》［EB/OL］.（2021－10－08）［2022－05－22］http：//www. gov. cn/zhengce/2021－10/08/content_5641438. htm.

［18］习近平生态文明思想研究中心. 深入学习贯彻习近平生态文明思想［N］. 人民日报，2022－08－18（010）.

［19］中共中央国务院印发《数字中国建设整体布局规划》［EB/OL］.（2023－02－27）［2023－08－20］https：//www. gov. cn/zhengce/2023－02/27/content_5743484. htm.

［20］"勇挑大梁、走在前列"——习近平总书记参加江苏代表团审议侧记［EB/OL］. 新华社，（2023－03－06）［2023－9－21］https：//www. gov. cn/xinwen/2023－03/06/content_5744911. htm.

［21］习近平在全国生态环境保护大会上强调：全面推进美丽中国建设 加快推进人与自然和谐共生的现代化［EB/OL］. 新华社，（2023－07－18）［2023－9－23］https：//www. gov. cn/yaowen/liebiao/202307/content_6892793. htm.

五、外文类

［1］Horton R E. The role of infiltration in the hydrologic cycle［J］. Eos, Transactions American Geophysical Union, 1933, 14(1)：446－460.

［2］Leopold A. Wilderness as a land laboratory［J］. The living wilderness, 1941, 6：3.

［3］Satterfield M H. TVA－State－Local Relationships［J］. American Political Science Review, 1946, 40(5)：935－949.

［4］Crawford N H, Linsley R K. Digital Simulation in Hydrology´Stanford Watershed Model

4[J]. 1966.

[5]Downs A. Inside bureaucracy[J]. 1967.

[6]MEADOWS,D H. ,et al. The Limits to Growth[M]. Universe Books,1972.

[7]Whittaker R H, Levin S A, Root R B. On the reasons for distinguishing" niche, habitat, and ecotope"[J]. The American Naturalist, 1975, 109(968): 479-482. .

[8]Ecker J G. A geometric programming model for optimal allocation of stream dissolved oxygen[J]. Management Science, 1975: 658-668.

[9]Fujiwara O, Gnanendran S K, Ohgaki S. River quality management under stochastic streamflow[J]. Journal of Environmental Engineering, 1986, 112(2): 185-198.

[10] Donna J. Wood, Barbara Gray. Toward a Comprehensive Theory of Collaboration [J]. Journal of Applied Behavioral Science, 1991(2):139.

[11] Peter Smith Ring,Andrew H. Van De Ven. Developmental Processes of Cooperative Interorganizational Relationships[J]. Academy of Management Review,1994(1):90-118.

[12]Davies P E, Schofield N J. Measuring the health of our rivers[J]. Water (Australian Water and Wastewater Association Journal), 1996, 23: 39-43.

[13] Bardach E, Lesser C. Accountability in human services collaboratives—For what? and to whom? [J]. Journal of Public Administration Research and Theory, 1996, 6(2): 197-224.

[14]Romzek B S. Where the buck stops: Accountability in reformed public organizations [J]. Transforming government: Lessons from the reinvention laboratories, 1998: 193-219.

[15]Arnold J G, Srinivasan R, Muttiah R S, et al. Large area hydrologic modeling and assessment part I: model development 1[J]. JAWRA Journal of the American Water Resources Association, 1998, 34(1): 73-89.

[16]Alaerts G J. Institutions for river basin management. The role of external support Agencies (international donors) in developing cooperative arrangements[C]//International Workshop on River Basin Management – Best Management Practices. 1999: 27-29.

[17] Costanza R, Mageau M. What is a healthy ecosystem? [J]. Aquatic ecology, 1999, 33: 105-115.

[18]Young D. R. "Alternative Models of Government-Nonprofit Sector Relations: Theoretical and International Perspectives",Nonprofit and Voluntary Sector Quarterly, 2000,29(1):149-172.

[19]ALBERINI A. Environmental regulation and substitution between sources of pollution: an empirical analysis of Florida's storage banks[J]. Journal of Regulatory Economics,2001,19: 55-79.

[20] Yamamoto A. The governance of water: an institutional approach to water resource management[M]. The Johns Hopkins University, 2002.

[21]琵琶湖総合保全連絡調整会議琵琶湖の総合的な保全のための施策の実施状況 (平成15年度版)概要版平成15年8月(2003年8月).

［22］Joined-Up Government in the Western World in Comparative Perspective：A Preliminary Literature Review and Exploration［J］. Journal of Public Administration Research and Theory：J-PART,2004,14(1).

［23］Vugteveen P, Leuven R S E W, Huijbregts M A J, et al. Redefinition and elaboration of river ecosystem health：perspective for river management［J］. Living Rivers：Trends and Challenges in Science and Management,2006,289-308.

［24］Mol,Arthur P. J. and Carter,Neil T. Chian's Environmental Governance in Transition, Environmental political. 2006.

［25］LYNN L. BERGESON. Environmental Accountability：Keeping Pace with the Evolving Role of Responsible Environmental Corporate Stewardship［J］. Environmental quality management,2006,16(1):69-76.

［26］C. Ansell,A. Gash. Collaborative Governance in Theory and Practice［J］. Journal of Public Administration Research and Theory,2007,18(4).

［27］Zadek S. Global collaborative governance：there is no alternative［J］. Corporate Governance：The international journal of business in society, 2008, 8(4)：374-388.

［28］Chris Ansell, Alison Gash. Collaborative Governance in Theory and Practice［J］. Journal of Public Administration Research and Theory, 2008(4):543-571.

［29］Jessica Nihlen Fahlquist. Moral Responsibility for Environmental problems-Individual or Institutional？［J］. Journal of Agricultural & Environmental Ethics,2009,22(2):109-124.

［30］Fahlquist J N. Moral responsibility for environmental problems—Individual or institutional？［J］. Journal of Agricultural and Environmental Ethics, 2009, 22(2)：109-124.

［31］W. C. Huang, et al. Development of the systematic object event data model for integrated point source pollution management Int［J］. J. Environ. Sci. Tech. 2010,7(3):411-426

［32］Martin L. L.,Frahm K.. The changing nature of accountability in administrative practice［J］. Journal of Sociology and Social Welfare,2010,37(1).

［33］A dictionary of ecology［M］. Oxford Quick Reference, 2010.

［34］Krik Emerson, Tina Nabatchi, Stephen Balogh. An Integrative Framework for Collaborative Governance［J］. Journal of Public Administration Research and Theory, 2012(1):1-29.

［35］Sun T, Zhang H, Wang Y. The application of information entropy in basin level water waste permits allocation in China［J］. Resources, conservation and recycling, 2013, 70：50-54.

［36］Schomers S, Matzdorf B. Payments for ecosystem services：A review and comparison of developing and industrialized countries［J］. Ecosystem services, 2013, 6：16-30.

［37］Bricker S B, Getchis T L, Chadwick C B, et al. Integration of ecosystem-based models into an existing interactive web-based tool for improved aquaculture decision-making［J］. Aquaculture, 2016, 453：135-146.

［38］Marttunen M, Mustajoki J, Sojamo S, et al. A framework for assessing water security and the water - energy - food nexus—the case of Finland［J］. Sustainability, 2019, 11(10)：

2900.

[39]Baltutis W J, Moore M L. Degrees of change toward polycentric transboundary water governance[J]. Ecology and Society, 2019, 24(2).

[40]Zou L, Liu Y, Wang Y, et al. Assessment and analysis of agricultural non-point source pollution loads in China: 1978 – 2017[J]. Journal of Environmental Management, 2020, 263: 110400.

[41]Grbčić L, Lučin I, Kranjčević L, et al. Water supply network pollution source identification by random forest algorithm[J]. Journal of Hydroinformatics, 2020, 22(6): 1521-1535.

[42]Kelly E R, Cronk R, Kumpel E, et al. How we assess water safety: A critical review of sanitary inspection and water quality analysis[J]. Science of the Total Environment, 2020, 718: 137237.

[43]Tang Y, Zhao X, Jiao J. Ecological security assessment of Chaohu Lake Basin of China in the context of River Chief System reform[J]. Environmental Science and Pollution Research, 2020, 27: 2773-2785.

[44] Chen X, Zhang J, Zeng H. Is corporate environmental responsibility synergistic with governmental environmental responsibility? Evidence from China[J]. Business Strategy and the Environment, 2020, 29(8): 3669-3686.

[45]Turken N, Carrillo J, Verter V. Strategic supply chain decisions under environmental regulations: When to invest in end-of-pipe and green technology[J]. European Journal of Operational Research, 2020, 283(2): 601-613.

[46]Wang Zhengzao, Mao Xianqiang, Zeng Weihua, et al. Exploring the influencing paths of natives' conservation behavior and policy incentives in protected areas : evidence from China [J]. Science of the Total Environment,2020,744:140728.

[47]Lucie Baudoin, Joshua R. Gittins,The ecological outcomes of collaborative governance in large river basins: Who is in the room and does it matter?,Journal of Environmental Management,Volume 281,2021.

[48]Peng B, Chen S, Elahi E, et al. Can corporate environmental responsibility improve environmental performance? An inter-temporal analysis of Chinese chemical companies[J]. Environmental Science and Pollution Research, 2021, 28(10): 12190-12201.

[49] Huang L, Lei Z. How Environmental Regulation Affect Corporate Green Investment: Evidence from China[J]. Journal of Cleaner Production, 2021, (279): 123560.

[50]Xu H, Gao Q, Yuan B. Analysis and identification of pollution sources of comprehensive river water quality: Evidence from two river basins in China[J]. Ecological Indicators, 2022, 135: 108561.

[51]Zilio M I, Bohn V Y, Cintia Piccolo M, et al. Land cover changes and ecosystem services at the Negro River Basin, Argentina: what is missing for better assessing nature's contribution? [J]. International Journal of River Basin Management, 2022, 20(2): 265-278.

［52］Chamani R，Vafakhah M，Sadeghi S H．Changes in reliability － resilience － vulnera-bility－based watershed health under climate change scenarios in the Efin Watershed，Iran［J］．Natural Hazards，2023，116（2）：2457－2476．

［53］Nalbandan R B，Delavar M，Abbasi H，et al．Model－based water footprint accounting framework to evaluate new water management policies［J］．Journal of Cleaner Production，2023，382：135220．

［54］Wu Q，Wu B，Yan X．An intelligent traceability method of water pollution based on dynamic multi－mode optimization［J］．Neural Computing and Applications，2023，35（3）：2059－2076．

［55］Moorthy R，Bibi S．Water security and cross－border water management in the kabul river basin［J］．Sustainability，2023，15（1）：792．

附录 1 中央层面关于流域生态环境治理的法律及文件梳理表

法律/文件	内　容
《国务院办公厅关于加强环境监管执法的通知》——2014 年 11 月 12 日	第十条　强化监管责任追究。对网格监管不履职的，发现环境违法行为或者接到环境违法行为举报后查处不及时的，不依法对环境违法行为实施处罚的，对涉嫌犯罪案件不移送、不受理或推诿执法等监管不作为行为，监察机关要依法依纪追究有关单位和人员的责任。国家工作人员充当保护伞包庇、纵容环境违法行为或对其查处不力，涉嫌职务犯罪的，要及时移送人民检察院。实施生态环境损害责任终身追究，建立倒查机制，对发生重特大突发环境事件，任期内环境质量明显恶化，不顾生态环境盲目决策、造成严重后果，利用职权干预、阻碍环境监管执法的，要依法依纪追究有关领导和责任人的责任
《水污染防治行动计划》——2015 年 4 月 16 日	第三十二条　严格目标任务考核。国务院与各省（区、市）人民政府签订水污染防治目标责任书，分解落实目标任务，切实落实"一岗双责"。每年分流域、分区域、分海域对行动计划实施情况进行考核，考核结果向社会公布，并作为对领导班子和领导干部综合考核评价的重要依据。（环境保护部牵头，中央组织部参与）。 将考核结果作为水污染防治相关资金分配的参考依据。（财政部、发展改革委牵头，环境保护部参与）。 对未通过年度考核的，要约谈省级人民政府及其相关部门有关负责人，提出整改意见，予以督促；对有关地区和企业实施建设项目环评限批。对因工作不力、履职缺位等导致未能有效应对水环境污染事件的，以及干预、伪造数据和没有完成年度目标任务的，要依法依纪追究有关单位和人员责任。对不顾生态环境盲目决策，导致水环境质量恶化，造成严重后果的领导干部，要记录在案，视情节轻重，给予组织处理或党纪政纪处分，已经离任的也要终身追究责任。（环境保护部牵头，监察部参与）

法律/文件	内　　容
《生态文明建设目标评价考核办法》——2016 年 12 月 22 日	第十三条　考核报告经党中央、国务院审定后向社会公布，考核结果作为各省、自治区、直辖市党政领导班子和领导干部综合考核评价、干部奖惩任免的重要依据。 对考核等级为优秀、生态文明建设工作成效突出的地区，给予通报表扬；对考核等级为不合格的地区，进行通报批评，并约谈其党政主要负责人，提出限期整改要求；对生态环境损害明显、责任事件多发地区的党政主要负责人和相关负责人（含已经调离、提拔、退休的），按照《党政领导干部生态环境损害责任追究办法（试行）》等规定，进行责任追究
《中华人民共和国环境保护法》——2014 年 4 月 24 日修订	第六十七条　上级人民政府及其环境保护主管部门应当加强对下级人民政府及其有关部门环境保护工作的监督。发现有关工作人员有违法行为，依法应当给予处分的，应当向其任免机关或者监察机关提出处分建议。 依法应当给予行政处罚，而有关环境保护主管部门不给予行政处罚的，上级人民政府环境保护主管部门可以直接作出行政处罚的决定。 第六十八条　地方各级人民政府、县级以上人民政府环境保护主管部门和其他负有环境保护监督管理职责的部门有下列行为之一的，对直接负责的主管人员和其他直接责任人员给予记过、记大过或者降级处分；造成严重后果的，给予撤职或者开除处分，其主要负责人应当引咎辞职：（一）不符合行政许可条件准予行政许可的；（二）对环境违法行为进行包庇的；（三）依法应当作出责令停业、关闭的决定而未作出的；（四）对超标排放污染物、采用逃避监管的方式排放污染物、造成环境事故以及不落实生态保护措施造成生态破坏等行为，发现或者接到举报未及时查处的；（五）违反本法规定，查封、扣押企业事业单位和其他生产经营者的设施、设备的；（六）篡改、伪造或者指使篡改、伪造监测数据的；（七）应当依法公开环境信息而未公开的；（八）将征收的排污费截留、挤占或者挪作他用的；（九）法律法规规定的其他违法行为

法律/文件	内　容
《党政领导干部生态环境损害责任追究办法（试行）》——2015年8月9日施行	第五条　有下列情形之一的，应当追究相关地方党委和政府主要领导成员的责任：（一）贯彻落实中央关于生态文明建设的决策部署不力，致使本地区生态环境和资源问题突出或者任期内生态环境状况明显恶化的；（二）作出的决策与生态环境和资源方面政策、法律法规相违背的；（三）违反主体功能区定位或者突破资源环境生态红线、城镇开发边界，不顾资源环境承载能力盲目决策造成严重后果的；（四）作出的决策严重违反城乡、土地利用、生态环境保护等规划的；（五）地区和部门之间在生态环境和资源保护协作方面推诿扯皮，主要领导成员不担当、不作为，造成严重后果的；（六）本地区发生主要领导成员职责范围内的严重环境污染和生态破坏事件，或者对严重环境污染和生态破坏（灾害）事件处置不力的；（七）对公益诉讼裁决和资源环境保护督察整改要求执行不力的；（八）其他应当追究责任的情形。有上述情形的，在追究相关地方党委和政府主要领导成员责任的同时，对其他有关领导成员及相关部门领导成员依据职责分工和履职情况追究相应责任。 第六条　有下列情形之一的，应当追究相关地方党委和政府有关领导成员的责任：（一）指使、授意或者放任分管部门对不符合主体功能区定位或者生态环境和资源方面政策、法律法规的建设项目审批（核准）、建设或者投产（使用）的；（二）对分管部门违反生态环境和资源方面政策、法律法规行为监管失察、制止不力甚至包庇纵容的；（三）未正确履行职责，导致应当依法由政府责令停业、关闭的严重污染环境的企业事业单位或者其他生产经营者未停业、关闭的；（四）对严重环境污染和生态破坏事件组织查处不力的；（五）其他应当追究责任的情形。 第七条　有下列情形之一的，应当追究政府有关工作部门领导成员的责任：（一）制定的规定或者采取的措施与生态环境和资源方面政策、法律法规相违背的；（二）批准开发利用规划或者进行项目审批（核准）违反生态环境和资源方面政策、法律法规的；（三）执行生态环境和资源方面政策、法律法规不力，不按规定对执行情况进行监督检查，或者在监督检查中敷衍塞责的；（四）对发现或者群众举报的严重破坏生态环境和资源的问题，不按规定查处的；（五）不按规定报告、通报或者公开环境污染和生态破坏（灾害）事件信息的；（六）对应当移送有关机关处理的生态环境和资源方面的违纪违法案件线索不按规定移送的；（七）其他应当追究责任的情形。有上述情形的，在追究政府有关工作部门领导成员责任的同时，对负有责任的有关机构领导人员追究相应责任。 第十条　党政领导干部生态环境损害责任追究形式有：诫勉、责令公开道歉；组织处理，包括调离岗位、引咎辞职、责令辞职、免职、降职等；党纪政纪处分。组织处理和党纪政纪处分可以单独使用，也可以同时使用。追责对象涉嫌犯罪的，应当及时移送司法机关依法处理

续表

法律/文件	内　　容
《国务院关于落实科学发展观加强环境保护的决定》——2005 年 12 月	建立跨省界河流断面水质考核制度，省级人民政府应当确保出境水质达到考核目标。国家加强跨省界环境执法及污染纠纷的协调，上游省份排污对下游省份造成污染事故的，上游省级人民政府应当承担赔付补偿责任，并依法追究相关单位和人员的责任。赔付补偿的具体办法由环保总局会同有关部门拟定
《中华人民共和国黄河保护法》——2022 年 10 月 30 日	第一百零四条　国务院有关部门、黄河流域县级以上地方人民政府有关部门、黄河流域管理机构及其所属管理机构、黄河流域生态环境监督管理机构按照职责分工，对黄河流域各类生产生活、开发建设等活动进行监督检查，依法查处违法行为，公开黄河保护工作相关信息，完善公众参与程序，为单位和个人参与和监督黄河保护工作提供便利。 单位和个人有权依法获取黄河保护工作相关信息，举报和控告违法行为。 第一百零八条　国务院有关部门、黄河流域县级以上地方人民政府及其有关部门、黄河流域管理机构及其所属管理机构、黄河流域生态环境监督管理机构违反本法规定，有下列行为之一的，对直接负责的主管人员和其他直接责任人员依法给予警告、记过、记大过或者降级处分；造成严重后果的，给予撤职或者开除处分，其主要负责人应当引咎辞职： （一）不符合行政许可条件准予行政许可； （二）依法应当作出责令停业、关闭等决定而未作出； （三）发现违法行为或者接到举报不依法查处； （四）有其他玩忽职守、滥用职权、徇私舞弊行为

法律/文件	内　容
《中华人民共和国长江保护法》——2020 年 12 月 26 日	第五条　国务院有关部门和长江流域省级人民政府负责落实国家长江流域协调机制的决策，按照职责分工负责长江保护相关工作。 长江流域地方各级人民政府应当落实本行政区域的生态环境保护和修复、促进资源合理高效利用、优化产业结构和布局、维护长江流域生态安全的责任。 长江流域各级河湖长负责长江保护相关工作。 第七十八条　国家实行长江流域生态环境保护责任制和考核评价制度。上级人民政府应当对下级人民政府生态环境保护和修复目标完成情况等进行考核。 第七十九条　国务院有关部门和长江流域县级以上地方人民政府有关部门应当依照本法规定和职责分工，对长江流域各类保护、开发、建设活动进行监督检查，依法查处破坏长江流域自然资源、污染长江流域环境、损害长江流域生态系统等违法行为。 公民、法人和非法人组织有权依法获取长江流域生态环境保护相关信息，举报和控告破坏长江流域自然资源、污染长江流域环境，污染长江流域环境，损害长江流域生态系统等违法行为。 国务院有关部门和长江流域地方各级人民政府及其有关部门应当依法公开长江流域生态环境保护相关信息，完善公众参与程序，为公民、法人和非法人组织参与和监督长江流域生态环境保护提供便利。 第八十一条　国务院有关部门和长江流域省级人民政府对长江保护工作不力、问题突出、群众反映集中的地区，可以约谈所在地区县级以上地方人民政府及其有关部门主要负责人，要求其采取措施及时整改。 第八十三条　国务院有关部门和长江流域地方各级人民政府及其有关部门违反本法规定，有下列行为之一的，对直接负责的主管人员和其他直接责任人员依法给予警告、记过、记大过或者降级处分；造成严重后果的，给予撤职或者开除处分，其主要负责人应当引咎辞职： （一）不符合行政许可条件准予行政许可的； （二）依法应当作出责令停业、关闭等决定而未作出的； （三）发现违法行为或者接到举报不依法查处的； （四）有其他玩忽职守、滥用职权、徇私舞弊行为的

法律/文件	内　容
《中华人民共和国湿地保护法》——2021 年 12 月 24 日	第四十五条　县级以上人民政府林业草原、自然资源、水行政、住房城乡建设、生态环境、农业农村主管部门应当依照本法规定，按照职责分工对湿地的保护、修复、利用等活动进行监督检查，依法查处破坏湿地的违法行为。 第四十九条　国家实行湿地保护目标责任制，将湿地保护纳入地方人民政府综合绩效评价内容。 对破坏湿地问题突出、保护工作不力、群众反映强烈的地区，省级以上人民政府林业草原主管部门应当会同有关部门约谈该地区人民政府的主要负责人。 第五十条　湿地的保护、修复和管理情况，应当纳入领导干部自然资源资产离任审计。 第五十一条　县级以上人民政府有关部门发现破坏湿地的违法行为或者接到对违法行为的举报，不予查处或者不依法查处，或者有其他玩忽职守、滥用职权、徇私舞弊行为的，对直接负责的主管人员和其他直接责任人员依法给予处分

附录 2 地方政府层面关于流域生态 环境治理的法律条文梳理表

立法 主体	地方立 法名称	具体条款及内容
西藏自治区人大（含常委会）	《西藏自治区环境保护条例》	第25条 县级以上人民政府环境保护主管部门应当会同有关部门建立健全环境保护联动执法和沟通协调机制，定期开展环境执法检查，依法查处各类环境违法行为，并相互通报执法信息。 有关部门在日常监督管理中发现污染环境或者破坏生态的行为，属于本部门职责范围内的应当依法处理，不属于本部门职责范围内的应当及时移送有执法权的部门。 第29条 建立健全环境保护行政执法与刑事司法联动机制。各级人民政府环境保护主管部门、公安机关、检察机关、审判机关应当加强协作，完善线索通报、案件移送、案件咨询、资源共享和信息发布等工作机制。 发生较大环境污染事件等紧急情况，县级以上人民政府环境保护主管部门和公安机关应当及时启动联合调查程序。 检察机关应当对破坏生态环境的行为，依法履行提起公益诉讼的职责，维护国家和社会公共利益。 公安机关、检察机关、审判机关办理环境污染案件时，环境保护主管部门应当给予支持。 第43条 自治区落实河长制，做好水资源保护、水域岸线管理、水污染防治、水环境治理和水生态修复等工作。 第45条 自治区人民政府应当完善生态保护补偿制度，加大财政转移支付力度，落实生态保护补偿资金，确保其用于环境保护和民生改善。 第67条 各级人民政府及其有关部门应当依法加强环境风险控制，做好突发环境事件的应急准备、处置和事后恢复等工作，采取必要措施，避免或者减少对环境造成损害。 县级以上人民政府环境保护主管部门应当编制突发环境事件应急预案。发生或者可能发生导致环境质量严重恶化、威胁公民生命财产安全等紧急情况时，应当立即启动应急预案，及时报告同级人民政府和上一级人民政府环境保护主管部门，并通报当地可能受到危害的单位和居民以及可能受到影响的邻近地区的同级人民政府环境保护主管部门。 各级人民政府及其有关部门为应对因企业事业单位和其他生产经营者故意或者重大过失造成的突发环境事件而产生的费用，由企业事业单位和其他生产经营者承担

立法主体	地方立法名称	具体条款及内容
西藏自治区人大（含常委会）	《西藏自治区国家生态文明高地建设条例》	第13条　自治区全面实行河湖长制，划定河湖岸线保护范围，加强水源涵养能力建设，防范和治理水污染，保护江河、湖泊、饮用水水源地等水生态和水安全，守护好亚洲水塔。 第22条　自治区人民政府应当推进生态文明大数据平台建设，建立生态文明基础数据库，运用大数据进行分析、管理和监督，建立健全生态安全监测监控体系，完善信息公开制度，实行生态环境统一监管。 第53条　建设国家生态文明高地，应当建立健全以保护和改善环境质量为核心的目标责任体系，健全突发生态环境事件应急管理和处置机制，全面落实生态文明制度。 第55条　自治区人民政府应当建立生态文明建设合作机制，加强与省区市跨区域协作。 第59条　自治区人民政府和相关国家机关应当落实生态环境损害赔偿制度、责任追究制度、生态环境保护督察制度，实行自然资源资产管理离任审计
青海省人大（含常委会）	《青海省实施河长制湖长制条例》	第12条　省级责任河长湖长履行以下职责： （一）审定并组织实施责任河湖一河一策、一湖一策方案； （二）组织开展责任河湖突出问题专项整治，协调解决相应河湖管理和保护中的重大问题； （三）明晰责任河湖上下游、左右岸、干支流地区管理和保护目标任务； （四）推动建立流域统筹、区域协同、部门联动的河湖联防联控机制； （五）组织对省级相关部门和下一级河长湖长履职情况进行督导； （六）国家和本省规定的其他职责。 第22条　跨行政区域河湖所在地的河长制湖长制办公室应当共同推动建立联合共治机制，统一管理目标任务和治理标准，共享河湖管理和保护信息，开展联合巡查、联合执法、联合治理，实现流域区域联防联治。 第23条　县级以上河长制湖长制办公室应当加强河长制湖长制管理信息系统的建设和应用，实现涉河涉湖数据资源共建共享，提高河长制湖长制工作信息化水平

立法主体	地方立法名称	具体条款及内容
青海省人大（含常委会）	《青海省生态环境保护条例》	第十一条　县级以上人民政府应当将生态环境保护工作纳入国民经济和社会发展规划。县级以上人民政府生态环境主管部门会同有关部门依法编制本行政区域生态环境保护规划，报同级人民政府批准后公布实施。 生态环境保护规划应当包括生态环境保护和污染防治的目标、任务、保障措施等内容，并与国土空间规划等相衔接。 生态环境保护规划不得擅自变更或者调整，确需变更或者调整的，应当按照法定程序报批。 第十二条　省人民政府依法制定地方生态环境质量标准、地方生态环境风险管控标准和地方污染物排放标准，并报国务院生态环境主管部门备案。 地方生态环境质量标准、地方生态环境风险管控标准和地方污染物排放标准可以对国家相应标准中未规定的项目作出补充规定，也可以对国家相应标准中已规定的项目作出更加严格的规定。 第十三条　省人民政府应当按照国家主要污染物排放总量控制制度规定，持续减少本省主要污染物排放总量。 省人民政府生态环境主管部门根据国家主要污染物排放总量控制指标和全省生态环境质量状况以及经济社会发展水平，组织拟定全省主要污染物排放总量控制指标分解落实计划，报省人民政府批准后，由市（州）人民政府组织实施。 市（州）人民政府生态环境主管部门根据全省主要污染物排放总量控制指标分解落实计划，拟定本行政区域主要污染物排放总量减排方案，经本级人民政府批准后，由所辖县（市、区）人民政府组织实施。 第十八条　县级以上人民政府生态环境主管部门和其他负有生态环境保护监督管理职责的部门根据污染防治和生态环境保护需要，建立健全长江、黄河、澜沧江和青海湖流域、柴达木、祁连山等区域协作机制，推行环境污染联防联控。 第二十二条　实行领导干部自然资源资产离任审计和生态环境损害责任终身追究制。对违背科学发展要求、造成生态环境和资源严重破坏的人民政府及有关部门、产业园区主要负责人、直接负责的主管人员和其他直接责任人员，应当依法依规严格追究责任
四川省人大（含常委会）	《四川省环境保护条例》	第20条　省、市（州）人民政府可以划定环境污染防治重点区域、流域、时段，建立联合防治协调机制，实行统一规划、统一标准、统一监测、统一防治措施。 省、市（州）人民政府环境保护主管部门应当会同有关部门根据主体功能区划、区域流域环境质量状况，组织开展污染防治、生态保护等联防联控。重点区域和流域内有关市（州）、县（市、区）人民政府应当建立环境信息共享机制，定期召开联席会议，开展联合执法、跨区域执法、交叉执法。 完善环境保护行政执法与刑事司法衔接工作机制。环境保护主管部门及其他负有环境保护监督管理职责的部门、公安机关和人民检察院应当开展协作，建立线索通报、案件移送、资源共享和信息发布等工作机制。 第34条　建立健全生态保护补偿机制。省、市（州）人民政府应当加大对重点生态功能区的转移支付力度，健全公益林、草原、湿地等生态保护补偿机制。鼓励建立流域水环境和资源管理以及矿产资源开发等的生态保护补偿机制。 第35条　省人民政府应当建立环境资源承载力监测预警机制。县级以上地方人民政府应当组织开展生态环境损害鉴定与评估，实施生态环境损害修复。 县级以上地方人民政府环境保护主管部门应当会同有关部门组织开展生态环境质量调查，进行环境资源承载力评估，并向同级人民政府报告。对重点生态功能区定期开展生态环境质量监测、评价与考核

续表

立法主体	地方立法名称	具体条款及内容
四川省人大（含常委会）	《四川省沱江流域水环境保护条例》	第 5 条　沱江流域建立省、市、县、乡河（湖）长制。 省级河（湖）长负责协调和督促解决责任水域治理和保护重大问题，协调明确对跨设区的市水域的河（湖）管理责任，推动建立流域共治机制。 市、县级河（湖）长负责协调和督促相关主管部门开展责任水域治理和保护，推动建立部门间协调联动机制。 乡级河（湖）长负责协调和督促责任水域治理和保护具体任务的落实。 各级河（湖）长制办公室负责河（湖）长制组织实施具体工作，督促有关部门按照职责分工落实责任，共同推进河（湖）管理保护工作。 上级河（湖）长应当对下一级河（湖）长履行职责及年度目标任务完成情况进行督导和考核，并将考核结果作为对其综合考核评价的重要依据。 第 8 条　省人民政府建立健全沱江流域生态保护补偿机制。具体办法由省人民政府制定。 有条件的地方探索建立政府主导、企业和社会参与、市场化、多元化、可持续的生态保护补偿机制。 第 24 条　省人民政府生态环境主管部门应当会同水行政等主管部门和有关市级人民政府，定期召开联席会议，建立沱江流域水环境保护联合协调机制，协调解决水环境保护重大事项： （一）组织编制并指导实施沱江流域水环境保护规划； （二）开展重大涉水项目环境影响评价会商； （三）建立水环境信息共享机制； （四）建立水环境资源承载能力监测预警和水污染事故及突发环境事件应急联动机制； （五）水环境保护的其他相关重大事项。 第 43 条　县级以上地方人民政府及其有关部门应当依法制定流域内突发水污染事故应急方案，并做好突发水污染事故的应急准备、应急处置和事后恢复等工作
绵阳市人大（含常委会）	《绵阳市水污染防治条例》	第 7 条　市、县（市、区）人民政府应当建立水污染防治工作的联席会议制度，组织、领导、协调水污染防治工作，决定水污染防治的重大事项。 第 8 条　市人民政府应当建立水环境保护督察制度，对县（市、区）人民政府执行水环境保护法律法规、贯彻水环境保护决策部署、落实河长制、加强水污染防治和解决水环境突出问题等工作情况进行督察。 第 9 条　市人民政府应当建立水环境生态保护补偿机制。可以通过财政转移支付、流域水质超标资金扣缴等方式，建立对饮用水水源保护区、江河、水库上游地区以及有关重点生态功能区的水环境生态保护补偿制度。 第 42 条　市、县（市、区）人民政府环境保护主管部门应当建立水污染排放自动监测与异常报警管理机制。重点排污单位应当按照规定配备水污染排放自动监测与异常报警设施。环境保护主管部门应当会同卫生、水行政等有关部门，针对饮用水水源等重要功能水体，构建风险预警体系，建立可能导致突发水污染事故的风险信息收集、分析和水环境演变态势研判机制，制定风险控制对策。 第 45 条　市、县（市、区）人民政府及其有关部门，在突发水环境事件发生后，应当立即核实，对可能危及人身安全、造成财产损失或者生态环境破坏的应当立即启动水污染事故的应急预案，并按规定的程序上报。市、县（市、区）人民政府在突发水环境事件应急处置结束后，应当立即组织开展环境损害鉴定评估，并及时将评估结果向社会公布

立法主体	地方立法名称	具体条款及内容
四川省人大（含常委会）	《四川省赤水河流域保护条例》	第5条　省人民政府应当建立健全赤水河流域协调机制，统筹协调、解决赤水河流域保护中的重大事项，加强与邻省在共建共治、生态补偿、产业协作、应急联动、联合执法等方面的跨区域协作。 省人民政府有关部门和泸州市及合江县、叙永县、古蔺县人民政府负责落实赤水河流域协调机制的决策部署，做好相关工作。 第56条　省人民政府与邻省同级人民政府共同建立赤水河流域联席会议协调机制，统筹协调赤水河流域保护的重大事项，推动跨区域协作，共同做好赤水河流域保护工作。 泸州市及合江县、叙永县、古蔺县人民政府与邻省同级人民政府建立沟通协商工作机制，执行联席会议决定，协商解决赤水河流域保护的有关事项；协商不一致的，报请上一级人民政府会同邻省同级人民政府处理。 第57条　赤水河流域县级以上地方人民政府及其有关部门在编制涉及赤水河流域的相关规划时，应当严格落实国家有关规划和管控要求，加强与邻省同级人民政府的沟通和协商，做好相关规划目标的协调统一和规划措施的相互衔接。 省人民政府应当落实长江流域国家生态环境标准，与邻省同级人民政府协商统一赤水河流域生态环境质量、风险管控和污染物排放等地方生态环境标准。 赤水河流域县级以上地方人民政府及其相关部门应当与邻省同级人民政府及其相关部门建立健全赤水河流域生态环境、资源、水文、气象、自然灾害等监测网络体系和信息共享系统，加强水质、水量等监测，提高监测能力，实现信息共享。 赤水河流域地方各级人民政府应当与邻省同级人民政府统一防治措施，加大监管力度，协同做好赤水河流域水污染、土壤污染、固体废物污染等的防治。 第59条　赤水河流域县级以上地方人民政府应当加强与邻省同级人民政府在赤水河流域自然资源破坏、生态环境污染、生态系统损害等行政执法联动响应与协作，加大综合执法力度，统一执法程序、裁量基准和处罚标准，开展联合调查、联合执法。 第60条　赤水河流域省、市、县级司法机关应当与邻省同级司法机关协同建立健全赤水河流域保护司法工作协作机制，加强行政执法与刑事司法衔接工作，共同预防和惩治赤水河流域破坏生态环境的各类违法犯罪活动。 第61条　赤水河流域县级以上地方人民代表大会常务委员会应当与邻省同级人民代表大会常务委员会协同开展法律监督和工作监督，保障相关法律法规、政策措施在赤水河流域的贯彻实施。 第62条　省人民政府应当与邻省同级人民政府建立赤水河流域横向生态保护补偿长效机制，确定补偿标准、扩大补偿资金规模，加大对赤水河源头和上游地区的补偿和支持力度，具体办法由省人民政府协商制定。 鼓励社会资金建立市场化运作的赤水河流域生态保护补偿基金，鼓励相关主体之间采取自愿协商等方式开展生态保护补偿。 第63条　赤水河流域县级以上地方人民政府应当与邻省同级人民政府协同推进赤水河流域基础设施建设，提升赤水河流域对内对外基础设施互联互通水平。 赤水河流域县级以上地方人民政府应当与邻省同级人民政府协同调整产业结构、优化产业布局，推进赤水河流域生态农业、传统酿造、红色旅游、康养服务等产业发展

立法主体	地方立法名称	具体条款及内容
云南省人大（含常委会）	《云南省环境保护条例》	第 12 条 省环境保护行政主管部门的主要职责是： （一）对全省环境保护工作实施统一监督管理； （二）监督、检查国家环境保护法律、法规在我省的贯彻执行情况； （三）拟定地方环境保护法规、规章、政策和标准； （四）编制我省环境保护的中长期规划、年度计划，并负责协调、指导和监督实施； （五）归口管理全省自然保护工作，统筹全省自然保护区的区划、规划和组织协调工作，负责向省人民政府提出申报建立国家级和省级自然保护区的审批意见，监督重大经济活动引起的生态环境变化，对自然资源的保护和合理利用，实施统一监督管理，会同有关部门制定、实施生态环境考核指标和考核办法； （六）负责本行政区域内的环境污染监督管理及其他公害的防治工作； （七）组织全省环境监测，科学研究，宣传教育及监理工作； （八）调查处理重大环境污染事故，协调跨地区污染纠纷； （九）按规定受理环境保护行政复议案件； （十）其他法律、法规规定应当履行的职责
重庆市人大（含常委会）	《重庆市长江三峡水库库区及流域水污染防治条例》	第 22 条 区县（自治县）环境保护主管部门监测发现本行政区域出入境水体断面重点污染物超标时，应当及时向市环境保护主管部门和同级人民政府报告，并同时向该断面的上（下）游区县（自治县）环境保护主管部门通报。位于该断面上游的区县（自治县）人民政府在接到报告或者相关情况通报后，应当采取有效措施，削减重点污染物排放量。区县（自治县）出入境水体监测断面由市环境保护主管部门设定。区县（自治县）出入境水体监测结果由市环境保护主管部门向市人民政府报告、向有关区县（自治县）人民政府通报和向社会公布，并作为考核区县（自治县）水污染防治工作和实施水环境生态保护补偿的重要依据
湖北省人大（含常委会）	《湖北省水污染防治条例》	第 44 条 跨市（州）、县（市、区）的江河、湖泊、水库、运河实行交界断面水质考核制度。 上级人民政府对考核不达标的市（州）、县（市、区）人民政府责令限期整改；有关人民政府必须采取有效措施削减水污染排放量，直至界断面水质达标，并向下游受影响地区人民政府作出补偿。具体考核和补偿办法由省人民政府制定。 第 45 条 跨行政区域江河、湖泊、水库、运河所在地人民政府及其有关部门应当建立联席会商制度，相互配合，共享信息，协调跨行政区域水污染防治工作，预防和处置跨行政区域的水污染事件。跨行政区域的水污染纠纷，可以由有关人民政府协调解决，或者由其共同的上级人民政府协调解决

续表

立法主体	地方立法名称	具体条款及内容
湖南省人大（含常委会）	《湖南省洞庭湖保护条例》	第7条 省人民政府自然资源、生态环境、水行政、农业农村、交通运输、林业、市场监督管理等部门建立洞庭湖生态环境保护联合执法机制，对湖区跨行政区域、生态敏感区域和生态环境违法案件高发区域以及重大违法案件等实施联合执法。 岳阳市、常德市、益阳市人民政府建立洞庭湖生态环境保护综合行政执法机制，确定综合行政执法机构，统一行使污染防治和生态保护执法职责。 第11条 省人民政府应当推动建立洞庭湖保护跨省合作机制，加强与湖北省信息共享和行政执法协作。 第34条 省人民政府生态环境主管部门对交接断面水质监测工作实施统一监督管理，建立跨市、县（市、区）河流断面水质交接责任制。省人民政府生态环境主管部门应当每月监测、评价洞庭湖湖体断面及湘资沅澧等主要入湖河流断面的水质状况并及时向社会公开。交接断面水质考核情况应当纳入生态环境保护工作目标责任考核体系。 第39条 省人民政府应当制定洞庭湖生态补偿办法。省人民政府通过财政转移支付等方式，开展洞庭湖生态保护补偿。流域市、县（市、区）人民政府应当落实生态保护补偿资金，确保用于生态保护补偿。鼓励行政区域间通过资金补偿、对口协作、产业转移、人才培训、共建园区等方式进行生态保护补偿
湖南省人大（含常委会）	《湖南省湘江保护条例》	第7条 湘江流域设区的市、县（市、区）人民政府之间可以采取签订合作协议、举行联席会议、联合管理、信息共享等方式，开展湘江保护事务的跨行政区域合作；湘江保护事务涉及政府多个部门的，可以建立由相关事务的主管部门牵头、有关部门参加的部门联席会议，协调处理湘江保护的有关工作。 第46条 鼓励湘江流域重点排污单位购买环境污染责任保险，防范环境污染风险。湘江流域涉重金属等环境污染高风险企业应当按照国家有关规定购买环境污染责任保险。 第47条 建立健全湘江流域上下游水体行政区域交界断面水质交接责任和补偿机制。上游地区未完成重点水污染物排放总量削减和控制计划、行政区域交界断面水质未达到阶段水质目标的，应当对下游地区予以补偿；上游地区完成重点水污染物排放总量削减和控制计划、行政区域交界断面水质达到阶段水质目标的，下游地区应当对上游地区予以补偿。补偿通过财政转移支付方式或者有关地方人民政府协商确定的其他方式支付

立法主体	地方立法名称	具体条款及内容
江西省人大（含常委会）	《江西省环境污染防治条例》	第 16 条　环保部门应当建立健全环境监测体系和环境监督机制，加强对本行政区域的排污单位进行监督性监测，保障环境安全。国控、省控重点污染源监督性监测工作由设区的市环保部门负责，其中单机容量三十万千瓦以上燃煤电厂的污染源监督性监测工作由省环保部门负责。国控、省控重点污染源监督性监测数据实行共享，不重复监测。 第 19 条　环保部门应当建立环境污染防治投诉制度，公布投诉电话、电子信箱，畅通投诉渠道，依法处理环境污染防治投诉，并保护投诉人的权益。对属于环境污染防治方面的投诉，应当依法处理，并将处理结果告知投诉人；对属于其他管理部门职责范围的投诉，应当按照规定转送相关管理部门处理，并告知投诉人。 第 21 条　排污单位应当根据所在地人民政府的应急预案和本单位的具体情况，制定本单位环境污染事故应急方案，并报所在地环保部门备案。 发生环境污染事故时，有关单位应当立即采取应急措施并向所在地人民政府突发公共事件应急机构和环保部门报告；可能危及人民生命健康和财产安全的，应当立即通知周边单位和居民。县级以上人民政府及其有关部门应当根据环境污染事故的具体情况，采取相关应急措施，减少环境污染事故造成的损失
江西省人大（含常委会）	《鄱阳湖生态经济区环境保护条例》	第 14 条　省人民政府应当建立健全鄱阳湖生态经济区生态补偿机制，设立生态补偿专项资金。生态公益林按照国家和省人民政府有关规定实行生态补偿。因鄱阳湖生态经济区内国家级湿地自然保护区湿地以及野生动植物保护的需要，使湿地资源所有者、使用者的合法权益受到损害的，应当给予补偿。具体补偿办法由省林业主管部门会同省财政主管部门制定，报省人民政府批准后实施。湖区专业渔民因禁渔期造成生活困难的，应当给予必要的生活补助。具体补助办法由省农业农村主管部门会同省财政主管部门制定，报省人民政府批准后实施。 第 35 条　鄱阳湖生态经济区内县级以上人民政府应当组织生态环境保护等有关部门编制突发环境事件应急预案，做好突发环境污染事件的应急准备、应急处置和事后恢复等工作。可能发生环境污染事故的单位，应当依法制定本单位环境污染事故应急方案，报所在地市、县生态环境主管部门备案，并定期进行演练。 第 36 条　因发生事故或者其他突然性事件，造成或者可能造成环境污染事故的单位，应当立即启动本单位的应急方案，采取应急措施，并向事故发生地的县级以上人民政府或者生态环境主管部门报告事故发生的时间、地点、类型以及人员伤亡等情况；可能危及居民生命健康和财产安全的，应当立即通知周边单位和居民。 生态环境主管部门接到报告后，应当及时向本级人民政府报告。有关人民政府应当组织有关部门做好应急处置工作，根据环境污染事故的具体情况，及时启动突发环境事件应急预案，采取应急措施，疏散人员，并责令停止导致环境污染事故的有关活动。 第 37 条　对汇入鄱阳湖的主要河流，实行行政区界上下游水体断面水质交接责任制。主要河流断面水质控制目标由省人民政府生态环境主管部门会同水行政主管部门制定。主要河流交接断面水质监测由省人民政府生态环境主管部门组织实施。交接断面水质监测结果作为环境保护实绩考核的重要指标。省人民政府生态环境主管部门应当定期向社会公布鄱阳湖生态经济区水环境质量监测信息

立法主体	地方立法名称	具体条款及内容
安徽省人大（含常委会）	《安徽省淮河流域水污染防治条例》	第33条　淮河流域地表水体的环境质量监测，由生态环境行政主管部门的环境监测站和水行政主管部门的水文监测站承担。 第34条　在淮河流域可能发生水污染事故的季节，应加强水质、水量的动态监测。其监测任务由生态环境行政主管部门和水行政主管部门共同承担。 第36条　淮河流域发生水污染纠纷，属本省跨地区的，由有关人民政府协商处理；协商不成的，由上一级人民政府处理。涉及外省的，按照有关法律、行政法规规定处理
安徽省人大（含常委会）	《巢湖流域水污染防治条例》	第6条第3款　六安，安庆，芜湖，马鞍山市人民政府及有关县级人民政府应当加强对本行政区域内的巢湖流域水污染防治，保证巢湖流域出界河流断面水质符合水环境质量要求，实行跨市、县行政区域边界上下游断面水质交接责任制
江苏省人大（含常委会）	《江苏省长江水污染防治条例》	第20条　对因相邻行政区域出境水质达不到水质控制目标而发生的环境纠纷，有关地方人民政府应当共同协商解决，协商不成的，由共同的上级人民政府协商解决。因水污染事故或者控制不力导致行政区界上下游水体断面水质达不到规定水质控制目标的，有关地方人民政府应当采取措施，保证行政区界上下游水体断面的水质达到规定的水质控制目标

续表

立法主体	地方立法名称	具体条款及内容
江苏省人大（含常委会）	《江苏省太湖水污染防治条例》	第18条　太湖流域实行水功能区水质达标责任制、行政区界上下游水体断面水质交接责任制，并纳入政府环境保护任期责任目标。交界断面水质未达到控制目标的，责任地区人民政府应当向受害地区人民政府作出补偿，补偿资金可以由省财政部门直接代扣。具体办法由省人民政府制定
江苏省人大（含常委会）	《江苏省水污染防治条例》	第69条　省人民政府和有关设区的市、县（市、区）人民政府应当加强长江、太湖、淮河、京杭运河、洪泽湖、微山湖等跨省水体水污染防治协作，共同预防和治理水污染、保护水环境。 生态环境主管部门应当将跨省断面纳入水环境监测网络，建立与长江三角洲及其他相关省市同级地方人民政府有关部门的联动工作机制，加强水环境信息交流和共享，依法开展生态环境监测、执法、应急处置等合作，共同处理跨省市突发水环境事件以及水污染纠纷，协调解决跨区域重大水环境问题。 第70条　省人民政府应当建立完善省内重点流域、重点区域水污染防治协作机制，组织协调相关设区的市人民政府共同研究解决水污染防治重大事项。有关设区的市、县（市、区）人民政府应当建立跨行政区域水污染联防联控机制，协同开展跨行政区域水污染防治工作，实施联合监测、共同治理、联合执法、应急联动、信息共享，协商处理跨行政区域的水污染纠纷。 第71条　实行地表水行政区界上下游水体断面水质交接责任制度。设区的市、县（市、区）人民政府应当保证河流交接断面水质达到控制目标要求。水质未达到控制目标要求的，责任方应当采取有效措施，限期达标。以河流中心线为行政区划界限的共有河段，由相邻设区的市、县（市、区）人民政府共同承担保护责任并采取有效措施，确保水质达到目标要求。 第72条　在流域上游、下游地区之间实行水环境区域补偿制度，在确定的跨市河流交界断面，根据水质达标等情况，实行双向补偿。具体办法由省财政、生态环境等有关主管部门制定

立法主体	地方立法名称	具体条款及内容
上海市人大（含常委会）	《上海市环境保护条例》	第13条　市人民政府应当根据国家有关规定，与相关省建立长三角重点区域、流域生态环境协同保护机制，定期协商区域内污染防治及生态保护的重大事项。 本市生态环境、发展改革、经济信息化、规划资源、住房城乡建设、交通、农业农村、公安、水务、气象等相关行政管理部门应当与周边省、市、县（区）相关行政管理部门建立沟通协调机制，采取措施，优化长三角区域产业结构和规划布局，协同推进机动车、船污染防治，完善水污染防治联动协作机制，强化环境资源信息共享及污染预警应急联动，协调跨界污染纠纷，实现区域经济、社会和环境协调发展。 第23条　本市根据国家规定建立、健全生态保护补偿制度。对本市生态保护地区，市或者区人民政府应当通过财政转移支付等方式给予经济补偿。市发展改革部门应当会同有关行政管理部门建立和完善生态补偿机制，确保补偿资金用于生态保护补偿。受益地区和生态保护地区人民政府可以通过协商或者按照市场规则进行生态保护补偿。 第41条　生态环境部门应当会同有关行政管理部门建立健全环境监测网络，组织开展环境质量监测、污染源监督性监测和突发环境事件的应急监测
甘肃省人大（含常委会）	《甘肃省水污染防治条例》	第31条　跨行政区域河流、湖泊、水库所在地人民政府应当建立联席会商制度，相互配合，共享信息，协调跨行政区域水污染防治工作，预防和处置跨行政区域的水污染纠纷。跨行政区域的水污染纠纷，由涉及的同级人民政府协商解决，或者由共同的上级人民政府协调解决。 第77条　流域上下游县级以上人民政府应当在上级人民政府及其生态环境主管部门和水行政主管部门指导下，建立上下游水污染防治联防联治工作机制。发生水污染事故的县级以上人民政府应当立即采取措施控制污染，并将事故情况以及主要污染因素和可能造成的危害，及时通报下游人民政府，下游人民政府接到通报后，应当及时采取必要的应急处置措施

立法主体	地方立法名称	具体条款及内容
陕西省人大（含常委会）	《陕西省汉江丹江流域水污染防治条例》	第9条　省生态环境行政主管部门负责制定汉江、丹江流域水污染防治总体规划，报省人民政府批准。汉江、丹江流域设区的市、县（区）人民政府根据汉江、丹江流域水污染防治总体规划，制定本行政区域水污染防治规划以及水污染防治计划和方案，报上一级人民政府批准后实施。 汉江、丹江流域水污染防治总体规划应当包括以下内容： （一）流域水体的环境功能要求； （二）分阶段、分区域、分断面达到的水质目标及达标时限； （三）水污染防治的重点控制区域、重点污染源的工业污染和面源污染的具体防治措施； （四）流域内城镇生活污水和生活垃圾处理设施建设规划。 第20条　省生态环境行政主管部门应当建立和完善汉江、丹江流域水环境监测网络体系，定期监测流域内河流、水库、湖泊的水质状况。县级以上生态环境行政主管部门应当定期向本级人民政府报告本行政区域内水环境质量状况，并向社会公布。汉江、丹江流域设区的市生态环境行政主管部门，应当建立水污染防治档案管理制度。 第24条　汉江、丹江流域发生或者可能发生水污染事故或者其他突发性事件，严重污染或者可能严重污染水环境，发生地的人民政府应当立即启动相应应急预案，采取有效措施，消除或者减轻污染危害，及时报告上一级人民政府，通报可能受到污染危害的地方政府及有关单位、居民，采取相应安全防护措施
山西省人大（含常委会）	《山西省水污染防治条例》	第四条　县级以上人民政府应当加强水污染防治工作领导，采取措施防治水污染，保障水污染防治资金投入，建立联席会议制度，协调解决水污染防治中的重大问题。 乡（镇）人民政府、街道办事处应当做好辖区内饮用水安全、农业和农村水污染防治、环境基础设施建设运行等相关工作。 第五条　生态环境主管部门对本行政区域水污染防治实施统一监督管理。发展和改革、工业和信息化、财政、自然资源、住房和城乡建设、交通运输、水行政、农业农村、商务、卫生健康、应急管理等部门在各自职责范围内，做好水污染防治工作。 第二十三条　城镇污水集中处理设施排放水污染物应当达到水污染物综合排放地方标准。 汾河、桑干河、滹沱河、漳河、沁河等流域内所有县界城镇入河排污口水质应当达到地表水环境质量Ⅴ类及以上标准。 第四十九条　对化学需氧量、氨氮、总磷等重点水污染物排放实行总量控制制度。 省人民政府应当将国务院下达的重点水污染物排放总量控制指标，分解到设区的市人民政府，设区的市人民政府根据本区域水环境质量改善需求分解到县（市、区）人民政府。 省人民政府生态环境主管部门应当会同相关部门约谈未完成水环境质量改善目标和重点水污染物排放总量控制指标的设区的市、县（市、区）人民政府的主要负责人，并暂停审批新增重点水污染物排放总量的建设项目的环境影响评价文件。约谈情况应当向社会公开

立法主体	地方立法名称	具体条款及内容
大同市人大（含常委会）	《大同市水污染防治条例》	第七条　排放水污染物，不得超过国家或者地方规定的污染物排放标准和重点水污染物排放总量控制指标。 县（区）人民政府应当根据市人民政府分解的水污染物排放总量控制指标，结合本行政区域内水环境质量改善目标，组织制定本行政区域内的水污染物排放总量控制实施方案，报市人民政府备案。未达到水环境质量改善目标要求的，应当制定限期达标方案，并向社会公卅。 第八条　实行河长制，分级分段组织领导本辖区河流的水资源保护、水域岸线管理、水污染防治、水环境治理、水生态修复、执法监管等工作。 市、县（区）人民政府应当加强水污染防治工作领导，建立河长会议制度、信息共享制度和工作督察制度，协调解决河流管理保护的重点难点问题，定期通报河流管理保护情况，对河长履职情况进行督察。 第十二条　实行水污染防治目标责任制和考核评价制度。市人民政府应当根据水环境质量改善目标需要，确定水污染防治任务，制定考核评价指标，定期对县（区）人民政府完成情况进行考核评价，并向社会公开。 对超过重点水污染物排放总量控制指标或者未达到水环境质量改善目标的县（区），市人民政府及其生态环境主管部门应当约谈县（区）人民政府的主要负责人，并暂停审批该县（区）新增涉及水污染物排放建设项目的环境影响评价文件。约谈和暂停审批情况应当向社会公开。 第三十七条　有关国家机关工作人员在水污染防治工作中玩忽职守、滥用职权、徇私舞弊的，依法给予处分；构成犯罪的，依法追究刑事责任
河南省人大（含常委会）	《河南省水污染防治条例》	第20条　县级以上人民政府应当采取措施，有效控制本行政区域内的水污染，保证本行政区域水体和出境水水质符合规定的水环境质量标准。本省行政区域内上游省辖市、县（市）出境水质超过规定的水环境质量标准，应对下游省辖市、县（市）作出补偿。具体办法由省人民政府另行制定。 第50条　跨省辖市、县（市）界河流的上下游人民政府及其环境保护，水行政等主管部门应当互通情况，相互配合，预防和处置跨行政区域的水污染事故。上游地区发生污染事故或者污染物排放和水量、水质、水文等出现异常时，上游省辖市、县（市）人民政府和环境保护、水行政等相关主管部门应当立即通知下游省辖市、县（市）人民政府和环境保护、水行政等相关主管部门，并对重点污染源采取控制措施。下游地区发生水质恶化或者污染事故并确认是上游来水所致的，应当及时通报上游省辖市、县（市）人民政府和环境保护等相关主管部门；上游地区应当立即采取措施控制污染，并向下游省辖市、县（市）人民政府和环境保护主管部门及时通报事故调查处理进展情况。 第51条　跨行政区划的水污染纠纷，由有关人民政府或者相关主管部门协商解决；协商不成的，可由其共同的上级人民政府或者相关主管部门协调解决

立法主体	地方立法名称	具体条款及内容
贵州省人大（含常委会）	《贵州省水污染防治条例》	第65条　跨行政区域的水污染纠纷，可以由有关人民政府协商处理；协商不成的，报请共同的上一级人民政府处理
广西壮族自治区人大（含常委会）	《广西壮族自治区水污染防治条例》	第65条　江河、湖泊、水库流域上下游和两岸、周边县级以上人民政府应当建立联合协调和定期会商机制，加强日常监测、预警、检查，实施联合监测、联合执法、应急联动、信息共享，协同做好跨行政区域的水污染防治工作。上级人民政府应当统筹协调、监督指导跨行政区域的水污染防治工作。 第67条　自治区人民政府生态环境主管部门加强对跨省（区）江河、湖泊、水库的水质监测，发现水质异常或者发生水污染事故的，应当及时排查原因、采取应急措施，并与相关省人民政府生态环境主管部门协调沟通。 属于上游来水造成的水质异常或者水污染，自治区人民政府生态环境主管部门应当及时向上游相关省人民政府生态环境主管部门通报，并向自治区人民政府报告。对需要国家层面协调处置的跨省（区）突发水环境事件以及水污染纠纷，自治区人民政府应当向国务院提出请求，或者由自治区人民政府生态环境主管部门向国务院生态环境主管部门提出请求。 第68条　自治区应当加强省际间水质保护工作的协调、合作，建立与广东、贵州、云南、湖南等周边省份水污染防治上下游联动协作机制和统一协同的流域水环境管理机制，推进水污染防治规划、防治政策措施和技术标准、重点工程、监督防控的协调工作，共同预防和治理流域水污染，保护水环境

立法主体	地方立法名称	具体条款及内容
广东省人大（含常委会）	《广东省水污染防治条例》	第52条　省人民政府应当加强省际间水质保护的协调、合作，共同预防和治理水污染、保护水环境。省人民政府生态环境主管部门应当建立完善与相邻省级人民政府生态环境主管部门的联动工作机制，加强水环境信息交流和共享，依法开展生态环境监测、执法、应急处置等合作，共同处理跨省突发水环境事件以及水污染纠纷，协调解决跨省重大水环境问题。 第53条　省人民政府应当建立完善省内重点流域、重点区域水污染防治协作机制，组织相关地级以上市人民政府共同研究解决水污染防治的重大事项。有关地级以上市、县级人民政府应当建立跨行政区域水污染联防联控机制，协同开展跨行政区域水污染防治工作，实施统一监测、共同治理、联合执法、应急联动，加强共享水环境信息，协调处理跨行政区域的水污染纠纷。跨流域水资源调配工程沿线的地级以上市、县级人民政府应当加强水污染防治，共同做好水质保障工作。 第56条　地级以上市、县级人民政府应当确保河流交接断面水质达到控制目标要求。水质未达到控制目标要求的，责任方应当采取有效措施，限期达标。以河流中心线为行政区划界限的共有河段，由相邻地级以上市、县级人民政府共同承担保护责任，采取有效措施，确保水质达到目标要求。 第57条　省人民政府应当推进水环境生态补偿制度和标准体系建设，通过资金补偿、对口协作、产业转移、人才培训、共建园区等方式，推动受益地区与上游地区、受水地区和供水地区建立生态补偿关系。发挥财政资金的引导和带动作用，鼓励引入社会资本参与生态保护补偿工作
福建省人大（含常委会）	《福建省水污染防治条例》	第18条　跨设区的市、县（市、区）、乡（镇）的江河、湖泊、水库、小流域实行交接断面水质考核制度。考核不达标的，有关地方人民政府应当采取有效措施削减水污染物排放量，直至出界断面水质达标。 第19条　省、设区的市人民政府应当建立跨行政区域水环境联防联治机制，协调处理跨界流域水污染防治工作，推行统一规划、统一标准、统一环评、统一监测、统一执法的防治措施。跨界流域水污染或者相关管理工作纠纷，有关地方人民政府协商不成的，由其共同的上一级人民政府协调处理。 第20条　省、设区的市人民政府应当建立健全流域上下游生态保护补偿机制，按照"谁受益、谁补偿"的原则，实施以水质指标作为分配主要因素的流域生态保护补偿办法。对饮用水水源保护区和河流、湖泊、水库上游地区以及水环境质量达到或者优于国家和本省考核要求的地区，由上级人民政府统筹组织予以生态保护补偿的相关工作，并适时调整补偿标准。 省人民政府应当完善重点流域生态保护补偿机制，制定跨设区的市重点流域生态保护补偿的有关规定，促进全流域水环境质量改善和地区可持续发展。 第53条　发生水污染事故的，事故发生地设区的市、县（市、区）人民政府及其有关主管部门，应当立即启动应急预案，采取应急措施，并及时通知下游地区人民政府。 发生水污染事故的企业事业单位应当立即启动应急预案，采取应急措施，及时告知可能受到危害的单位和居民，并向所在地县级以上地方人民政府或者生态环境主管部门报告。 污染事故对饮用水水源取水口造成影响的，供水单位应当及时采取应急措施，同时向所在地设区的市、县（市、区）人民政府报告。有关地方人民政府应当按照规定启用备用水源，保障供水安全

立法主体	地方立法名称	具体条款及内容
福建省人大（含常委会）	《福建省流域水环境保护条例》	第 19 条　县级以上地方人民政府应当通过财政转移支付、区域协作等方式，建立健全流域水环境生态保护补偿机制，增加生态保护补偿资金的投入，并引导企业和社会资金用于污染防治。 省人民政府应当建立、完善流域上下游生态保护补偿机制，按照"谁受益、谁补偿"、"谁污染、谁治理"等原则，制定以跨界断面水环境质量达标和改善情况为标准的流域水环境生态保护转移支付制度和上下游水环境保护补偿具体办法。 第 31 条　流域上下游县级以上地方人民政府应当负责日常水环境质量的监测、预警、检查工作，并互通情况。 省、设区的市人民政府应当建立跨行政区域联防治污机制，协调处理跨界水污染防治工作。跨界流域水污染或者相关管理工作纠纷，有关人民政府协商不成的，由其共同的上一级人民政府协调处理。 第 32 条　流域上游地区环境保护主管部门在审批可能对跨界断面水环境质量产生影响，或者可能造成水环境质量超标的建设项目环境影响评价文件时，应当征询相邻的下游地区环境保护主管部门的意见。相邻的上下游地区环境保护主管部门就跨界断面水环境质量影响及环保措施等结论无法达成一致意见的，其环境影响评价文件应当报共同的上一级环境保护主管部门审批
浙江省人大（含常委会）	《浙江省水污染防治条例》	第 42 条　生态环境主管部门应当根据水环境保护的需要，加强环境监测能力建设，建立环境监控体系，完善环境安全预警预测系统，会同水行政、自然资源等主管部门提高监测信息资源共享和动态跟踪评价水平。 第 49 条　跨行政区域的水污染事故和纠纷，由有关人民政府或者相关主管部门协商解决；协商不成的，由其共同的上级人民政府或者相关主管部门协调解决

立法 主体	地方立 法名称	具体条款及内容
香港特别行政区政府立法会	《水污染管制条例》	13A. 由监督修复水域 （1）凡监督认为有人犯有第 8（1）、8（1A）、8（2）、9（1）或 9（2）条所订的罪行，而他认为 —— （a）香港水域的任何部分直接出于所犯的指称罪行而正受到持续的损害； （b）将该部分修复或局部修复至犯该指称罪行前的状况是合理切实可行的； （c）损害极之严重以致在任何人被控或被定罪前应开始修复或局部修复水域的工程，监督可进行修复或局部修复水域的工程。 （2）在工程完成后，监督须将曾进入以进行第（1）款所指工程的任何土地，在切实可行的范围内恢复至进入前的状况。 （3）监督进行本条所指工程而招致的一切费用，包括监督根据规例付给第三者的任何补偿，均可向对香港水域的有关损害负有责任的人追讨，而不论该人是否被判犯有第（1）款所提述的罪行。 （由 1993 年第 83 号第 10 条增补） 35. 监督可获取资料 （1）监督可向任何人发出书面通知，规定该人在该通知所规定的期间内以该通知所规定的表格，向监督提供监督藉根据第 46（1）（j）条订立的规例而获授权获取的、或监督为行使与执行本条例所订的权力、职能及职责而合理需要并在该通知内指明的任何资料。 （2）任何人 —— （a）无合理辩解而没有遵从根据第（1）款向他送达的通知的任何规定； （b）在遵从或看来是遵从该通知的规定时，作出任何他明知在要项上虚假的陈述，或罔顾后果地作出任何在要项上虚假的陈述，或明知而遗漏任何要项， 即属犯罪，可处第 3 级罚款。（由 1990 年第 67 号第 17 条修订） （3）任何人如在根据本条例提交的申请中，作出他明知在要项上虚假的陈述或评估，或罔顾后果地作出在要项上虚假的陈述或评估，或明知而在申请中遗漏要项，即属犯罪，可处第 3 级罚款。（由 1993 年第 83 号第 22 条增补） （编辑修订——2021 年第 2 号编辑修订纪录）

立法主体	地方立法名称	具体条款及内容
台湾省立法院	《水污染防治法》	第 6 条 中央主管机关应依水体特质及其所在地之情况，划定水区，订定水体分类及水质标准。 前项之水区划定、水体分类及水质标准，中央主管机关得交直辖市、县（市）主管机关为之。 划定水区应由主管机关会商水体用途相关单位订定之。 第 7 条 事业、污水下水道系统或建筑物污水处理设施，排放废（污）水于地面水体者，应符合放流水标准。 前项放流水标准，由中央主管机关会商相关目的事业主管机关定之，其内容应包括适用范围、管制方式、项目、浓度或总量限值、研订基准及其他应遵行之事项。直辖市、县（市）主管机关得视辖区内环境特殊或需特予保护之水体，就排放总量或浓度、管制项目或方式，增订或加严辖内之放流水标准，报请中央主管机关会商相关目的事业主管机关后核定之。 第 9 条 水体之全部或部分，有下列情形之一，直辖市、县（市）主管机关应依该水体之涵容能力，以废（污）水排放之总量管制方式管制之： 一、因事业、污水下水道系统密集，以放流水标准管制，仍未能达到该水体之水质标准者。 二、经主管机关认定需特予保护者。 前项总量管制方式，由直辖市、县（市）主管机关拟订，报请中央主管机关会商相关目的事业主管机关后核定之；水体之部分或全部涉及二直辖市、县（市）者，或涉及中央各目的事业主管机关主管之特定区域，由中央主管机关会商相关目的事业主管机关定之。 第 72 条 事业、污水下水道系统违反本法或依本法授权订定之相关命令而主管机关疏于执行时，受害人民或公益团体得叙明疏于执行之具体内容，以书面告知主管机关。主管机关于书面告知送达之日起六十日内仍未依法执行者，受害人民或公益团体得以该主管机关为被告，对其怠忽执行职务之行为，直接向高等行政法院提起诉讼，请求判令其执行。 高等行政法院为前项判决时，得依职权判命被告机关支付适当律师费用、监测鉴定费用或其他诉讼费用予对维护水体品质有具体贡献之原告。 第一项之书面告知格式，由中央主管机关会商有关机关定之。